高等学校教材·无人机应用技术

无人机结构动力学

符长青　编著

西北工业大学出版社

西　安

【内容简介】 本书全面、系统地介绍了无人机结构动力学的主要研究内容、基本理论、基本分析方法和知识体系。全书共分为 10 章,主要内容包括概述、单自由度系统的振动、多自由度系统的振动、连续弹性体系统的振动、随机振动分析、连续体动力模型的离散化、无人机旋翼结构动力学、无人机机体结构动力学、无人机传动系统结构动力学以及旋翼无人机结构减振技术等。每一章最后都给出了思考题。

本书取材于实践,既适合作为高等院校相关专业的专业基础课程教材,也适合作为相关专业研究生及从事无人机科研、生产和培训的人员,以及广大无人机爱好者的学习、培训教材。

图书在版编目(CIP)数据

无人机结构动力学 / 符长青编著. -- 西安 : 西北工业大学出版社,2024.9. -- ISBN 978 - 7 - 5612 - 9520 - 5

Ⅰ. V231.9

中国国家版本馆 CIP 数据核字第 2024XU1430 号

WURENJI JIEGOU DONGLIXUE

无 人 机 结 构 动 力 学

符长青 编著

责任编辑:孙 倩 王 水	策划编辑:杨 军
责任校对:胡莉巾	装帧设计:高永斌 董晓伟

出版发行:西北工业大学出版社

通信地址:西安市友谊西路 127 号   邮编:710072

电　　话:(029)88491757,88493844

网　　址:www.nwpup.com

印 刷 者:陕西奇彩印务有限责任公司

开　　本:787 mm×1 092 mm　　1/16

印　　张:16.625

字　　数:415 千字

版　　次:2024 年 9 月第 1 版　　2024 年 9 月第 1 次印刷

书　　号:ISBN 978 - 7 - 5612 - 9520 - 5

定　　价:69.00 元

如有印装问题请与出版社联系调换

前　言

　　随着无人机技术的高速发展和无人机应用的普及,世界航空业已经进入了无人机时代。从整体上看,虽然当前我国无人机发展现状和形势喜人,发展前景也值得大家期待,但是我们还不能掉以轻心、过分乐观。毕竟我国无人机产业仍处于新兴发展阶段,发展过程中暴露出的一些不足也严重制约着我国无人机产业发展的前进步伐。其中亟须突破的是无人机人才短缺问题。相关数据显示,近年来,我国每年在无人机方面的人才缺口都高达几十万,不仅人才数量欠缺,而且人才质量也难以满足产业发展需求。人才的短缺一方面会进一步放大无人机应用上的各种问题,另一方面也会影响无人机产品的落地和行业的发展步伐。不管是哪一方面的影响,人才短缺都会给无人机产业发展带来巨大的压力和限制。基于此,我国还需要尽快完善无人机人才培养机制体系,以解决无人机人才短缺问题。在此背景下,笔者针对无人机技术发展的实际需要,特别是无人机人才培养方面的急迫需要,完成了本书的编写工作。

　　无人机结构动力学是无人机设计、制造工程的一项重要的研究内容。实践表明,保证无人机具有优良的动态特性往往成为无人机普及应用的关键技术之一。为了适应培养无人机设计与制造人才的需要,本书为读者提供了无人机结构动力学分析的基本知识,着重阐述无人机结构动力学的基本概念、基本理论、基本分析方法及其工程应用,使读者初步具备解决无人机结构动力学问题的能力。

　　本书的特点是在保证结构动力学基本理论的系统性、完整性的基础上,结合实际,介绍与无人机设计、制造和飞行密切相关的实用的结构动力学知识。全书共 10 章:第 1 章概述,主要介绍和讨论与无人机结构动力学相关的力学与振动的基础知识;第 2 章单自由度系统的振动;第 3 章多自由度系统的振动;第 4 章连续弹性体系统的振动;第 5 章随机振动分析;第 6 章连续体动力模型的离散化;第 7 章无人机旋翼结构动力学;第 8 章无人机机体结构动力学;第 9 章无人机传动系统结构动力学;第 10 章旋翼无人机结构减振技术。

　　本书注重理论与实践相结合,具有较强的实用性和可操作性,不仅是无人机专业学生的必读教材,也是广大航空从业人员和业余爱好者的一本较好的参考书。本书取材新颖、内容丰富、科学性和实用性强,可作为高等学校无人机专业课程教材,也可作为通用航空主管部门、生产制造厂商、设备供应厂商等各级管理人员和工程技术人员的学习参考用书。

由于水平有限,书中难免有疏漏和不足之处,欢迎同行指正和交流(联系方式:fcq828@163.com)。十分希望能与国内同行携手,共同努力,将我国无人机事业推向一个新的高度。

编著者

2024 年 5 月

基本符号表

A	振幅
a	加速度
b	桨叶宽度,弦长
$\boldsymbol{C}$	阻尼矩阵
C_x	翼型阻力系数
C_y	翼型升力系数
C_y^a	翼型升力线斜率
c	黏性阻尼系数
D	旋翼直径
d	直径
E	弹性模量
F	力
f	频率
g	重力加速度
I	质量惯性矩,面积惯性矩,加下角标表示对不同的参考轴
i	减速比,传动比
$\boldsymbol{K}$	刚度矩阵
K	刚度
k	桨叶片数
l	外伸量,加下角标表示对不同的铰
$\boldsymbol{M}$	质量矩阵
M	质量,力矩,扭矩
Ma	马赫数
m	质量
N	功率
n	旋翼转速,过载系数,过载,加下角标表示不同方向

p	压力,压强	
R	旋翼半径	
Re	雷诺数	
r	半径	
S	静矩	
T	旋翼拉力,拉力,动能,周期,热力学温度,绝对温度	
t	时间,摄氏温度	
U	位能,应变能	
V	速度,体积	
v	诱导速度	
W	外力功	
α	迎角	
β	桨叶挥舞角	
ξ	相对阻尼系数	
θ	复角,桨叶扭转角	
μ	前进比	
ζ	桨叶摆振角	
ρ	质量密度	
σ	旋翼实度,正应力	
τ	剪应力	
φ	初相位,桨叶安装角	
ψ	桨叶方位角	
Ω	旋翼旋转角速度	
ω	角速度,圆频率	

目　　录

目　录

第1章 概　　述

　　结构动力学是结构力学的一个分支,着重研究结构对动载荷的响应(如位移、应力等的时间历程),以便确定结构的承载能力和动力学特性,或为改善结构的性能提供依据。结构动力学与结构静力学的主要区别在于它要考虑结构因振动而产生的惯性力和阻尼力,而它与刚体动力学之间的主要区别在于它要考虑结构因变形而产生的弹性力。结构动力学认为:在外加动载荷作用下,结构会发生振动,它的任一部分或者任意取出的一个微体将在外载荷、弹性力、惯性力和阻尼力的共同作用下处于平衡状态。通过位移及其导数来表示这种关系就能得到运动方程。运动方程的建立、求解和分析是结构动力学理论研究的基本内容。

1.1　力学与振动的基础知识

　　本章首先介绍一些与结构动力学相关的力学基础知识,如静力学、运动学、动力学、振动及其分类等;然后阐述无人机结构动力学的基本概念、研究方法和分析模型等。

1.1.1　力学基础知识

　　力学基础知识主要是指理论力学的基本概念和知识。理论力学是研究物体机械运动一般规律的学科,其内容包括静力学、运动学和动力学。它不仅是无人机结构动力学的基础,也是其他很多专业课程(例如材料力学、机械原理、机械零件、结构力学、弹性力学、流体力学、机械振动等一系列后续学习课程)的重要基础。

　　1.静力学及其相关的基本概念

　　1)静力学

　　静力学是研究物体在力系作用下的平衡规律的科学,它同时也研究力的一般性质和力系的简化方法等。物体的平衡是指物体相对于周围物体保持其静止或做匀速直线平移的状态。由于一切物体都在运动,所谓平衡也只是相对的和暂时的。在一般工程技术问题中,平衡就是指物体相对地球的平衡,特别是指相对于地球的静止。

　　2)刚体

　　刚体是指在任何情况下都不变形的物体。这一特征表现为刚体内任意两点的距离永远保持不变。在静力学中,所有物体都被视为刚体。刚体只是一个为了研究方便而把实际物体抽象化后得到的理想化的力学模型。在静力学中研究的对象主要是刚体,因此有时静力学又称为刚体静力学。

3）质点和质点系

质点是指具有一定质量而其形状和大小可以忽略不计的物体。进一步,由多个质点组成的系统称为质点系。质点和质点系也都是理想模型。把物体视为刚体、质点或质点系,需要视所研究的问题而定。在力学中被视为质点的物体的大小是相对的。刚体是由无限个质点组成的不变质点系,但当刚体的尺寸对问题的研究不起主要作用时,也可将其抽象化为质点。由若干个刚体组成的系统也是质点系,即物体系统,简称物系。

4）力、力系和力系的平衡条件

力是物体间相互的机械作用,其作用效应是使物体的机械运动状态发生改变。力对物体作用的效应一般可分为两个方面:一是改变物体的运动状态,二是改变物体的形状。前者称为力的外效应或运动效应,后者称为力的内效应或变形效应。

力是矢量,力对物体的作用效应取决于三方面的因素,即力的大小、方向和作用点,通常称为力的三要素。

力系是指作用于物体上的一群力。力系可分为平面力系和空间力系。如果力系的作用结果使物体保持平衡或运动状态不变,则这种力系称为平衡力系。所谓力系的平衡条件,是指要使物体保持平衡,作用于物体上的力系应满足的条件。在静力学中,研究的内容主要有物体的受力分析、力系的简化、力系的平衡条件及其应用。

2.运动学及其相关的内容

1）运动学

运动学研究物体机械运动的几何性质,而不研究引起物体运动的原因,即不涉及物体的受力。物体的运动是相对于某一参考物体而言的,离开参考体,就无法确定物体在空间的位置。这一特点称为运动的相对性。为了描述运动,必须首先选定参考体,并建立与其固连的参考坐标系。描述物体相对参考系位置的参量就是坐标。

2）运动学研究的对象、任务和方法

（1）对象。运动学研究的对象有动点、刚体及系统。点有直线运动和曲线运动,刚体有平行移动、定轴转动、平面运动等常见的运动形式。

（2）任务。运动学的首要任务是建立物体坐标随时间变化规律的运动方程,并研究速度、加速度问题,还要分析物体的运动特性。在机器与机构的设计中,要广泛应用运动学的知识分析机构的运动特性。

（3）方法。运动学有两种不同的研究方法,即解析法与几何法(合成运动方法)。

①解析法:从建立运动方程出发,通过数学求导获得速度与加速度及运动特性,适合于研究运动过程,也便于计算机求解。

②几何法:用于建立各瞬时描述运动的矢径、速度、加速度等矢量之间的几何关系,适合于研究某一特定瞬时的运动性质,形象直观,便于作定性分析。

3.动力学及其基本定律

1）动力学

动力学研究受力物体的运动与作用力之间的关系。运动学与静力学一起构成动力学的基础。在静力学中,分析了作用于物体上的力,并研究了物体在力系作用下的平衡问题,但并没有讨论当物体受到不平衡力系作用时将如何运动。在运动学中,只从几何的观点来论述物体的机械运动,而没有考虑运动状态发生变化的原因。动力学则对物体的机械运动进行全面的分析,研究作用于物体的力系与物体运动之间的关系,建立物体机械运动的普遍规律。

2)动力学的基本定律

动力学基本定律(牛顿三定律)是质点动力学的基础。

(1)牛顿第一定律(惯性定律)。质点如不受其他物体(力)作用,则将保持静止或匀速直线运动的状态。任何质点保持其运动状态不变的特性,称为惯性。而质点的匀速直线运动又称为惯性运动。

(2)牛顿第二定律(力与加速度之间关系的定律)。质点受到力作用时所获得的加速度,其大小与力的大小成正比,而与质点的质量成反比;加速度的方向与力的方向相同。

$$ma = F \qquad (1-1)$$

式中,a 为质点的加速度,m 为质点的质量,F 为作用于质点上的外力。

由式(1-1)可知:以同样的力作用在质点上,质量 m 愈大,则加速度 a 愈小,质点愈不容易改变它的运动状态。因此,质点的质量是其惯性的度量。工程实际中的大多数问题常把与地球固连的坐标系作为惯性参考系,称为静参考系。因此,动力学基本方程式(1-1)中的加速度 a 应为质点的绝对加速度。

(3)牛顿第三定律(作用力与反作用力定律)。两个物体相互作用的力,总是大小相等、方向相反、沿同一直线,且同时分别作用在两个物体上。

作用力和反作用力相互依存,均以对方存在为自己存在的前提,没有反作用力的作用力是不存在的;力具有物质性,不能脱离开物体(物质)而存在;力总是两个以上物体之间的相互作用产生的,它们是同时产生、同时消失、同时变化的,作用力与反作用力的地位是对等的,称谁为作用力谁为反作用力是无关紧要的。

作用力和反作用力必须是同一性质的力,即作用力为弹力则反作用力也一定是弹力,反之亦然。而自然界仅有四类基本的相互作用,即电磁相互作用、引力相互作用、强相互作用和弱相互作用,所以从本质上区分,力的性质也仅存在这四种。

1.1.2　振动基础知识

1.振动的基本概念

1)振动的定义

振动是指物体或某种状态随时间作往复变化的现象。振动包括机械振动与非机械振动。例如,钟摆的来回摆动,房屋由于风力、地震或机器设备引起的振动,桥梁由于车辆通过而引起的振动,轨枕由于火车行驶而引起的振动等,这一类振动属于机械振动。另一类振动属于非机械运动的振动现象,例如声波、光波、电磁波等。

机械振动是指机械系统(即力学系统)中的振动,它是质点或系统在其平衡位置附近的往复运动,是一种特殊形式的机械运动。在很多情况下振动的存在是有害的,振动能使建筑物或机器的构件产生动应力,因而缩短其寿命,甚至造成破坏;振动能使机器连接件松动,从而影响加工精度和工件的表面质量;振动影响仪表的测量精度,造成控制系统失灵;振动引起的噪声还会影响人体的健康。振动除了具有有害的一面外,如运用合理,亦能造福人类。

例如:音乐的产生就是依赖各种乐器的适宜的振动,利用摆振动的等时性制造钟,在工程中有振动筛、振动破碎、振动夯土等等。此外,振动理论还广泛地应用在一些测量仪器的设计和调试上。研究振动理论的目的,就是要尽可能地避免或消除振动不利的一面,充分利用振动有利的一面,为生产和建设服务,更好地造福人类。

2)振动系统

任何力学系统(机械系统),只要它具有弹性和惯性,都可能发生振动,这种力学系统称为振动系统。机械振动所研究的对象是机械或结构,在理论分析中要将实际的机械或结构抽象为力学模型,即形成一个力学系统。可以产生机械振动的力学系统,称为振动系统。一般来说,任何具有弹性和惯性的力学系统均可能产生机械振动。

3)平衡位置

振动系统发生振动的原因是外界对系统运动状态的影响,即外界对系统的激励或作用。如果外界对某一个系统的作用使得该系统处于静止状态,此时系统的几何位置称为系统的静平衡位置。依据系统势能在静平衡位置附近的性质,系统的静平衡位置可以分为稳定平衡、不稳定平衡和随遇平衡等几种情况。机械振动中的平衡位置是系统的稳定平衡位置。系统在振动时的位移通常是比较小的,因为实际结构的变形是比较小的。

4)自由度

在振动过程中,结构上凡有质量处均产生惯性力。为了确定结构的位移和内力,必须确定每一质量的独立位移参数。确定在振动过程中任一时刻全部质量的位置所需的独立几何(位移)参数数目,称为结构的自由度。

任何实际结构的质量都是连续分布的,有的还有若干个附加团集质量(集中质量),因而其都是无限自由度结构。但是,当结构杆件的质量与附加团集质量相比甚小,或者为了计算的简化,把杆件的连续质量团集成若干个团集质量的话,则系统就变成有限自由度结构。

任意一个团集质量块在空间都需由六个独立位移参数来确定其位置,即沿三个轴的独立线位移和绕三个轴的角位移,因而具有六个自由度。如图 1-1 所示,一个团集质量块位于悬臂杆的端点上,在空间它具有六个自由度。

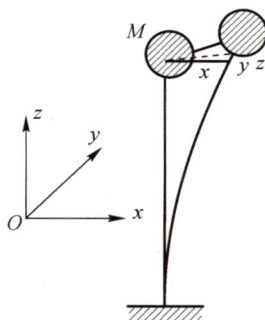

图 1-1　单质量结构的自由度

自由度数对某一结构来说并不是固定的,而是随结构计算假设而变化。对图 1-1 所示的结构,如果作为平面问题来处理,它只有三个自由度,即两个方向轴的独立线位移和绕另一方向轴的角位移。当认为团集质量面积较小而将其作为一个质点来处理时,它只有两个自由度,即沿两个轴的独立线位移。当杆件只考虑弯曲或剪切变形而忽略轴向变形时,质量 M 沿杆轴方向的位置是确定的,因而只能沿着垂直于杆轴方向运动,此时只有一个自由度。

5)激励和响应

一个系统受到激励,会呈现一定的响应。激励作为系统的输入,响应作为系统的输出。系统的激励可分为两大类:确定激励(定则激励)和随机激励。可用时间的确定函数来描述的激励称为确定激励。脉冲激励、阶跃激励、谐波激励、周期激励等都是典型的确定激励。一个确定系统受到确定激励时,响应也是确定的,这类振动称为确定振动(定则振动)。随机激励则不能用时间的确定函数描述,但它们具有一定的统计规律性,可用随机函数描述。即使是确定系统,在受到随机激励时,系统的响应也会是随机的,这类振动称为随机振动。

2.振动的三大要素

1)振动的幅值

振动的幅值是描述振动物体偏离其平衡位置大小的物理量。振动的幅值反映了物体或结构振动的强弱。在振动简易诊断中,常常用振动幅值的大小作为判断物体或结构运行状态的依据。在振动精密诊断中,寻找振动幅值和频率成分,是判断系统故障部位的主要手段。在振动测量中,一般用振动幅值的峰值、有效值或平均值等参数来度量振动的量级。

大振动振幅的系统是那种经历着大的、快的或强有力的振动运动的系统。振幅越大,物体或结构运动所承受的力越大,就越容易损坏。振动振幅是一个表明振动严重程度的指征。

2)振动的频率

结构部件振荡的速率被称为振荡或振动频率。振动频率越高,振荡越快。可以通过结构振动部件在每秒中的振荡循环数来确定其频率。例如,部件在每秒中经历了 5 个振动循环,是指每秒的振动频率为 5 个循环。通常使用的频率单位为 c/s(每秒循环次数)、Hz 和 c/min(每分钟循环次数)。Hz 是等同于 c/s 的单位,1 Hz 等于 1 c/s 或 60 c/min。

在机械设备中,每一个运动着的零部件都有其特定的固有频率和振动频率,因此可以通过分析设备的频率特征来判断设备的工作状态:若不了解设备的结构和运动零部件的振动频率,就不能确切地判断设备的故障,因而设备振动频率的计算和特征频率的检测,是故障诊断工作的重要环节。

3)振动的相位

振动的相位是指在任意时刻振动物体所处的位置。在振动的合成中可以看到,相同的振动,若相位不同,能合成不同的振动。在故障诊断中,设备振动的相位的变化,往往反映一些特定的故障。相位的检测和分析,可用于振型测量、谐波分析以及设备动平衡的测定。

3.振动的分类

按照不同的标准,振动的类型可分为以下几种。

1)按照振动系统的自由度数目分类

结构动力系统的自由度是指在振动过程的任何瞬时,为完全确定系统所处的空间位置和运动状态所必需的最少的独立的坐标数目。

(1)单自由度系统振动:只用一个独立坐标就能确定系统空间位置和运动状态的振动。

(2)多自由度系统振动:需要多个独立坐标才能确定空间位置和运动状态的系统振动。

（3）连续体振动：无限多自由度系统的振动，一般也称弹性体振动，需用偏微分方程来描述。

2）按照振动的输入特性（激励）或控制方式分类

（1）自由振动。自由振动是系统受初始干扰产生的振动，或者外激励力消失后存在的振动。自由振动只与系统自身相关，即振动的频率及振动形态只取决于系统的弹性和惯性性能，与外激励无关，能够最基本地反映系统动力特性，是研究其他各种振动的基础。

（2）自激振动。自激振动是在没有周期外力作用下，由系统内部激发及反馈的相互作用而产生的稳定的周期振动。这时激励是受系统本身控制的，在适当的反馈作用下，系统会自动地激起定幅振动，但一旦振动被抑制，激励也随之消失。自激振动的频率一般就是自由振动频率，自激振动的形成依赖于初始振动的存在，因为若没有初始振动，也就没有可以反馈的信号，系统不能"起振"。振动过程中为了维持振动还必须有能量的输入。

自由振动和自激振动的本质区别在于，自由振动的激励来自外界，并且只在初始受激励，而自激振动的激励来自自身，并一直存在。

（3）强迫振动。强迫振动是系统在外激励作用下被迫产生的振动。在强迫振动中，系统对外界激励作出的响应就是"服从"，强迫振动的长期行为与初始状态无关。强迫振动中的频率及振幅不仅取决于系统本身的弹性、惯性、阻尼特性，而且与外激励的特性有关。例如当无人机的发动机工作时，由于旋转部分偏心，往往会形成周期性的激励力，从而激起结构的强迫振动。

（4）参数振动。参数振动是系统自身参数变化激发的振动。如果振动的激励方式是通过周期性地或随机地改变系统的质量或弹性等特性参数来实现的，则这时所引起的振动称为参数振动。例如无人机发动机工作不稳定产生的干扰，就可能激起发动机架的参数振动。

（5）共振。共振是指结构系统所受激励的频率与该系统的某阶固有频率相接近时，系统振幅显著增大的现象。共振时激励输入系统的能量最大。共振时的激励频率称为共振频率，近似等于结构系统的固有频率。对于单自由度系统，共振频率只有一个，当对单自由度线性系统作频率扫描激励试验时，其幅频响应图上出现一个共振峰。对于多自由度线性系统，有多个共振频率，激励试验时相应出现多个共振峰。对于非线性系统，共振区出现振幅跳跃现象，共振峰发生明显变形，并可能出现超谐波共振和次谐波共振。

3）按照振动的输出（响应）性质分类

（1）确定性振动。确定性系统指系统特性是确定性的，而不论它是常参数系统还是变参数系统；在受到确定性激励时，响应也是确定性的。这类振动称为确定性振动，亦称为定则振动。这种振动包括简谐振动、周期振动、瞬态振动等。

（2）随机振动。随机振动是指系统在随机激振下产生的振动，这种运动不能用时间函数来描述。

一个系统在受到随机激励时，系统的响应亦将是随机的，如图1-2所示。对随机振动不能用简单函数或简单函数组合来表述其运动规律，而只能用统计的方法来研究其规律。

图 1 - 2　随机振动示意图

4)按照系统振动的运动规律分类

(1)周期振动。周期振动是指系统在相等的时间间隔内物体作往复运动。周期振动的振动量(如位移、速度、加速度等)是时间的周期函数,如果振动量用 $x(t)$ 表示,时间用 t 表示,那么周期振动可用下列运动方程描述:

$$x(t) = x(t + nT) \qquad (n = 1, 2, 3, \cdots) \tag{1-2}$$

式中,T 为振动周期,表示振动往复一次所需的时间间隔,常用 s 为单位。$1/T = f$ 称为振动频率,表示单位时间(s)内的振动循环次数,单位为 Hz。显然,运动是重复前一周期的全过程。

(2)稳态振动。以一定周期持续进行的等幅振动称为稳态振动,如图 1 - 3(a)所示,而最简单的周期振动是简谐振动。

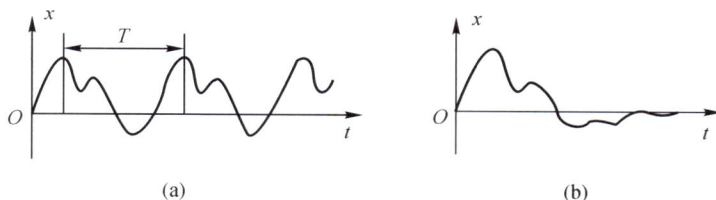

(a)　　　　　　　　　　　　　　　　　　(b)

图 1 - 3　稳态振动和瞬态振动示意图
(a)稳态振动;　(b)瞬态振动

(3)非周期振动和瞬态振动。非周期振动的振动量是时间的非周期函数,不能用式(1 - 2)描述其运动。如果这种振动只在很短的时间内存在,则称为瞬态振动,图 1 - 3(b)所示为机械系统受到冲击或爆炸产生的振动。图 1 - 4 所示为旋转机械启动过程产生的振动。

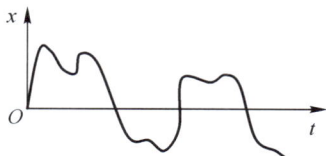

图 1 - 4　旋转机械启动过程产生的振动示意图

周期振动和非周期振动的共同特点:系统特性是确定的,激励与响应也是确定性的。其振动量都是时间的函数。振动过程中任一瞬时,都可以得到确定的振动量,故它们都属于确定性振动。

(4)简谐振动。简谐振动是以振动量为时间的正弦或余弦函数的周期振动,是最简单的周期振动。周期振动可以用谐波分析的方法展开为一系列简谐振动的叠加。

5）按照系统结构参数的特性分类

（1）线性振动。线性振动是系统内的恢复力、阻尼力和惯性力分别与振动位移、速度和加速度成线性关系的振动，可用常系数线性微分方程来描述。线性振动叠加原理成立，系统自由振动的频率及模态是系统所固有的，其特性不随时间改变。

（2）非线性振动。非线性振动是系统内的恢复力、阻尼力和惯性力分别与振动位移、速度和加速度中有一组以上不成线性关系时的振动，微分方程中将出现非线性项。叠加原理不成立。

6）按振动位移的特征分类

（1）直线振动。直线振动的特征是振动体上质点的运动轨迹是直线。

（2）圆振动。圆振动的特征是振动上质点的运动轨迹为圆弧线。

（3）弯曲振动。弯曲振动是指振动体上质点沿轴方向振动的纵向振动和振动体上作垂直于轴方向振动的横向振动。

（4）扭转振动。扭转振动是指振动体上的质点只作绕轴线的振动，也称之为角振动。

1.2 无人机结构动力学的基本概念

无人机是无人驾驶飞行器（Unmanned Aerial Vehicle，UAV）的简称。它是指机上不搭载操作人员（简称驾驶员或飞行员）的一种动力航空器，采用空气动力为飞行器提供所需的升力，能够携带有效载荷进行全自动飞行或无线引导飞行。

1.2.1 无人机总体结构的类型

无人机总体结构包括固定翼无人机、旋翼无人机和复合无人机三大类型，其中旋翼无人机包含了无人直升机和多旋翼无人机两种类型。

1.固定翼无人机总体结构

固定翼无人机总体结构主要由机翼、机身、尾翼、起落装置和动力装置（发动机）五个部分组成，如图1-5所示。

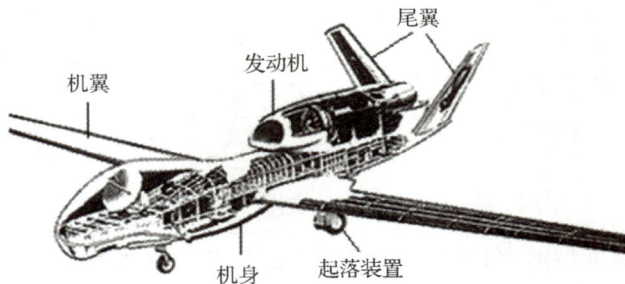

图1-5 固定翼无人机（全球鹰）总体结构示意图

机翼是固定翼无人机必不可少的关键部件，因为固定翼无人机必须依靠机翼产生向上的升力,克服重力,才能实现升空飞行。机翼除了产生升力以外,同时也起到一定的稳定和操控作用。固定翼无人机具有续航时间长、飞行速度快、飞行效率高和载荷大等优点,其缺点是起飞降落时机场需要有长距离跑道、不能进行垂直起降和空中悬停等。

2.旋翼无人机总体结构

旋翼无人机是指具有一个或多个由发动机驱动的旋转机翼(旋翼),具备垂直起降、空中悬停和超低空飞行(树梢飞行)等特殊性能的无人航空器,包括无人直升机和多旋翼无人机两种类型,其总体结构特点是没有安装固定机翼。

旋翼无人机的旋翼转轴都近于铅直,每片桨叶的工作原理都类同于固定翼无人机的一个机翼。旋翼桨叶静止时在重力 G 作用下下垂,如图 1-6(a)所示;当旋翼在动力装置的驱动下在空气中高速旋转时,沿半径方向每段桨叶上产生的空气动力在旋翼轴方向上的所有分量的合成力,即为桨叶的总升力 T,所有桨叶的总升力合成构成旋翼总拉力,起到克服旋翼无人机重力的作用。旋翼的桨叶在升力作用下,绕桨毂水平铰向上挥舞,形成一个倒锥体,桨叶与桨毂旋转平面之间的夹角称为锥体角。锥体角的大小取决于桨叶升力 T 及离心力 F 两者的大小:桨叶升力越大,锥体角越大;桨叶转动的速度越大,桨叶产生的离心力越大,锥体角越小,如图 1-6(b)所示。

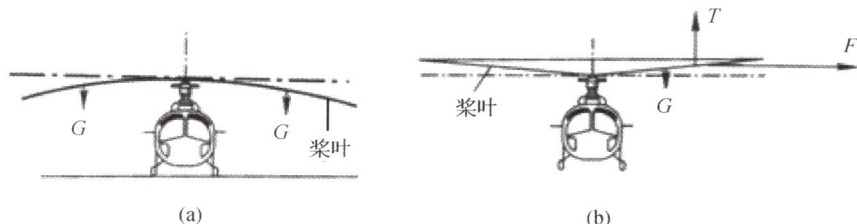

图 1-6　旋翼桨叶产生升力的原理示意图
(a)旋翼静止状态;　(b)旋翼高速旋转状态

旋翼由发动机驱动给周围空气以扭矩,根据物体作用力与反作用力的物理学基本原理,空气必定以大小相等、方向相反的扭矩作用于旋翼,继而传递到机体上,如图 1-7 所示。

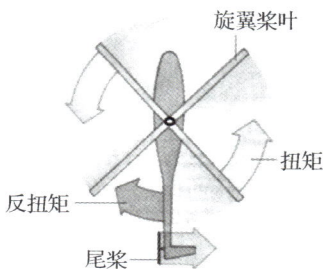

图 1-7　旋翼无人机的旋翼扭矩与反扭矩示意图

如果不采取补偿措施,这个反扭矩将使机体发生逆向旋转。为了消除旋翼反扭矩作用,以保持旋翼无人机机体的航向,可以采用不同的补偿方式,因而出现了不同构造形式的旋翼无人机,如图 1-8 所示。

1)无人直升机总体结构

无人直升机是由动力驱动的旋翼在空气中旋转而产生升力和推进力的无人机,无人直升机的旋翼数量为 1 个或 2 个,包括以下几种类型。

(1)单旋翼带尾桨无人直升机:只有一个主旋翼,采用尾桨推力来平衡主旋翼反扭矩。这种形式是传统直升机中最流行的形式,如图 1-8(a)所示。

(2)双旋翼纵列无人直升机:两个旋翼纵向前后布置,相逆旋转,反扭矩彼此相消,如图 1-8(b)所示。这种形式的优点是机身宽敞,容许机体重心位置移动较大。

(3)双旋翼横列无人直升机:两个旋翼左右安装在支臂或固定机翼上,相逆旋转,反扭矩彼此相消,如图 1-8(c)所示。这种形式的优点是构造对称,稳定性和操纵性较好。

(4)双旋翼共轴无人直升机:两旋翼在同一轴线上,相逆旋转,因此反扭矩彼此相消,如图 1-8(d)所示。这种形式的外廓尺寸较小,但传动和操纵机构复杂。

(5)双旋翼交叉无人直升机:两旋翼轴交叉安装,相逆旋转,因此反扭矩彼此相消,如图 1-8(e)所示。这种形式由交叉旋翼提供动力,具有载重大、操控稳的优势。

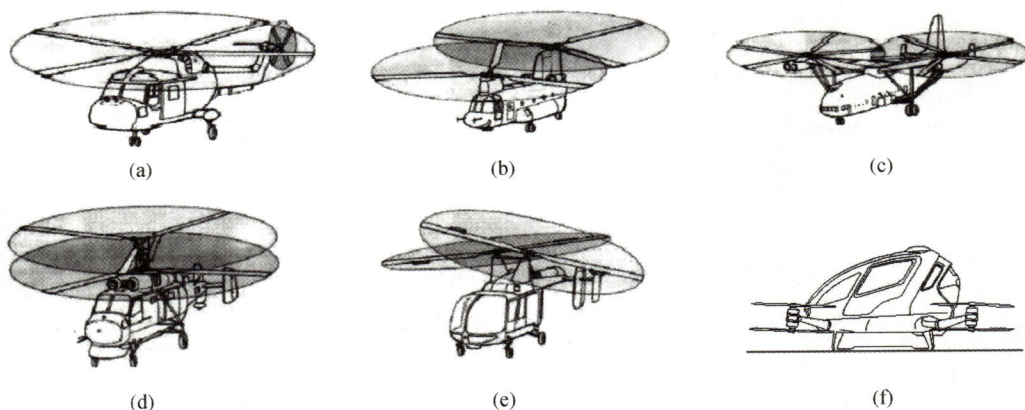

图 1-8　不同类型旋翼无人机的总体结构示意图
(a)单旋翼带尾桨无人直升机;　(b)双旋翼纵列无人直升机;　(c)双旋翼横列无人直升机;
(d)双旋翼共轴无人直升机;　(e)双旋翼交叉无人直升机;　(f)多旋翼无人机

2)多旋翼无人机总体结构

多旋翼无人机是由多个旋翼在空气中旋转而获得升力和推进力的无人机,其旋翼数量多达 4 个或 4 个以上,为双数。每两个旋翼相逆旋转,因而反扭矩彼此相消,如图 1-8(f)所示。

3.复合无人机总体结构和气动布局

1)复合无人机总体结构

复合无人机在固定翼无人机上加装升力旋翼系统,采用固定翼与旋翼结合的复合式布局,使其具有垂直起降能力。增加的升力旋翼数为双数,每两个旋翼相逆旋转,因而反扭矩彼此相消,如图 1-9 所示。

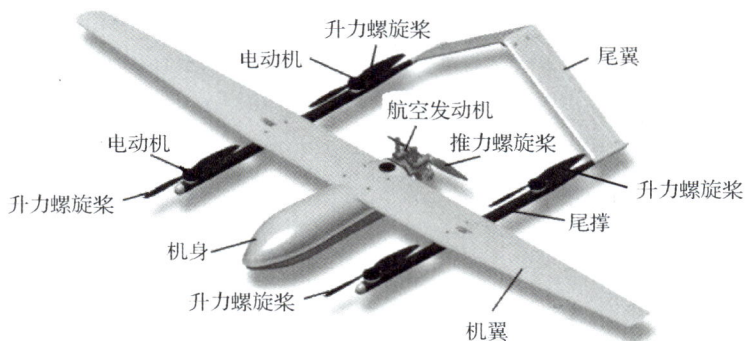

图 1-9　复合无人机总体结构示意图

2）固定翼无人机气动布局

固定翼无人机的气动布局是指其主要空气动力部件的气动外型及相对位置的设计和安排，即固定翼无人机外部总体形态布局与位置安排，如它的各翼面是如何放置的。

固定翼无人机气动布局与它的动态特性密切相关，在气动参数变化范围内，固定翼无人机气动布局不仅同它的外形构造、动态特性及所受到的空气动力密切相关，而且关系到它的飞行特征、飞行性能、稳定性、机动性和安全性。

固定翼无人机设计任务不同，对机动性和飞行性能的要求也不一样，这必然导致固定翼无人机的总体结构布局各异。现代固定翼无人机的总体结构布局有很多种，主要有常规布局、无尾布局、鸭翼布局和飞翼布局等形式。这些布局形式都有各自的特殊性及优缺点，如图 1-10 所示。

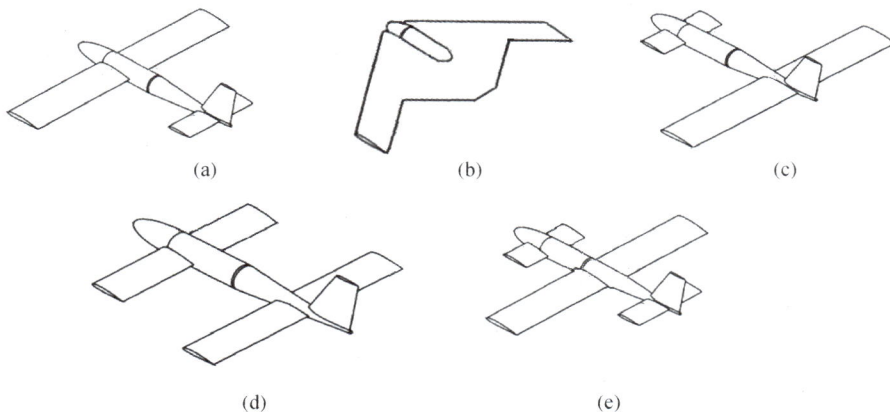

图 1-10　固定翼无人机气动布局类型示意图

(a)常规气动布局；　(b)飞翼气动布局；　(c)鸭翼气动布局；　(d)串列翼气动布局；　(e)三重翼气动布局

3）复合无人机气动布局

什么是复合？复合就是混合，是用人工的方法把两种或多种不同的东西混合在一起产生出一种新的东西。例如复合材料就是由两种或两种以上性质不同的物质混合而成的一种多相固体材料,它既保持了原组分材料的主要特点,又具备了原组分材料所没有的新性能。在生物学上,复合称为杂交,例如杂交水稻、杂交玉米等。

常规旋翼无人机,例如无人直升机和多旋翼无人机可在原地垂直起降,可作低空高机动飞行,应用范围广,但由于受前行桨叶波阻和后行桨叶失速的限制,飞不快,巡航速度很难超过 300 km/h。相比之下,固定翼无人机既省油又飞得快,但不能垂直起降,起降受跑道限制,使用不方便。如何将这两种气动布局无人机的优点结合起来?航空工程师在实际工作中采用复合的办法,将固定翼无人机与旋翼无人机两者混合起来,形成了一种新型无人机机种——复合无人机(Composite UAV)。复合无人机气动布局是指在固定翼无人机气动布局的基础上,加上多个旋翼后而得到的一种全新的气动布局。复合无人机气动布局的类型如图 1-11 所示。

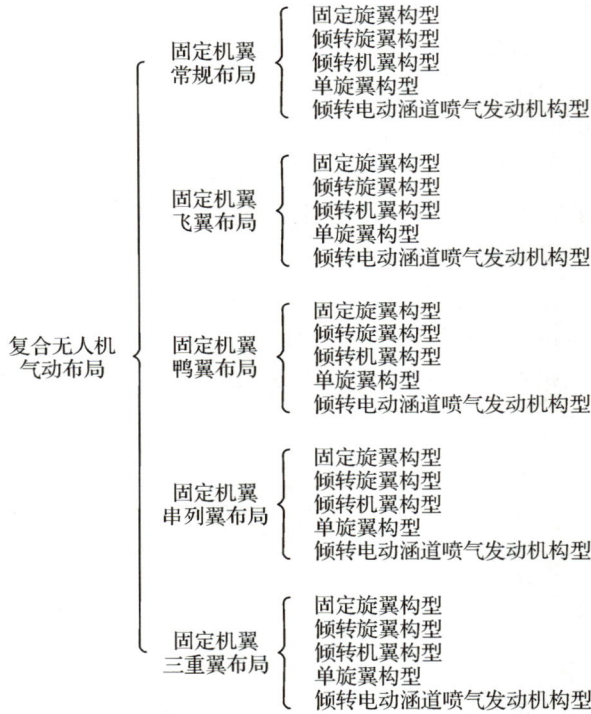

```
                                    ┌ 固定旋翼构型
                         固定机翼    │ 倾转旋翼构型
                         常规布局   ┤ 倾转机翼构型
                                    │ 单旋翼构型
                                    └ 倾转电动涵道喷气发动机构型

                                    ┌ 固定旋翼构型
                         固定机翼    │ 倾转旋翼构型
                         飞翼布局   ┤ 倾转机翼构型
                                    │ 单旋翼构型
                                    └ 倾转电动涵道喷气发动机构型

            复合无人机              ┌ 固定旋翼构型
            气动布局     固定机翼    │ 倾转旋翼构型
                         鸭翼布局   ┤ 倾转机翼构型
                                    │ 单旋翼构型
                                    └ 倾转电动涵道喷气发动机构型

                                    ┌ 固定旋翼构型
                         固定机翼    │ 倾转旋翼构型
                         串列翼布局 ┤ 倾转机翼构型
                                    │ 单旋翼构型
                                    └ 倾转电动涵道喷气发动机构型

                                    ┌ 固定旋翼构型
                         固定机翼    │ 倾转旋翼构型
                         三重翼布局 ┤ 倾转机翼构型
                                    │ 单旋翼构型
                                    └ 倾转电动涵道喷气发动机构型
```

图 1-11 复合无人机气动布局的类型

目前,最能够体现现代航空技术发展的最新成果是电动垂直起降(electric Vertical Take-Off and Landing,eVTOL)飞行器,它是一种目前正在发展进程中的空中交通工具。

电动垂直起降(eVTOL)飞行器,以电能或油电混合系统为动力,无需专用飞行跑道即可实现垂直起落。它是在多旋翼无人机或复合无人机基础上发展起来的一种新型空中交通工具,具有安全性好、成本低、噪声小,以及零污染等优点。长久以来,人们对这种颇具未来感的空中交通工具就充满了期盼和想象,习惯性地把它称为"飞行汽车"。

至今全世界正在研制的电动垂直起降飞行器(eVTOL)有 600 多个设计方案,可归结为两大类:多旋翼电动垂直起降飞行器类型和复合电动垂直起降飞行器类型(见图 1-12),实质上,它们是在电动多旋翼无人机或电动复合无人机的基础上,增加安装适合人员乘坐的座舱、座椅和相关设备所构成的一种全新的载人航空器,其技术核心仍然属于无人机的范畴。

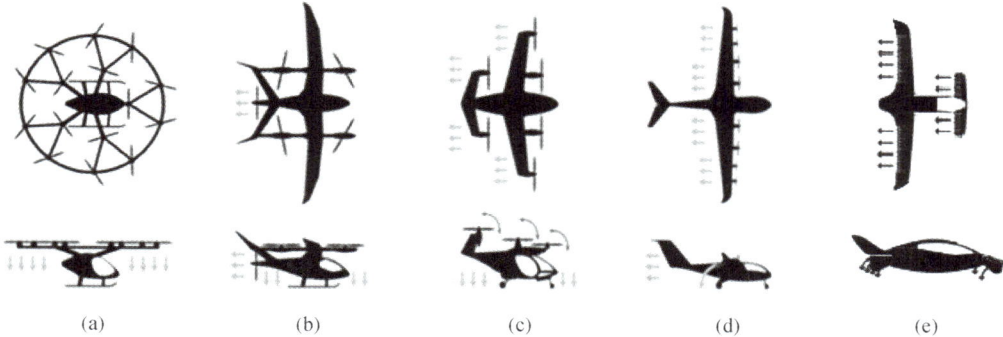

图 1-12 电动垂直起降飞行器气动布局示意图
(a)多旋翼; (b)固定旋翼; (c)倾转旋翼;
(d)倾转旋翼(涵道风扇); (e)倾转电动涵道喷气发动机

1.2.2 无人机结构动力学的定义和结构动力系统

所谓结构指的是受力结构,是指能承受和传递载荷,并能保持足够强度和刚度的零部件总称。作为结构振动理论在结构工程中的具体应用,结构动力学与振动理论的研究同时进行。无人机的结构是指其承担重力或外力的部分的构造,它除承受静力载荷应进行静力分析以外,还要承受动力载荷,产生振动,从而需要进行动力学分析。无人机总体"结构"是构成无人机整体的基础,其主要功能之一是承受和传递作用在它上面的各种载荷。无人机结构动力学属于航空器结构动力学的范畴。

1.无人机结构动力学的定义

无人机动力学包括结构动力学和气动弹性力学两部分,为了研究方便,通常将它们分开进行研究。基于此,本书将着重介绍和讨论无人机结构动力学问题。

结构动力学是研究任何给定类型的结构在承受任意动力荷载时应力和位移的分析方法。结构承受的荷载可以分为两类:静荷载和动荷载。其中静荷载也可以看作是动力荷载的一种特殊形式。在线性结构分析中,为了计算方便,通常将静荷载和动荷载区分开来,分别计算后将结果叠加,即可得到总反应。

无人机结构动力学是一门在无人机设计中受到普遍重视且仍处于不断发展中的学科,它主要研究无人机结构的强迫振动、自由振动和动稳定性,不考虑空气动力与结构的弹性力、阻尼力和惯性力之间的相互作用,如果涉及空气动力,也只把它作为与结构振动运动无关的外力对待。结构动力学是研究气动弹性响应的基础。

无人机在飞行过程中,要经受非定常气动力所产生的交变动力载荷。交变动力载荷激起的振动对无人机结构部件是有害的,它会降低无人机结构部件的可靠性和使用寿命。实际上,动力载荷是普遍存在的,无人机结构动力学就是对交变动力载荷引起结构振动的理论和应用进行分析研究,从而提出解决其振动问题的方法。

2.无人机振动频率、周期和结构动力系统

1)无人机振动频率和周期

无人机在飞行过程中会在动载荷作用下发生振动现象,其结构形状和位置会随时间发生往复变化。在这种往复运动变化的现象中,单位时间内运动重复的次数称为振动频率,运动重复一次所需要的时间间隔称为振动周期。

2)无人机结构动力系统

凡是能产生振动的研究对象统称为结构动力系统。无人机就是一种典型的结构动力系统,它在飞行过程中会产生振动或噪声。对于引起系统振动的动载荷,例如外加的动态力或位移、初始干扰等统称为激励或输入。结构动力系统在输入下产生的效果称为系统的动态响应,简称响应,也称为输出,例如振动中产生的位移、速度、加速度、应力等。无人机结构动力系统与激励(输入)、响应(输出)的关系如图 1-13 所示。

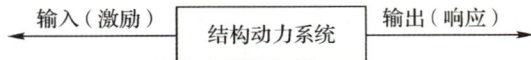

$$\text{输入(激励)} \longleftarrow \boxed{\text{结构动力系统}} \longrightarrow \text{输出(响应)}$$

图 1-13 结构动力系统与激励(输入)、响应(输出)的关系

无人机结构所具有的固有动力学特性(包括固有频率与主振型等),只与系统的固有质量和刚度特性有关,而与振动的初始条件无关,称之为系统的动态固有特性或振动固有特性。无人机结构的动态特性中最基本的两个就是自由振动特性和强迫振动特性。前者反映了系统的固有特性,后者还与外激励有关。

1.2.3 无人机结构动力学的目的和特点

1.无人机结构动力学的目的

任何一种设计成功的无人机,都必须具有良好的动力学特性,包括具有足够的动力学稳定裕度,可接受的机翼或旋翼及机体振动载荷,以及较低的振动水平。

如果无人机的结构不合理,动态特性不好,飞行中的动响应过大,就会使它在飞行过程中产生过大的结构动应力或变形,造成结构破坏或者使内部设备工作失灵,也可能引起结构颤振、发散等动力学不稳定现象,使结构迅速破坏。因此,结构动力学分析与设计工作在无人机设计中是一个不可缺失的重要设计环节,受到普遍重视。

无人机结构动力学的目的就是研究关于无人机结构动力系统振动固有特性,以及它在外激励作用下产生动响应的基本理论和分析方法,以使无人机结构具有优良的动力学特性。无人机结构振动固有特性分析很重要,因为无人机的动态响应计算、结构动稳定性分析、结构与其他系统(例如飞行控制系统、动力系统、任务载荷系统等)的耦合干扰分析,都是以结构动态固有特性为基本的原始数据。固有特性分析的基本内容是,在建立结构动态分析模型的基础上进行结构固有频率及其相应振型的计算。此项工作的分析精度在一定程度上影响着许多设计环节的有效性。

根据无人机结构动力系统输入、输出与系统特性三者之间的关系(见图 1-13),无人机结构动力学可归纳为以下三类问题。

(1)响应计算。已知激励和系统模型,求响应,也称为正问题。

（2）系统识别。已知激励和响应，求系统特性，也称为参数识别或第一类逆问题。

（3）载荷识别。已知系统和响应，求激励，也称为第二类逆问题。

2. 无人机结构动力学的特点

无人机结构动力问题与结构静力问题相比存在很大的差别。无人机结构动力问题的基本特点主要表现在以下两个方面。

1）结构动力问题包含时间变量

静载荷是不随时间变化的稳态力，静力问题具有单一的解答。动力问题则不同，动载荷（输入）是随时间变化的速变力，因此，在动力分析中，输入（激励）的大小、方向甚至作用点，一般都是随时间而变化的。这就决定了动力系统的输出（响应）也随时间变化，使动力问题不像静力问题那样具有单一的解答，我们必须在动载荷作用的时间范围内求解结构响应的时间历程。结构中的内力、变形除了与载荷大小有关外，还与载荷作用方式、载荷随时间的变化规律、结构的边界条件以及结构的固有特性、阻尼特性有关。此外，对于动力学问题，不仅要知道边界条件，还要知道初始条件。显然，时间变量是结构动力问题的基本变量之一，这使得动力分析比静力分析更加复杂。

2）惯性力的存在

结构动力的突出特征是存在振动现象。在振动过程中组成结构的质点具有加速度，从而在结构中产生了惯性力。惯性力的存在是动力学问题的又一特性。由理论力学质点动力学可知，随时变化的惯性力项的出现，使质点振动的运动方程为二阶常系数线性微分方程（在微幅振动条件下），这也就在一定程度上确定了运动方程的形式和求解的特点。因此，在结构动力学中，必须十分重视结构的质量大小与分布情况，注意研究振动中惯性力的状况。

1.2.4　无人机结构动力学的研究方法、分析步骤和模型

1. 无人机结构动力学的研究方法

无人机结构动力学的研究方法可分为分析的方法和试验的方法两大类。对无人机设计来说，两种方法是相辅相成的，缺一不可。

1）结构动力试验

无人机结构动力试验包括模态试验、动力学环境试验、模拟试验等。这些试验既可以直接考核产品的动力学性能，也为结构动力分析提供必要的验证和数据。

2）结构动力分析

无人机结构动力分析方法是先确定外激励的性质、大小与变化规律，确定初始条件，再将它的实际结构经过去粗取精、去伪存真的过程，简化成结构动力分析模型（物理模型），进而研究建立起与之相应的振动微分方程（运动方程），即数学模型。

2. 无人机结构动力学的分析步骤

无人机结构动力学分析一般分为下列几个步骤。

1）建立力学模型

实际的无人机结构动力系统是很复杂的，为便于分析和计算，必须抓住主要因素，而略去一些次要因素，将实际系统简化和抽象为动力学模型。简化的程度取决于系统本身的复杂程度、要求计算结果的准确性以及采用的计算工具和计算方法等。动力学模型要表示动

力系统的主要动态特性及外部激振情况。无人机本身结构的动态特性参数是质量、刚度(或弹性)和阻尼,如何进行简化是值得认真研究的。

2)建立数学模型

应用物理定律对所建立的无人机结构动力学模型进行分析,导出描述系统特性的数学方程。无人机结构动力学问题的数学模型表现为微分方程的形式。运动方程是描述结构中力与位移(包括速度和加速度)关系的数学表达式,它是进行结构动力学分析的基础。通常这种数学表达式是位移为时间函数的形式。

3)运动方程的求解

无人机结构动力学分析中的核心问题是运动方程的求解,由于绝大多数问题过于复杂,无法得到解析解,必须求助于数值解,例如采用有限元法。有限元法是一种高效能的计算方法,可应用于以任何微分方程所描述的各类物理场中,而不再要求这类物理场和泛函的极值问题有所联系。建立有限元系统运动方程可采用达朗贝尔原理、哈密顿原理、虚位移原理和最小势能原理等不同的方法,将连续体离散为有限数目互相连接的单元体,并使单元体的特性集合能够反映连续的整体特性。

4)分析结论

根据方程解提供的规律和系统的工作要求及结构特点,可以做出无人机结构动力学设计和改进的决断,以获得问题的最佳解决方案。

3.无人机结构动力学的分析模型

由于无人机结构十分复杂,其结构动力学同其他学科一样,不可能将原始结构拿来分析计算,必须根据分析的目的、要求的计算精度、结构的受力及传力特点、现有的计算条件来分析结构各部分在振动中的作用,综合简化成正确反映结构动态特性的力学(物理)模型,即分析模型。

一般说来,力学模型可分为连续系统(或称分布参数系统)模型与离散系统(或称集中参数系统)模型,实际模型有时还可能是它们的复合模型。同一实际结构,根据分析的目的、内容、精度要求,可以简化成不同的模型。除了外激励外,构成的结构动力学模型还必须包含质量、弹性、阻尼三大要素。对于集中质量系统,这些要素具体化为质量件、弹性件与阻尼件。

质量件是离散系统中产生惯性力、储存动能的功能件,通常假定它是刚体,它具有惯性。弹性件是系统中产生弹性恢复力、提供结构刚度、储存势能的功能件,一般将它的质量略去不计。阻尼件是系统中产生阻尼力,使能量从动力系统中耗散出去的功能件。

当弹性件、阻尼件均为线性,系统在平衡位置附近作微幅振动时,离散系统的运动方程可用线性常微分方程表达。对于线性的连续系统,其运动方程可用线性偏微分方程描述。上述系统称为线性系统,其振动称为线性振动。凡是不能简化为线性系统的动力系统,都称为非线性系统,此类系统的振动称为非线性振动。如果一个结构动力系统的各个特性参数(质量、刚度、阻尼系数等)都不随时间而变化,即它们不是时间的显函数,这种系统就称为常参数系统(或不变系统),反之,称为变参数系统(或参变系统)。常参数系统的运动用常系数微分方程来描述,而描述变参数系统则需要用变系数微分方程。一个实际的结构动力系统究竟应该采用哪一种模型,必须根据具体情况进行具体分析,并且通过科学实验加以验证。

1.3 基本动力学系统运动方程的建立

结构动力系统运动方程的建立是结构动力学的重点和难点,它表明系统运动、系统性质和激振(含初始干扰)三者之间的关系。基本动力学系统应包括结构动力学分析中涉及的所有物理量,包括质量、弹簧、阻尼器。本节首先通过对简单结构系统(单自由度系统)的讨论,介绍结构动力学分析中存在的基本物理量及建立运动方程的方法,为后续章节介绍和讨论复杂的无人机运动方程的建立和求解打下基础。

1.3.1 基本动力学系统分析的物理量

动力学的研究任务是揭示物体运动及其受力之间的关系,并基于它们之间的关系解释或者预测物体的运动。动力学系统和微分方程有着密不可分的联系,在特定条件下,动力学系统可以等价成一组微分方程,即可以通过分析微分方程去分析动力学系统。

1.机械功与能量

1)机械功

机械功,简称功,是物理学中表示力对物体作用空间累积的物理量。功是标量,其大小等于力与其作用点位移的标量积,国际单位制单位为焦耳。如果一个物体受到力的作用,并在力的方向上发生了一段位移,就说这个力对物体做了功。

功可以用速度和质量来描述,这样描述的功称之为总功,因此总功只与物体的质量和初末速度有关,而与物体位移的方式无关。由此可知,在一维运动中:

(1)物体做匀速运动,那么物体总功为零。

(2)物体受到的合力为 F,如果初运动和末运动的位移方向与 F 相同,那么这个物体总功大于零。

(3)物体受到的合力为 F,如果初运动和末运动的位移方向与 F 相反,那么这个物体总功小于零。

2)能量

能量是物体做功的本领。一个物体能够做功,就说这个物体具有能量,物体能够做的功越多,具有的能量越大。自然界中不同的能量形式与不同的运动形式相对应,如物体运动具有机械能,分子运动具有内能,电荷的运动具有电能,原子核内部的运动具有原子能,等等。不同形式的能量之间可以相互转化,任何形式的能量在转化过程中,能量的总量保持不变,这就是能量转化与守恒定律。

(1)动能。运动的物体所具有的能量叫做动能。决定动能的是物体的质量与速度。

(2)势能。势能分为重力势能和弹性势能。举高的物体具有的能量叫做重力势能,决定重力势能的是质量和高度。发生弹性形变的物体具有的能量叫做弹性势能,决定弹性势能的是刚度与变形量。

(3)机械能。机械能是动能与势能的总和。

2.可能位移、实位移和虚位移

1)可能位移

满足所有约束方程的位移称为系统的可能位移。

2）实位移

如果位移不仅满足约束方程，而且满足运动方程和初始条件，则称为系统的实位移。

3）虚位移

在某一固定时刻，系统在约束许可的情况下可能产生的任意组微小位移，称为虚位移。

3.惯性力、弹簧恢复力和阻尼

1）惯性力

惯性是指保持物体运动状态的能力。惯性力大小等于物体的质量与加速度的乘积，方向与加速度的方向相反。物体惯性力计算公式为

$$m\ddot{u} = F_I \tag{1-3}$$

式中，$\ddot{u}$ 为物体的加速度，m 为物体的质量，F_I 为作用于物体上的惯性力。

2）弹簧或结构恢复力

对弹性系统，弹簧恢复力也称为弹性恢复力，其大小等于弹簧或结构刚度与位移（弹簧或结构变形）的乘积，方向指向系统的平衡位置。弹簧或结构恢复力计算公式为

$$ku = F_S \tag{1-4}$$

式中，k 为弹簧或结构的刚度，u 为弹簧或结构变形引起质点的位移，F_S 为弹簧或结构恢复力。

3）阻尼

阻尼是引起结构能量的耗散，使结构振幅逐渐变小的一种作用。阻尼的来源有以下几方面：

（1）固体材料变形时的内摩擦，或材料快速应变引起的热耗散。

（2）结构连接部位的摩擦，结构构件与非结构构件之间的摩擦。

（3）结构周围外部介质引起的阻尼，例如空气、流体等。

黏性（滞）阻尼力可表示为

$$c\dot{u} = F_D \tag{1-5}$$

式中，c 为阻尼系数，$\dot{u}$ 为质点的运动速度，F_D 为黏性（滞）阻尼力。

4）阻尼系数的获得

阻尼系数 c 不能像结构刚度 k 那样可通过弹簧或结构几何尺寸、构件尺寸和材料的力学性质等来获得，因为 c 是反映了多种耗能因素综合影响的系数。阻尼系数一般是通过结构原型振动试验的方法得到。黏性阻尼理论仅是多种阻尼中最为简单的一种。其他常用的阻尼有以下几种：

（1）摩擦阻尼。阻尼力大小与速度大小无关，一般为常数。

（2）滞变阻尼。阻尼力大小与位移成正比（相位与速度相同）。

（3）流体阻尼。阻尼力与质点速度的二次方成正比。

4.线弹性系统、黏弹性系统和非弹性系统

1）线弹性系统

当一个物体所受荷载不超过某一限值（弹性极限）时，其所受荷载与变形呈线性关系（即材料遵从胡克定律），若将外加载荷去除后，物体的变形可全部恢复（没有残余变形），这类物

体称为线性弹性体(linearly elastic body),简称线弹性体。线弹性系统是由线性弹簧(或线性构件)组成的系统,它是最简单的理想化力学模型。

2)黏弹性系统

黏弹性系统是当线弹性系统中进一步考虑阻尼(黏性阻尼)的影响时的系统。它是结构动力学分析中的最基本力学模型。

3)非弹性系统

非弹性系统是结构构件的力与变形关系为非线性关系时的系统,结构刚度不再为常数。

5.胡克定律

胡克定律是力学弹性理论中的一条基本定律,表述为:固体材料受力之后,材料中的应力与应变(单位变形量)之间呈线性关系。满足胡克定律的材料称为线弹性或胡克型材料。从物理的角度看,胡克定律源于多数固体(或孤立分子)内部的原子在无外载作用下处于稳定平衡的状态。

许多实际材料,如一根长度为 L、横截面积为 A 的棱柱形棒,在力学上都可以用胡克定律来模拟,其单位伸长(或缩减)量(应变)在常系数 E(称为弹性模量)下,与拉(或压)应力 σ 成正比例,即 $F=-kx$ 或 $\Delta F=-k\Delta x$,式中 k 是常数,是物体的弹性系数。在国际单位制中,F 的单位是 N,x 的单位是 m,它是形变量(弹性形变),k 的单位是 N/m。弹性系数在数值上等于弹簧伸长(或缩短)单位长度时的弹力。物理实验室广泛使用的弹簧测力计采用的原理即是胡克定律。

1.3.2　建立动力学系统运动方程的方法

1.基本动力学系统的定义

基本动力学系统应包括结构动力学分析中涉及的所有物理量:质量、弹簧、阻尼器。运动方程是描述结构中力与位移(包括速度和加速度)关系的数学表达式,它是进行结构动力分析的基础。

动力学系统运动方程的建立是结构动力学的重点和难点,现以两个典型的单自由度系统为例进行介绍。图 1-14 所示的单层框架结构和图 1-15 所示的弹簧-质点系统都属于基本动力学系统,它们都包含有集中质量 m、阻尼系数 c 和弹簧刚度 k,这两个力学模型完全等效,原因是这两个系统的运动方程相同。

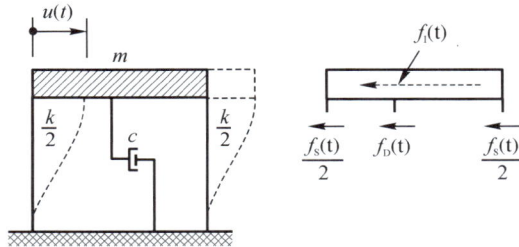

图 1-14　单层框架结构示意图

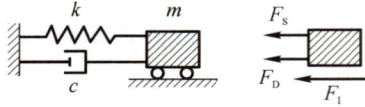

图 1-15 弹簧-质点系统示意图

2.建立运动方程的牛顿法

牛顿第二定律是基于物理学中已有知识的直接应用,以人们最容易接受的力学知识建立动力学系统的运动方程。

1)从受力情况建立运动方程

已知物体受力情况确定运动情况,指的是在受力情况已知的条件下,要求判断出物体的运动状态或求出物体的速度、位移等。处理这类问题的基本思路是:先分析物体受力情况求合力,根据牛顿第二定律求加速度,再用运动方程公式求所需的运动学量。

2)从运动情况确定受力

在运动情况(三个运动学量)已知的条件下,要求得出物体所受的力或者相关物理量(如动摩擦因数等)。处理这类问题的基本思路是:先分析物体的运动情况,根据运动方程公式求加速度,再在分析物体受力情况的基础上,用牛顿第二定律列方程求所需的力。

单质点系统的受力分析。弹簧-质点系统受力情况如图 1-16 所示。

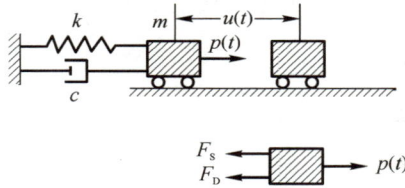

图 1-16 弹簧-质点系统受力情况分析

根据牛顿第二定律式(1-1),有

$$F = ma$$
$$F = p(t) - F_D - F_S$$
$$ma + F_D + F_S = p(t)$$
$$a = \ddot{u}$$
$$F_D = c\dot{u}$$
$$F_S = ku$$

单质点系统的运动方程为

$$m\ddot{u} + c\dot{u} + ku = p(t) \tag{1-6}$$

3.建立运动方程的其他方法

1)达朗贝尔原理

达朗贝尔(D'Alembert)原理是一种简单、直观地建立运动方程的方法,在生产实践中得到了广泛应用。达朗贝尔原理建立了动平衡的概念,使得在结构静力分析中的一些方法可以直接推广到动力学问题。即应用达朗贝尔原理,可将动力学问题从形式上转化为静力学问题,从而根据关于平衡的理论来求解。这种解答动力学问题的方法,也称为动静法。

例如,图 1-16 所示的单质点系统(弹簧-质点系统)受力情况,在系统运动的任一瞬时,如果除了实际作用结构的主动力(包括阻尼力)和约束反力外,再加上(假想的)惯性力,则在该时刻系统将处于假想的平衡状态(动力平衡)。

$$p(t) - F_I - F_D - F_S = 0$$
$$a = \ddot{u}$$
$$F_D = c\dot{u}$$
$$F_S = ku$$

单质点系统的运动方程为

$$m\ddot{u} + c\dot{u} + ku = p(t)$$

2)虚位移原理

虚位移是指满足系统约束条件的无限小位移。所谓虚位移的"虚"表示它与真实的受力结构的变形而产生的真实位移无关,而可能由其他原因(如温度变化或其他外力系、其他干扰)造成的满足位移约束、连续条件的几何可能位移。对于虚位移的要求是微小位移,即要求在产生虚位移过程中不改变原受力平衡体的力的作用方向与大小,亦即受力平衡体平衡状态不因产生虚位移而改变。真实力在虚位移上做的功称为虚功,虚功是指当位移与做功的力无关时的功。

虚位移原理阐明,对于一个静态平衡的系统,所有外力的作用,经过虚位移所作的虚功,总和等于零。例如,图 1-16 所示的单质点系统(弹簧-质点系统)受力情况,设系统发生一个虚位移 δu,则平衡力系在 δu 上做的总虚功为零。

$$p(t)\delta u - F_I \delta u - F_D \delta u - F_S \delta u = 0$$
$$p(t) - F_I - F_D - F_S = 0$$
$$a = \ddot{u}$$
$$F_D = c\dot{u}$$
$$F_S = ku$$

单质点系统的运动方程为

$$m\ddot{u} + c\dot{u} + ku = p(t)$$

虚位移原理建立在对虚功分析的基础之上,而虚功是一个标量,可以按代数方式运算,因而比牛顿第二定律或达朗贝尔原理中需要采用的矢量运算更简便。虚位移原理部分避免了矢量运算,在获得系统虚功后,可以采用标量运算建立系统的运动方程,简化了运算。

3)哈密顿原理

哈密顿(Hamilton)原理是一种建立运动方程的能量方法(积分形式的变分原理),如果不考虑非保守力做的功(主要是阻尼力),它是完全的标量运算,其美妙在于它以一个极为简洁的表达式概括了复杂的力学问题。

变分法是 17 世纪末发展起来的一门数学分支,在处理函数的数学领域和处理数的函数的普通微积分相对应。哈密顿原理是动力学中的变分法,可以应用变分法建立结构系统的运动方程。在数学上,变分问题就是求泛函的极值问题。在这里,泛函就是结构系统中的能量(功),变分法是求系统能量(功)的极值。结构系统的平衡位置是系统的稳定位置,在稳定位置,系统的能量取得极值,一般是极小值。

在任意时间区段$[t_1,t_2]$内,系统的动能和位能的变分加上非保守力做功的变分等于0。

$$\int_{t_1}^{t_2}\delta(T-U)\mathrm{d}t+\int_{t_1}^{t_2}\delta W_{\mathrm{nc}}\mathrm{d}t=0$$

$$\delta W_{\mathrm{nc}}=\sum_j P_{\mathrm{nc}j}\delta u_j$$

式中:T 为系统的总动能;U 为系统的位能,包括应变能及任何保守力的势能;W_{nc} 为作用于系统上非保守力(包括阻尼力及任意外荷载)所做的功;δ 为在指定时间段内所取的变分。

对于图 1-16 所示的单质点系统(弹簧-质点系统)受力情况,系统的动能 $T=\dfrac{1}{2}m\dot{u}^2$,位能(弹簧应变能)$U=\dfrac{1}{2}ku^2$。

因此能量的变分

$$\delta(T-U)=m\dot{u}\delta\dot{u}-ku\delta u$$

非保守所做的功的变分(等于非保守力在位移变分上作的功)

$$\delta W_{\mathrm{nc}}=p(t)\delta u-c\dot{u}\delta u$$

将以上两式代入哈密顿(Hamilton)原理的变分公式,得

$$\int_{t_1}^{t_2}[m\dot{u}\delta\dot{u}-c\dot{u}\delta u-ku\delta u+p(t)\delta u]\mathrm{d}t=0$$

对上式中的第一项进行分部积分,可得单质点系统的运动方程式(1-6)。

4)拉格朗日方程

从虚位移原理可以得到受理想约束的质点系不含约束力的平衡方程,而动静法(达朗贝尔原理)则将列写平衡方程的静力学方法应用于建立质点系的动力学方程,将这两者结合起来,便可得到不含约束力的质点系动力学方程,这就是动力学普遍方程。而拉格朗日方程则是动力学普遍方程在广义坐标下的具体表现形式。哈密顿(Hamilton)原理是一种积分形式的动力问题的变分方法,实际还有与之等价的微分形式的动力问题的变分原理,就是运动的拉格朗日(Lagrange)方程,其表达式如下:

$$\frac{\mathrm{d}}{\mathrm{d}t}\left(\frac{\partial T}{\partial\dot{u}_j}\right)-\frac{\partial T}{\partial u_j}+\frac{\partial U}{\partial u_j}=P_{\mathrm{nc}j}(t),\quad j=1,2,\cdots,N$$

式中:T 为系统的动能;U 为系统的位能,包括应变能及任何保守力的势能;$P_{\mathrm{nc}j}$ 为与 u_j 相应的非保守力(包括阻尼力及任意外荷载)。

对于图 1-16 所示的单质点系统(弹簧-质点系统)受力情况,推导得出运动方程式(1-6)。

对于多自由度系统,运动方程可推广为

$$\boldsymbol{M\ddot{u}}+\boldsymbol{C\dot{u}}+\boldsymbol{Ku}=\boldsymbol{p}(t) \tag{1-7}$$

拉格朗日方程可以用来建立不含约束力的动力学方程,也可以用来在给定系统运动规律的情况下求解作用在系统上的主动力。如果要想求约束力,可以将拉格朗日方程与动静法或动量定理联用。

通常,我们将牛顿定律及建立在此基础上的力学理论称为牛顿力学(也称矢量力学),将拉格朗日方程及建立在此基础上的理论称为拉格朗日力学。拉格朗日力学通过位形空间描述力学系统的运动,它适合于研究受约束质点系的运动。拉格朗日力学在解决微幅振动问题和刚体动力学的一些问题的过程中起重要的作用。

拉格朗日(Lagrange)方程是一组一般形式的系统动力学方程,用它可以建立任何有限自由度系统的运动微分方程。拉格朗日方程有两类,分别称为第一类拉格朗日方程和第二类拉格朗日方程。通常说的拉格朗日方程是指第二类拉格朗日方程,它是用广义坐标表示的一组系统动力学方程,只能用于完整系统。第一类拉格朗日方程是用不独立坐标表示的一组系统动力学方程,它与约束方程一起构成封闭方程组,适用于所有系统。拉格朗日方程结构形式规范、优美,使用过程直接、简便,因此它是建立有限自由度系统动力学方程的最常用和最有效的方法之一。拉格朗日方程的基本特点有以下几点。

(1)由于采用广义坐标作为基本变量,微分方程式的数目和系统的自由度数目相同,微分方程的数目是最少的。

(2)由于微分方程中不包含约束反力,以及所使用的函数(动能函数、势能函数等)多为标量函数,这和牛顿的力学方程相比较,在解决质点系动力学问题时有很大的优越性。

(3)第二类拉格朗日方程是力学系统在具有最一般意义的广义坐标描述下保持形式不变的动力学方程,因此利用该方程来研究力学系统的动力学具有极大的普遍性。因此,可以说,拉格朗日方程是力学中一个非常重要的理论工具。

1.4　简谐振动和谐波分析

简谐振动是最基本也是最简单的周期振动。当某物体进行简谐运动时,物体所受的力跟位移成正比,并且总是指向平衡位置。它是一种由自身系统性质决定的周期性运动,例如单摆运动和弹簧振子运动。简谐振动虽然是最简单的周期振动,但它可以反映振动的基本特性,复杂的周期振动还可以用有限个简谐振动的叠加来研究。

1.4.1　简谐振动的运动方程和表示方法

简谐振动是指结构动力系统的某个物理量(位移、速度、加速度)按时间的正弦(或余弦)函数规律变化的振动。这是周期振动的最简单而又极重要的一种形式。根据傅里叶分析,一切复杂的振动都可看成是由许多不同频率的简谐振动所组成的。简谐振动是振动的基础,学好简谐振动具有非常重要的意义。

1.简谐振动的运动方程

简谐振动可以用正弦或余弦函数表示,如图 1-17 所示,其典型的运动方程为

$$x(t) = A\sin(\omega t + \varphi) \tag{1-8}$$

式中,简谐振动三要素(振幅、频率、初相位)分别为:A 为振幅,表示振动中的最大位移量;φ 为初相位;ω 为圆频率或角频率,表示频率 f 的 2π 倍,单位为 rad/s。此外,$T = 1/f$ 为周期,即

$$\omega = 2\pi f = 2\pi / T \tag{1-9}$$

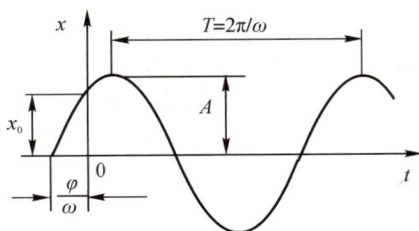

图 1-17 简谐振动用正弦函数表示的示意图

从图 1-17 中可以看出简谐振动的特性：

(1)只要位移是简谐函数,则速度和加速度也是简谐函数,且与位移具有相同的频率。

(2)速度的相位比位移的相位超前 $\pi/2$,加速度的相位比位移的相位超前 π。

(3)简谐振动的加速度与位移恒成正比而方向相反,即加速度始终指向平衡位置,这是简谐振动的运动学特征。

(4)简谐振动一定是周期振动,但周期振动不一定是简谐振动。

2.简谐振动的矢量表示方法

简谐振动可以用旋转矢量在坐标轴上的投影来表示。

如图 1-18 所示,从始点 O 作矢量 $\overrightarrow{OP}$,其模为 A,以等角速度 ω 旋转,矢量的起始位置与水平轴的夹角为 φ。在任一瞬时,矢量与水平轴的夹角则为 $\omega t + \varphi$。

这一旋转矢量在铅垂轴上的投影即为

$$x = A\sin(\omega t + \varphi) \tag{1-10}$$

这一旋转矢量在水平轴上的投影则为

$$x = A\cos(\omega t + \varphi) \tag{1-11}$$

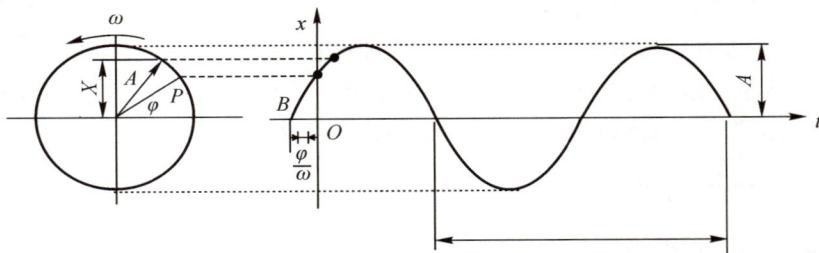

图 1-18 简谐振动的矢量表示法

由此可见,旋转矢量在铅垂轴或水平轴上的投影,均可用来表示简谐振动。而这一旋转矢量的模就是简谐振动的振幅;旋转矢量的角速度就是简谐振动的圆频率;旋转矢量与水平轴(或铅垂轴)的夹角就是简谐振动的相位角;而简谐振动的初相位角,则是 $t = 0$ 时刻旋转矢量与水平轴(或铅垂轴)的夹角。

当一个简谐振动由两个同频率的简谐振动所合成时,则这个简谐振动可以用两个代表原简谐振动的旋转矢量的合成矢量来表示。如某一振动的表达式为

$$x = a\cos\omega t + b\sin\omega t$$

可改写为

$$x = a\sin(\omega t + \pi/2) + b\sin\omega t \tag{1-12}$$

式(1-12)右边的两项可以看成是旋转矢量 a 和 b 在铅垂轴上的投影,而且 a 比 b 超前 $\pi/2$ 相位,故两个矢量是相互垂直的,都可以角速度 ω 同步旋转。图 1-19 表示了这两个矢量。根据矢量合成原理,将矢量 a 和矢量 b 合成得到旋转矢量 A,A 与 b 之间的夹角为 φ,A 在铅垂轴上投影为

$$x = A\sin(\omega t + \varphi) \tag{1-13}$$

将式(1-13)展开得到

$$x = A\sin\varphi\cos\omega t + A\cos\varphi\sin\omega t \tag{1-14}$$

由图 1-19 可知

$$\left.\begin{array}{l} a = A\sin\varphi \\ b = A\cos\varphi \end{array}\right\} \tag{1-15}$$

将式(1-15)代入式(1-14),得

$$x = a\cos\omega t + b\sin\omega t$$

因此式(1-13)和式(1-14)表示同一个简谐振动,在数学上两式是可以互换的,由图 1-19 还可看出两式常数之间的关系为

$$\left.\begin{array}{l} A = \sqrt{a^2 + b^2} \\ \tan\varphi = \dfrac{a}{b} \end{array}\right\} \tag{1-16}$$

从物理概念上说,两个同频率的简谐振动可以合成一个与原来频率相同的简谐振动。反之,一个简谐振动也可以分解为两个频率相同的简谐振动。

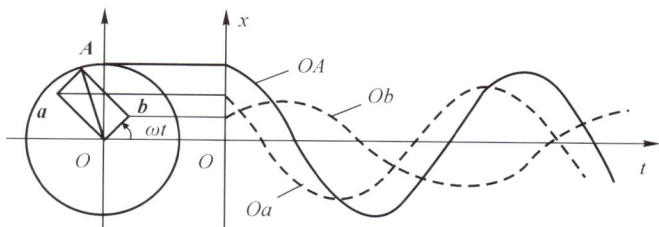

图 1-19　简谐运动的叠加

如果振动的位移是简谐函数,则振动的速度和加速度也必然是简谐函数,故速度和加速度也可以用旋转矢量来表示。

3.简谐振动的复数表示方法

根据复数的矢量表示法,在复平面上的一个复数 Z 代表该复平面(Re,Im)上的一个矢量,如图 1-20 矢量 $\overrightarrow{OP}$ 所示。图中 Re 表示实轴,Im 表示虚轴,矢量的模就是复数 Z 的模 A,其位置由复角 θ 确定。

如图 1-20 所示,Z 的表达式为

$$Z = A(\cos\theta + \mathrm{i}\sin\theta) = A\mathrm{e}^{\mathrm{i}\theta} \tag{1-17}$$

式中,i 为虚轴的单位长度,即 $\mathrm{i} = \sqrt{-1}$。

如果矢量 $\overrightarrow{OP}$ 绕 O 点以等角速度 ω 在复平面内逆时针旋转,就是一复数旋转矢量。它在任一瞬时的复角 $\theta = \omega t$,则复数 Z 的表达式为

$$Z = A(\cos\omega t + i\sin\omega t) = A e^{i\omega t} \tag{1-18}$$

因此,简谐振动也可用复数 Z 所代表的复旋转矢量来表示。复旋转矢量在复平面虚轴和实轴上的投影分别为

$$\left.\begin{array}{l} \mathrm{Im}(Z) = A\sin\omega t \\ \mathrm{Re}(Z) = A\cos\omega t \end{array}\right\} \tag{1-19}$$

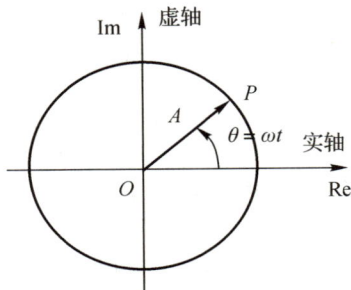

图 1-20 用旋转矢量表示简谐振动

显然 $x = \mathrm{Im}(Z)$,即式(1-19)表示了一种简谐振动。在结构动力学分析中,往往将简谐振动按照复数运算法则进行运算,在最后得到的复数结果中,取其虚部就是所求的简谐振动了。

4.简谐振动的位移、速度和加速度

简谐振动的位移如式(1-8)所示,速度与加速度向量如下:

$$u(t) = \dot{x}(t) = \omega_0 A\sin(\omega_0 t + \varphi + \frac{1}{2}\pi) \tag{1-20}$$

$$a(t) = \ddot{x}(t) = \omega_0^2 A\sin(\omega_0 t + \varphi + \pi) \tag{1-21}$$

式中,$u(t)$ 和 $a(t)$ 分别表示速度、加速度。简谐振动的速度和加速度仍然为同频率的简谐振动。比较式(1-8)与式(1-21),有

$$a(t) = \ddot{x}(t) = -\omega_0^2 x \tag{1-22}$$

式(1-22)表明简谐振动加速度的大小与位移成正比而方向相反,始终指向振动的静平衡位置。图 1-21(a)以向量表示简谐振动的位移、速度与加速度,图 1-21(b)则用正弦函数表示简谐振动。两个同频率简谐振动相加,仍然为同频率的简谐振动。

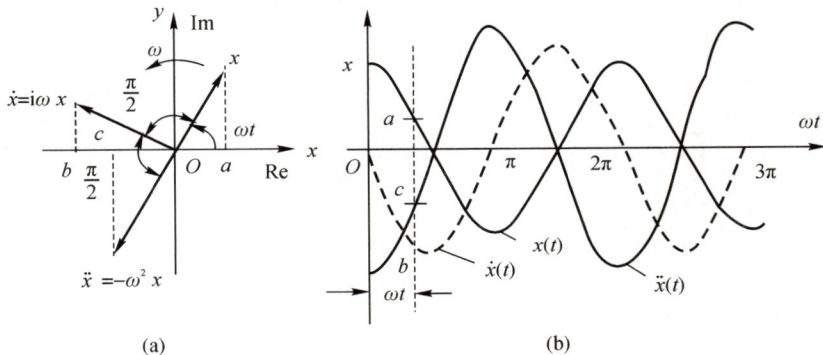

图 1-21 简谐振动的位移、速度与加速度向量示意图

1.4.2　简谐振动的合成

一个质点同时参与多个振动,其合振动的位移是这多个振动位移的矢量和,这就是振动的叠加原理。在实际生活中,常会遇到一个质点同时参与两个振动以上的情况。下面将讨论简单的两个简谐振动的合成情况。

1.同方向同频率的两个简谐振动的合成

设质点同时参与两个同方向同频率的简谐振动,即

$$\left.\begin{array}{l} x_1 = A_1 \cos(\omega t + \varphi_1) \\ x_2 = A_2 \cos(\omega t + \varphi_2) \end{array}\right\} \tag{1-23}$$

合位移为

$$x = A_1 \cos(\omega t + \varphi_1) + A_2 \cos(\omega t + \varphi_2) =$$
$$A_1(\cos\omega t \cos\varphi_1 - \sin\omega t \sin\varphi_1) + A_2(\cos\omega t \cos\varphi_2 - \sin\omega t \sin\varphi_2) =$$
$$(A_1\cos\varphi_1 + A_2\cos\varphi_2)\cos\omega t - (A_1\sin\varphi_1 + A_2\sin\varphi_2)\sin\omega t$$

令

$$\left.\begin{array}{l} A\cos\varphi = A_1 cos\varphi_1 + A_2 cos\varphi_2 \\ A\sin\varphi = A_1\sin\varphi_1 + A_2\sin\varphi_2 \end{array}\right\} \tag{1-24}$$

故合位移为

$$x = A\cos\varphi\cos\omega t - A\sin\varphi\sin\omega t = A\cos(\omega t + \varphi)$$

上式两边取二次方相加,得

$$A = \sqrt{A_1^2 + A_2^2 + 2A_1A_2\cos(\varphi_2 - \varphi_1)} \tag{1-25}$$

将式(1-25)两边相除,得

$$\varphi = \arctan\frac{A_1\sin\varphi_1 + A_2\sin\varphi_2}{A_1\cos\varphi_1 + A_2\cos\varphi_2} \tag{1-26}$$

因此,两个同方向同频率相位差恒定的简谐振动的合成仍为简谐振动。

其中,合振动的振幅 A 和初相位 φ 分别如式(1-25)和式(1-26)所示。从式(1-25)可以看出,合振动的振幅不仅与 A_1、A_2 有关,而且与原来两个简谐振动的初相位差有关。

或者,利用旋转矢量法求合振动:如图 1-22 所示,A_1、A_2 以频率 ω 旋转,A_1、A_2 之间的夹角不变,$A_1 + A_2 = A$ 也以频率 ω 旋转,平行四边形的形状不变。两个同方向同频率相位差恒定的简谐振动的合成仍为简谐振动。

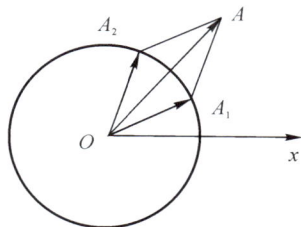

图 1-22　旋转矢量合成

下面讨论两个特例,这两个特例在实际问题的分析中十分有用。

(1)当两个振动的相位差 $\Delta\varphi=\varphi_2-\varphi_1=\pm2k\pi(k=0,1,2,\cdots)$ 时,$A=A_1+A_2$,即合振幅等于原来两个简谐振动振幅之和。

(2)当两个振动的相位差 $\Delta\varphi=\varphi_2-\varphi_1=\pm2(k+1)\pi(k=0,1,2,\cdots)$ 时,$A=|A_1-A_2|$,即合振幅等于原来两个简谐振动振幅之差。

也就是说,当两个分振动同相位时,合振幅最大,反相位时,合振幅最小。

2.同方向不同频率的两个简谐振动的合成

为了简化问题,设两个同方向简谐振动的振幅都是 A,初相位也相同,为 φ。即

$$\left.\begin{array}{l}x_1=A\cos(\omega_1 t+\varphi)\\x_2=A\cos(\omega_2 t+\varphi)\end{array}\right\} \tag{1-27}$$

利用三角函数的和差化积公式可得合振动的表达式为

$$x=2A\cos\frac{(\omega_2-\omega_1)t}{2}\cos\left[\frac{(\omega_2+\omega_1)t}{2}+\varphi\right] \tag{1-28}$$

式(1-28)不符合简谐振动的定义,所以同方向不同频率的两个简谐振动的合成不再是简谐振动,但合振动仍然与原来振动方向相同。

当两个分振动的频率 ω_1、ω_2 都较大,而其差 $|\omega_2-\omega_1|$ 很小时,可把 $2A\cos\frac{(\omega_2-\omega_1)t}{2}$ 的绝对值看成振幅项,其合振动可以看成是振幅随时间缓慢变化的近似简谐振动。振幅随时间周期性变化,表现出振动忽强忽弱的现象。这种振动振幅周期性变化的现象称为拍,合振幅 $\left|2A\cos\frac{(\omega_2-\omega_1)t}{2}\right|$ 变化的频率称为拍频,如图1-23所示。如果已知一个高频振动的频率,使其与另一频率相近但未知的振动叠加,测量其拍频就可以知道未知的频率了。拍频现象广泛应用于无人机、离心机、涡轮航空发动机及同轴多转子系统等领域的故障诊断。

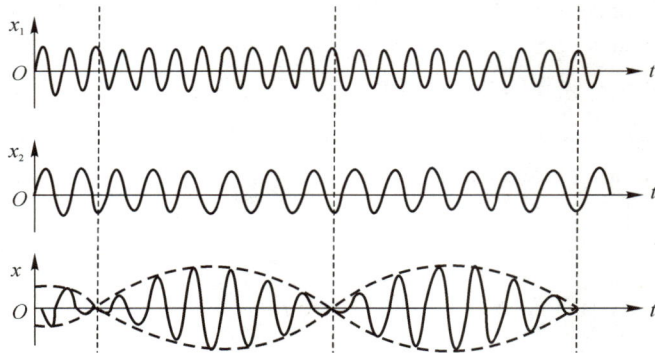

图1-23 拍频

3.方向互相垂直同频率的两个简谐振动的合成

当一个质点同时参与两个互相垂直的振动时,质点将在平面上做曲线运动,其轨迹有多种形状。

设两个振动分别在两个互相垂直的轴 x 轴和 y 轴上进行,它们的振动表达式分别为

$$\left.\begin{array}{l} x = A_1 \cos(\omega t + \varphi_1) \\ y = A_2 \cos(\omega t + \varphi_2) \end{array}\right\} \tag{1-29}$$

这两个方程就是参量 t 表示的质点运动轨迹的参量方程,消去 t,可得轨迹方程为

$$\frac{x^2}{A_1^2} + \frac{y^2}{A_2^2} - 2\frac{xy}{A_1 A_2}\cos(\varphi_2 - \varphi_1) = \sin^2(\varphi_2 - \varphi_1) \tag{1-30}$$

一般情况下(除相位差为零或 π 的整数倍外),合振动的轨迹为椭圆,椭圆的轨道不会超出以 $2A_1$ 和 $2A_2$ 为边的矩形范围,其具体的形状由分振动的振幅和相位差决定。

特殊情形是,当相位差 $\varphi_2 - \varphi_1 = 0$ 或 π 时,合振动的轨迹为斜方向上的直线运动,如图 1-24 所示,仍为简谐振动,频率和分振动相同,而振幅等于 $\sqrt{A_1^2 + A_2^2}$ 。

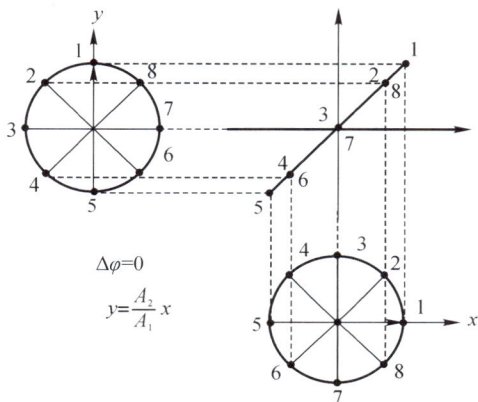

图 1-24 直线运动

同样,一个任意方向的简谐振动一定可以分解为两个频率相同、振动方向相互垂直的简谐振动;当相位差 $\varphi_2 - \varphi_1 = \dfrac{\pi}{2}$ 或 $\dfrac{3\pi}{2}$ 时,合振动的轨迹为右旋或左旋正椭圆(此时若两分振动的振幅相等,则正椭圆变为正圆),如图 1-25 所示,其他情况皆为斜椭圆。同样,某些椭圆或某些圆运动可以分解为两个频率相同、互相垂直的简谐振动。

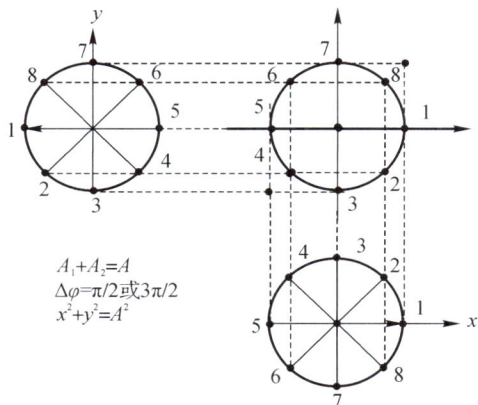

图 1-25 正圆

4.方向互相垂直不同频率的两个简谐振动的合成

一般情况下,由于它们的相位差不是定值,其合振动的轨迹也不稳定。若两个分振动频率之比为简单的整数比,则其合振动具有稳定封闭的运动轨迹,即具有周期性。

法国数学家李萨茹(J. A. Lissajous)总结了不同周期比及不同相位差时的合振动的一些运动轨迹,这些轨迹图形称为李萨茹图形,如图1-26所示。李萨茹图形主要应用于工程技术领域的频率和相位的测量。一个质点同时在X轴和Y轴上作简谐运动,形成的图形就是李萨如图形。

由于两个频率比不为整数比,相互垂直简谐振动的合成运动轨迹为永不闭合的曲线,即合成运动不是周期性运动,表现出无规律性。这种情况在轴心轨迹故障识别中有着广泛应用。

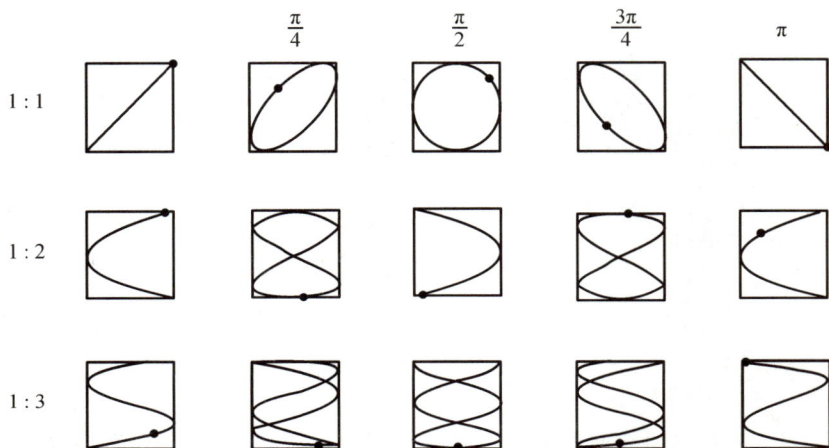

图1-26　李萨茹图形

1.4.3　谐波分析

1.谐波和谐波分析的定义

1)谐波的定义

"谐波"一词起源于声学。基波是指原始的振荡频率中,可以分解的最低频率。如果说的是正弦波,那么,基波就是原始振荡频率。谐波频率是基波频率的整数倍,二倍频率的谐波称为二次谐波,三倍频率的谐波称为三次谐波。通常,成分比例比较大的有二次谐波、三次谐波、五次谐波、七次谐波等,将其统称为"高次谐波"。频率倍数越高,通常所占的成分比例越少。

在声学中,谐波可以以各种不同的形式激发出来,例如:琴弓作用在琴弦的不同部位,所发出的声音中的高次谐波的成分和比例是不相同的;敲击编钟不同的部位,可以发出不同的声音等。在音乐中,被称作"泛音"的其实就是高次谐波。

在电子电路中,谐波通常必须由非线性元器件来激发才能产生。没有非线性元器件的激发,电路中就不会产生高次谐波。

2)谐波分析的定义

简谐运动处理起来是比较简单的,但是很多振动系统的运动却不是简谐的。然而,很多情况下的振动是周期性的,任何关于时间的周期函数都能展开成傅里叶级数,即无限多个正弦函数和余弦函数的和表示,人们将这种分析方法称为谐波分析。

谐波频率是基波频率的整倍数,根据法国数学家傅里叶(M. Fourier)分析原理证明,任何重复的波形都可以分解为含有基波频率和一系列为基波倍数的谐波的正弦波分量。谐波是正弦波,每个谐波都具有不同的频率、幅度与相位角。谐波可以区分为偶次性与奇次性,第 1、3、5、7 次编号的为奇次谐波,而第 2、4、6、8 次的为偶次谐波。

2.谐波分析方法

简谐振动是一种最简单的周期振动,但工程实际中出现得更多的却是非简谐的周期振动。任何一个周期函数,只要满足一定的条件,都可以展开成傅里叶级数。把一个周期函数展开成一个傅里叶级数,即展开成一系列简谐函数之和,这个过程称为频谱分析或谐波分析。

设一周期函数为 $F(t)$,其周期为 T,展成傅里叶级数为

$$F(t) = \frac{a_0}{2} + \sum_{n=1}^{\infty} (a_n \cos n\omega_0 t + b_n \sin n\omega_0 t) \qquad (1-31)$$

式中,$\omega_0 = 2\pi/T$ 称为基频,a_0、a_n 和 b_n 均为待定常数,称为傅里叶系数,只要 $F(t)$ 是已知的,它们就可以从三角函数的正交性得到,即

$$\left. \begin{aligned} a_0 &= \frac{2}{T} \int_0^T F(t) \, \mathrm{d}t \\ a_n &= \frac{2}{T} \int_0^T F(t) \cos n\omega_0 t \, \mathrm{d}t \\ b_n &= \frac{2}{T} \int_0^T F(t) \sin n\omega_0 t \, \mathrm{d}t \end{aligned} \right\} \qquad (1-32)$$

那么式(1-27)也可写成

$$F(t) = \frac{a_0}{2} + \sum_{n=1}^{\infty} A_n \sin(n\omega_0 t + \varphi_n) \qquad (1-33)$$

式中

$$\left. \begin{aligned} A_n &= \sqrt{a_n^2 + b_n^2} \\ \varphi_n &= \arctan \frac{a_n}{b_n} \end{aligned} \right\} \qquad (1-34)$$

可见,周期函数可用傅里叶级数展开的各阶谐波分量的叠加来表示,组成各谐波分量的频率是基频的整数倍,即 $\omega_0, 2\omega_0, 3\omega_0, \cdots, n\omega_0$,而不含有其他频率的谐波分量。

为了把谐波分析的结果形象化,可把 A_n、φ_n 与 ω_0 之间的变化关系用图形来表示,如图 1-27 所示,这种图形称为周期函数的频谱图,这种分析称为频谱分析。由于只有在 $n\omega_0$(n = 1,2,3,$\cdots$)各点 A_n 和 φ_n 才有一定的数值,所以周期函数的频谱图是一组离散的铅垂线。

(a)

(b)

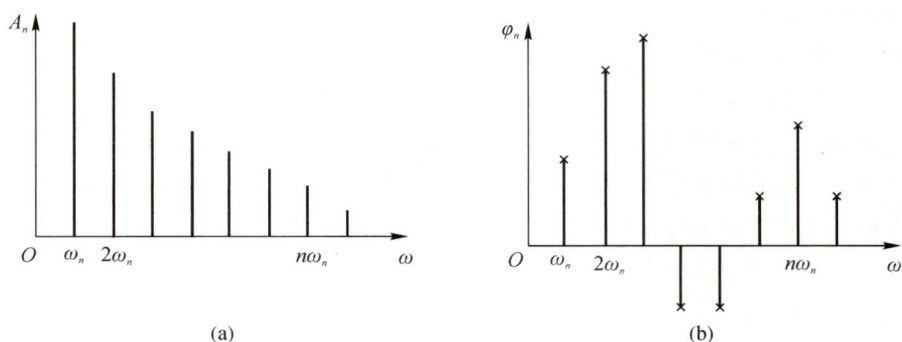

图 1-27 周期函数的频谱图

谐波叠加情况如图 1-28 所示。基频的谐波分量占主要成分，其幅值最大。在基频分量上叠加上三阶谐波分量后，所给出的波形已接近于矩形波。若再叠加上五阶谐波分量，已近似于矩形波。在实际问题中为了使分析简化，常用有限项谐波分量的叠加来代替周期波。

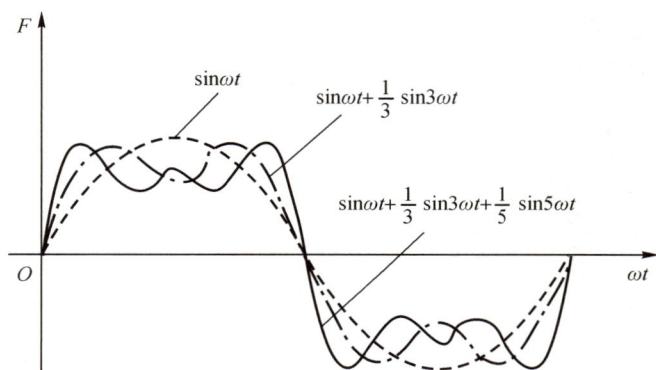

图 1-28 谐波的叠加示意图

上面介绍了周期函数利用傅里叶级数进行分析的方法，而非周期函数可以通过傅里叶变换进行频谱分析。

思　考　题

1.简述静力学、刚体、质点和质点系、力和力系的定义。

2.什么是运动学？说明运动学研究的对象、任务和方法。

3.什么是动力学？简述牛顿第一定律、第二定律和第三定律的内容。

4.什么是振动、振动系统、平衡位置、自由度、激励和响应？

5.简要说明振动三大要素的内容。

6.振动的分类方法有哪些？说明每种分类方法主要包括哪些振动类型。

7.固定翼无人机和旋翼无人机的总体结构主要包括哪几部分？

8.画出结构动力系统与激励、响应的关系图，并说明。

9.论述无人机结构动力学的目的和特点。

10.简述无人机结构动力学的研究方法、分析步骤和分析模型的内容。

11.基本动力学系统分析的物理量主要包括哪些？逐条说明其物理定义。

12.建立动力学系统运动方程的方法有哪些？逐个说明其内容和特性。

13.什么是简谐振动？写出简谐振动运动方程。说明简谐振动的特性。

14.如何用旋转矢量、复数来表示简谐振动？

15.写出简谐振动的速度与加速度方程式。

16.说明同方向的同频率和不同频率的两个简谐振动的合成特性。

17.说明方向互相垂直的同频率和不同频率的两个简谐振动的合成特性。

18.什么是谐波、谐波分析？说明谐波分析方法的内容。

第 2 章　单自由度系统的振动

单自由度系统是指结构的运动状态仅需要一个几何参数即可以确定的系统,它是最简单的动力系统,是以最简单的离散模型作为较复杂系统的初步近似,对单自由度系统的分析能揭示振动系统的很多基本特性。简单的单自由度系统是研究多自由度系统的基础,而且单自由度系统在研究无人机的振动问题中也有实用意义,因为多自由度系统和连续系统的振动,就其各阶振动模态而言,常常可以看成是许多单自由度系统特性的线性叠加。复杂系统的数学模型可通过模态分析技术转化为一组独立的二阶常微分方程,其中每一个方程都类似于单自由度系统的运动方程。可见,对单自由度系统进行详细深入的分析是十分必要的,研究单自由度系统的振动特性是无人机结构动力学的基础。

2.1　单自由度系统无阻尼的自由振动

无阻尼自由振动系统的自由度,是指在任何时刻确定系统在空间的几何位置所需要的独立坐标的个数。若能简化为一个质点,且只能在一个方面运动的振动系统,称为单自由度系统。振动系统阻尼在运动过程中起耗散系统能量的作用,其中线性黏性阻尼是振动系统受到一大小与其速度成正比,方向与速度方向相反的力作用时所出现的一种能量耗散作用。

2.1.1　自由振动和无阻尼自由振动运动方程

1.与自由振动相关的基本概念

(1)自由振动是任何具有质量和弹性的系统都能产生的振动。若不外加激励的作用,则振动系统对初始激励的响应,通常称为自由振动。

(2)无阻尼自由振动开始后,系统是没有外界能量补充的。保守系统在自由振动过程中,由于总机械能守恒,动能和势能可以相互转换,因而维持等幅振动。

(3)有阻尼自由振动的实际振动系统不可避免地存在阻尼因素,由于机械能的耗散,自由振动不能维持等幅而趋于衰减。

(4)固有频率的定义。某些实际结构系统的振动问题有时可简化为单自由度系统的振动问题,以质量-弹簧系统为简化的力学模型,系统的动力学方程为常系数线性微分方程。系统的无阻尼振动频率为系统固有的物理参数,称为固有频率,振幅取决于初始扰动的大小。阻尼振动系统的固有频率略小于无阻尼振动系统的固有频率,临界阻尼和大阻尼条件下的系统作非往复的衰减运动。

2.分析单自由度系统的意义

单自由度系统结构的运动状态仅需要一个几何参数即可以确定(见图 2-1),分析其具有以下意义:

(1)单自由度系统包括了结构动力分析中涉及的所有物理量及基本概念。

(2)很多实际的动力问题可以直接按单自由度体系进行分析计算。

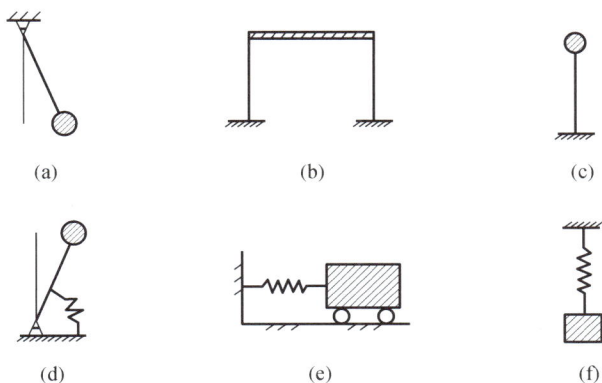

图 2-1　结构动力分析中常用的单自由度系统力学模型

(a)重力摆;　(b)单层框架;　(c)悬臂立柱;
(d)侧立摆;　(e)弹簧-质点体系;　(f)悬挂弹簧-质点体系

3.无阻尼自由振动运动方程

无阻尼自由振动是指系统不受外力也无阻尼力时所作的振动。这种动力系统由"无质量"的弹簧和"无弹性"的质量件组成,典型分析模型如图 2-2 所示。由于系统不存在阻尼,没有能量损耗,只受到重力场和弹性力场作用,故其属于保守系统,服从机械能守恒定律。

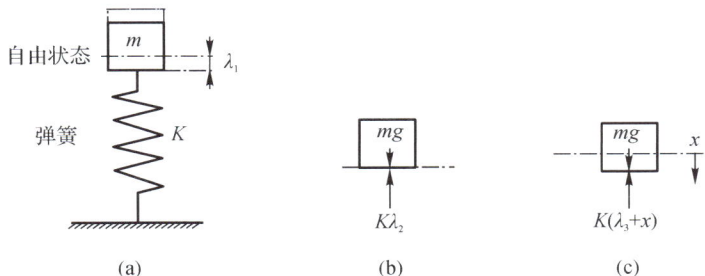

图 2-2　单自由度系统示意图

无阻尼单自由度系统力学模型如图 2-2 所示,质量为 m,弹簧刚度为 K,弹簧在自由状态的位置如图中虚线所示。连接质量块后,弹簧受重力 mg 作用而产生压缩变形力,同时也产生弹簧恢复力 Kx_0。当恢复力等于重力 mg 时,处于静平衡状态,即 $mg = Kx_0$。若受到外界某种初始干扰,使系统平衡状态遭到破坏,则弹簧力不等于重力,这种不平衡的弹性恢复力,便使系统产生自由振动。

无阻尼单自由振动系统若受到外界某种初始干扰,使系统平衡状态遭到破坏,则弹簧力不等于重力,这种不平衡的弹性恢复力便使系统产生自由振动。一旦振动起来,将永远振动下去。

现选静平衡位置为坐标原点,建立铅垂方向的坐标 x,向下为正,向上为负,表示振动过程中质量块的位置。设质量 m 向下运动到 x,此时弹簧恢复力为 $K(x_0+x)$,显然大于重力 mg,由于力不平衡,质量块在合力作用下,将产生变速运动,按牛顿运动定律建立运动方程,取与 x 正方向一致的力、加速度、速度为正,可列如下方程:

$$m\ddot{x}=mg-K(x_0+x) \tag{2-1}$$

根据式(2-1),得

$$m\ddot{x}+Kx=0 \tag{2-2}$$

式(2-2)即为无阻尼单自由度系统的自由振动微分方程式。由方程式可知,因 m 与 K 是正数,故位移 x 与加速度 $\ddot{x}$ 方向恒相反。

下面求解此方程,将式(2-2)改写成

$$\ddot{x}+\frac{K}{m}x=0 \tag{2-3}$$

令

$$\omega_n^2=\frac{K}{m} \tag{2-4}$$

将(2-4)代入式(2-3),得到

$$\ddot{x}+\omega_n^2 x=0 \tag{2-5}$$

这是一个齐次二阶线性微分方程,是单自由度振动微分方程的标准形式。该微分方程的通解为

$$x=b_1\cos\omega_n t+b_2\sin\omega_n t \tag{2-6}$$

式中,b_1,b_2 这两个待定系数将由振动的初始条件决定。由式(2-6)可知,单自由度系统的自由振动是由两个频率相同的简谐振动所合成的,显然合成后仍为一个同频率的简谐振动,即

$$x=A\sin(\omega_n t+\varphi) \tag{2-7}$$

式中:A 为振幅,它表示质量偏离平衡位置的最大值;φ 为初相位角,单位为 rad,$\varphi=\arctan\dfrac{b_1}{b_2}$。

由此可知,单自由度系统不论受到什么样的初始干扰,其自由振动都是一个简谐振动。

振动圆频率为

$$\omega_n=\sqrt{\frac{K}{m}} \tag{2-8}$$

频率为

$$f=\frac{\omega_n}{2\pi}=\frac{1}{2\pi}\sqrt{\frac{K}{m}} \tag{2-9}$$

振动周期为

$$T=\frac{1}{f}=2\pi\sqrt{\frac{m}{K}} \tag{2-10}$$

自由振动的频率只取决于系统本身的固有物理性质(质量 m,刚度 K),而与初始条件无关,故 ω_n 称为固有圆频率,f 称为固有频率。当发生自由振动时,只要系统的 m 和 K 一定,系统振动频率或周期都是不变的定值。显而易见,当系统刚度相同时,质量大的固有频率低;当质量相同时,刚度大的固有频率高。反之亦然。

A 和 φ 是两个待定常数,取决于振动的初始条件。设振动的初始条件为

$$t = 0, \quad x = x_0, \quad \dot{x} = \dot{x}_0 \tag{2-11}$$

代入式(2-6)中,解出 $b_1 = x_0$,$b_2 = \dfrac{\dot{x}_0}{\omega_n}$,故

$$x = x_0 \cos\omega_n t + \frac{\dot{x}_0}{\omega_n}\sin\omega_n t \tag{2-12}$$

式(2-12)称为系统对初始条件 x_0 和 $\dot{x}_0$ 的响应。

由式(2-12)可得

$$A = \sqrt{x_0^2 + \frac{\dot{x}_0^2}{\omega_n^2}} \tag{2-13}$$

$$\varphi = \arctan\frac{x_0\omega_n}{\dot{x}_0} \tag{2-14}$$

可见,自由振动的振幅 A 和振动的初相角 φ 仅取决于初始条件,这也是自由振动的特性。式(2-12)和式(2-7)也可用旋转矢量法表示,如图 2-3 所示。

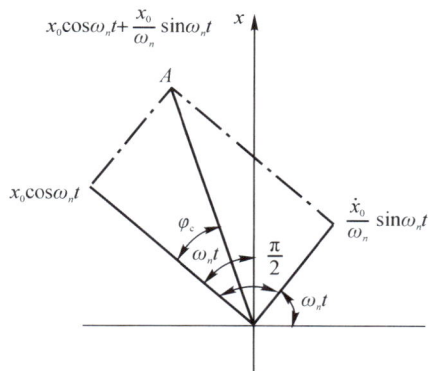

图 2-3 旋转矢量法合成

2.1.2 无阻尼自由振动特性及其扭转振动

1.无阻尼自由振动的特性

(1)单自由度系统无阻尼自由振动为简谐振动,振动频率只与系统本身的物理性质(弹性和惯性)有关,故称为系统的固有频率。

(2)刚度相同的两个单自由度系统,其固有频率随质量的增大而减小;质量相同的两个系统,其固有频率随系统刚度的增大而增大。

(3)系统的初始条件对系统固有频率没有影响,而振幅 X 与初相位 φ 均由初始条件决定。振幅和初相位都决定于初始条件,这是自由振动的共同特性。

（4）数值不变的常力（如重力 W）作用在系统上，只改变系统的平衡位置，而不影响系统的运动规律、固有频率、振幅和初相位，即不影响系统的振动固有特性。

2.无阻尼自由扭转振动

扭转振动是需要用角位移 θ 作为独立坐标来表达振动状态的圆振动问题。在这种情况下，仍用牛顿运动定律可得转动方程

$$J\ddot{\theta} = \sum M \tag{2-15}$$

式中：J 为转动体对转轴的转动惯量；θ 为角加速度；$\sum M$ 为施加于转动体上的力矩的代数和。约定 M 与 θ 角位移方向一致为正，反之为负。

如图 2-4 所示，一根垂直轴，下端固定一水平圆盘，若轴本身质量不计，其扭转刚度为 K_θ，即轴转动一单位转角所需加的力矩。圆盘的转动惯量为 J，当系统受到某种干扰，如在圆盘平面上加一力偶，然后突然释放，系统便做扭转振动，若不计阻尼，则扭转振动将永远继续下去。

如以静平衡位置为起始位置，设 θ 为角位移的振动坐标，正方向为逆时针方向。当圆盘朝正方向转过 θ 角时，圆盘受到一个由圆轴作用的、与 θ 方向相反的弹性恢复力矩 $K_\theta\theta$，根据式（2-11）可得扭振微分方程式

$$J\ddot{\theta} = -K_\theta\theta \tag{2-16}$$

$$\ddot{\theta} + \omega_n^2\theta = 0 \tag{2-17}$$

式中，$\omega_n^2 = \dfrac{K_\theta}{J}$，此方程与式（2-3）完全一致，故可解得

$$\theta = A\sin(\omega_n t + \varphi) \tag{2-18}$$

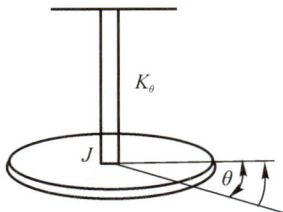

图 2-4 圆盘扭转振动示意图

当初始条件为 $t=0, \theta=\theta_0, \dot{\theta}=\dot{\theta}_0$ 时，则

$$A = \sqrt{\theta_0^2 + \frac{\dot{\theta}_0^2}{\omega_n^2}} \tag{2-19}$$

$$\varphi = \arctan\frac{\theta_0\omega_n}{\dot{\theta}_0} \tag{2-20}$$

当已知轴的长度为 l，直径为 d，材料的剪切弹性模量为 G，圆盘的质量为 m，半径为 r，则根据材料力学和理论力学公式可得

$$K_\theta = \frac{\pi d^4 G}{32l}$$

$$J = \frac{1}{2}mr^2$$

注意不同结构形式的 K_θ、J 要按不同公式计算。

2.2　单自由度系统有阻尼自由振动

在工程实际中,振动物体在振动中不但受弹性恢复力作用,而且还受阻力作用。由于阻力的存在,系统的振幅将不断减小,直到停止为止。习惯上常将振动过程中的阻力称为阻尼。阻尼的种类很多,常见的有流体介质(空气、水、油等)的阻尼、摩擦阻尼等。由实验知,当振动物体的速度较小时,其所受阻力的大小与其速度的一次方成正比,阻力的方向恒与速度的方向相反,这样的阻尼称为黏性阻尼。

2.2.1　有阻尼自由振动运动方程

1.有阻尼自由振动运动方程

由于有阻尼自由振动系统能量不断消耗而转变成热能或声能(噪声),振幅不断减小而最后停止,因此有阻尼自由振动也称为衰减振动。它是非保守系统,如图 2-5 所示。

图 2-5 中以缓冲器符号表示阻尼,黏性阻尼系数以 c 表示,c 的单位为 N·s/m。此时系统增加一阻尼力 $c\dot{x}$,此力的方向与速度方向相反,故取负号,由牛顿运动定律,以静平衡位置为坐标原点可得方程式

$$m\ddot{x} + c\dot{x} + Kx = 0 \tag{2-21}$$

或

$$\ddot{x} + 2n\dot{x} + \omega_n^2 x = 0 \tag{2-22}$$

式中,$n = \dfrac{c}{2m}$,$\omega_n^2 = \dfrac{K}{m}$,其中 n 是衰减系数。

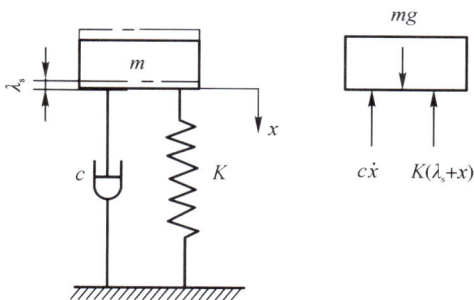

图 2-5　有阻尼单自由度振动系统

2.有阻尼自由振动运动方程求解

由微分方程解的理论,可设微分方程的解为 $x = e^{st}$,代入式(2-22)得

$$(s^2 + 2ns + \omega_n^2)e^{st} = 0 \tag{2-23}$$

故微分方程式(2-22)的特征方程为

$$s^2 + 2ns + \omega_n^2 = 0 \tag{2-24}$$

其特征根为

$$s_{1,2} = -n \pm \sqrt{n^2 - \omega_n^2} \tag{2-25}$$

当 $s_1 \neq s_2$ 时,得原方程式(2-22)的通解为

$$x = \mathrm{e}^{-nt}(C_1 \mathrm{e}^{\sqrt{n^2-\omega_n^2}t} + C_2 \mathrm{e}^{-\sqrt{n^2-\omega_n^2}t}) \qquad (2-26)$$

当 $s_1 = s_2$ 时,即特征方程有重根时,原方程式(2-22)的通解为

$$x = \mathrm{e}^{-nt}(C_1 + C_2 t) \qquad (2-27)$$

式中,C_1、C_2 均为待定常数,由初始条件决定。可见运动的性质取决于根式 $\sqrt{n^2-\omega_n^2}$ 是实数或零,还是虚数。为此引进一个无量纲量 ξ,称为相对阻尼系数或阻尼比,即

$$\xi = \frac{n}{\omega_n} \qquad (2-28)$$

当 $n < \omega_n$ 时,$\xi < 1$,$\sqrt{n^2-\omega_n^2}$ 为虚数,称为弱阻尼状态。

当 $n > \omega_n$ 时,$\xi > 1$,$\sqrt{n^2-\omega_n^2}$ 为实数,称为强阻尼状态。

当 $n = \omega_n$ 时,$\xi = 1$,$\sqrt{n^2-\omega_n^2}$ 为零,称为临界阻尼状态。

2.2.2　不同阻尼状态下的自由振动响应

1.弱阻尼状态下的自由振动响应

系统在弱阻尼状态下的振动,$n < \omega_n$,$\xi < 1$,即 $n^2 - \omega_n^2 < 0$,利用欧拉公式可得

$$\mathrm{e}^{\pm\sqrt{n^2-\omega_n^2}t} = \mathrm{e}^{\pm j\sqrt{\omega_n^2-n^2}t} = \cos\sqrt{\omega_n^2-n^2}t \pm j\sin\sqrt{\omega_n^2-n^2}t \qquad (2-29)$$

根据式(2-29),将式(2-26)改写为

$$x = \mathrm{e}^{-nt}(B_1\cos\sqrt{\omega_n^2-n^2}t + B_2\sin\sqrt{\omega_n^2-n^2}t) \qquad (2-30)$$

式中,$B_1 = C_1 + C_2$,$B_2 = (C_1 - C_2)\mathrm{j}$。

式(2-30)也可写为

$$x = A\mathrm{e}^{-nt}\sin(\sqrt{\omega_n^2-n^2}t + \varphi) \qquad (2-31)$$

式中,$A = \sqrt{B_1^2 + B_2^2}$,$\varphi = \arctan\dfrac{B_1}{B_2}$,均由初始条件确定。

将 $t = 0$,$x = x_0$,$\dot{x} = \dot{x}_0$ 代入方程可解得

$$\left. \begin{array}{l} B_1 = x_0 \\[2mm] B_2 = \dfrac{\dot{x}_0 + nx_0}{\sqrt{\omega_n^2 - n^2}} \end{array} \right\} \qquad (2-32)$$

$$\left. \begin{array}{l} A = \sqrt{x_0^2 + \left(\dfrac{\dot{x}_0 + nx_0}{\sqrt{\omega_n^2 - n^2}}\right)^2} \\[4mm] \varphi = \arctan\dfrac{x_0\sqrt{\omega_n^2 - n^2}}{\dot{x}_0 + nx_0} \end{array} \right\} \qquad (2-33)$$

由式(2-31)可知,系统的振动已不再是等幅的简谐振动,其振幅被限制在指数衰减曲线 $\pm A\mathrm{e}^{-nt}$ 之内,且当 $t \to \infty$,$x \to 0$ 时振动将最终停止,故此振动称为衰减振动,n 称为衰减系数。n 越大,表示阻尼越大,振幅衰减得越快,如图2-5所示。严格说这已不是周期性运动,但衰减振动仍保持一定的圆频率。

由以上求解过程可以看出,阻尼的存在将对系统的自由振动响应产生影响,具体表现在

以下两个方面：

1）阻尼使系统的振动周期略微增大

衰减振动的圆频率为

$$\omega_{\mathrm{d}} = \sqrt{\omega_n^2 - n^2} < \omega_n \qquad (2-34)$$

衰减振动的周期为

$$T_{\mathrm{d}} = \frac{2\pi}{\omega_{\mathrm{d}}} = \frac{2\pi}{\omega_n \sqrt{1-\xi^2}} = T_n \frac{1}{\sqrt{1-\xi^2}} \qquad (2-35)$$

式中，T_n 为无阻尼振动的周期，$T_n = \dfrac{2\pi}{\omega_n}$。

当阻尼较小时，如当 $\xi = 0.05$ 时，$T_{\mathrm{d}} = 1.00125\,T_n$，而当 $\xi = 0.20$ 时，$T_{\mathrm{d}} = 1.02\,T_n$，所以在阻尼比较小时，阻尼对自由振动周期的影响可以忽略不计。

2）阻尼使系统振动的振幅按几何级数衰减

由图 2-6 可知，相邻两个振幅之比为

$$\eta = \frac{A_i}{A_{i+1}} = \mathrm{e}^{nT_{\mathrm{d}}} \qquad (2-36)$$

式中，η 为减幅系数，n 为衰减系数。

当 $\xi = 0.05$ 时，$\eta = 1.37$，$\dfrac{A_{i+1}}{A_i} = \dfrac{1}{\eta} = \dfrac{1}{1.37} = 0.73$，即每振动一周期，振幅衰减 27%，衰减是显著的。

在工程上，为应用方便起见，常用对数减幅系数 δ 来代替减幅系数 η，即

$$\delta = \ln\eta = nT_{\mathrm{d}} \qquad (2-37)$$

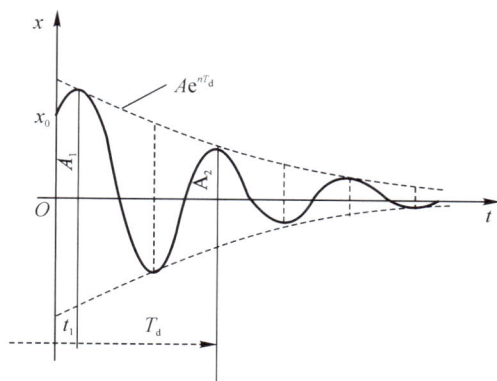

图 2-6　衰减振动响应曲线

2.强阻尼状态下的自由振动响应

强阻尼状态 $n > \omega_n$，$\xi > 1$，根式 $\sqrt{n^2 - \omega_n^2}$ 为实数，且 $\sqrt{n^2 - \omega_n^2} < n$，故原微分方程的通解为

$$x = C_1 \mathrm{e}^{(-n+\sqrt{n^2-\omega_n^2})t} + C_2 \mathrm{e}^{(-n-\sqrt{n^2-\omega_n^2})t} \qquad (2-38)$$

式中的两个指数函数的指数均为负数，系统不再具有振动特性，为衰减的非往复运动。当

$C_1 > C_2, C_1 > 0, C_2 < 0$ 时,运动的响应曲线如图 2-7 所示,强阻尼可以抑制振动的发生。

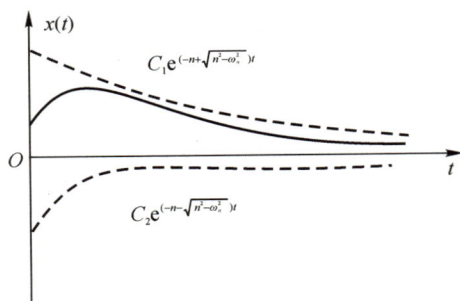

图 2-7 强阻尼响应曲线

3.临界阻尼状态下的自由振动响应

系统在临界阻尼状态下的振动,$n = \omega_n$,$\xi = 1$,$\sqrt{n^2 - \omega_n^2}$ 为零,方程的通解如式 (2-27)所示,系统也不具有振动特性,为衰减的非往复运动。在 $t = 0, x = x_0, \dot{x} = \dot{x}_0$ 的初始条件下,系统的响应为

$$x = e^{-\omega_n t} [x_0 + (\dot{x} + nx_0)t] \tag{2-39}$$

图 2-8 表示了在相同初始位移 x_0 时,几种不同的初始速度 $\dot{x}_0$ 条件下的响应曲线,它们均按指数规律衰减。

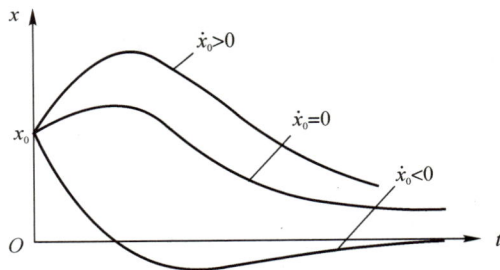

图 2-8 临界阻尼振动曲线

由 $n = \omega_n = \dfrac{c}{2m}$,可得 $\dfrac{c}{2m} = \sqrt{\dfrac{K}{m}}$,满足上式的阻尼值 c 称为临界阻尼,并用 r_c 表示,则有

$$r_c = 2\sqrt{mK} \tag{2-40}$$

可见系统的临界阻尼值只决定于系统本身的物理性质(m, K)。

又由

$$\xi = \frac{n}{\omega_n} = \frac{c\sqrt{m}}{2m\sqrt{K}} = \frac{c}{2\sqrt{mK}} = \frac{c}{c_c} \tag{2-41}$$

即 ξ 为系统阻尼与临界阻尼之比值,故称 ξ 为相对阻尼系数。

综合上述三种情况可知,系统的振动性质取决于相对阻尼系数 ξ。

2.3　单自由度系统的强迫振动

振动系统持续受外界激励作用所引起的振动是强迫振动。系统从外界不断获得能量补偿阻尼所消耗的能量,使系统能维持等幅振动。外界激振力作用于系统的方式有两种情况:一种是持续的激振力;另一种是持续的支承运动。外部激励有简谐激励、周期性激励、脉冲激励、任意激励等形式。由外界激励所引起的响应,不仅与振动系统本身的特性有关,也与各激励类型的变化规律有关。

2.3.1　简谐激振力引起的强迫振动

1.运动微分方程的建立和求解

简谐激励下的振动不仅在工程中有着广泛的实际意义,也是分析其他类型激励产生的振动的基础。例如,可把周期性激励按傅里叶级数展开为不同频率的简谐激励,然后应用线性系统的叠加原理求总的响应。首先讨论最简单的情况,即由简谐激振力直接作用在质量块上产生的强迫振动。

图 2-9 所示为在一外力 $F = F_0 \sin\omega t$ 激振下的单自由度系统的力学模型。

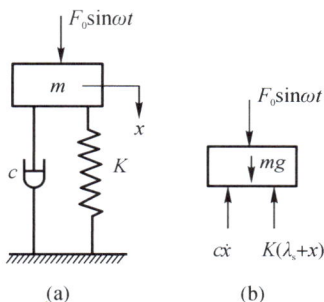

图 2-9　强迫振动力学模型

微分方程的建立仍按牛顿运动定律,与有阻尼的自由振动相比增加一外力,故可得

$$m\ddot{x} + c\dot{x} + Kx = F_0 \sin\omega t \qquad (2-42)$$

$$\ddot{x} + 2n\dot{x} + \omega_n^2 x = q \sin\omega t \qquad (2-43)$$

式中,n 为衰减系数,ω_n 为振动圆频率,$q = \dfrac{F_0}{m}$。

忽略阻尼的影响时,则振动方程式表示为

$$m\ddot{x} + Kx = F_0 \sin\omega t \qquad (2-44)$$

或

$$\ddot{x} + \omega_n^2 x = q \sin\omega t \qquad (2-45)$$

方程式(2-43)是一个非齐次方程,它的全解为

$$x(t) = x_1(t) + x_2(t) \qquad (2-46)$$

式中,$x_1(t)$ 是对应的齐次方程的通解,$x_2(t)$ 是非齐次方程的特解。$x_1(t)$ 的解即前述自

由振动的解，在弱阻尼状态时为

$$x_1(t) = A e^{-nt} \sin(\sqrt{\omega_n^2 - n^2} t + \varphi) \tag{2-47}$$

这是一个衰减振动，只有在振动开始后一段时间内才存在，不久便消失，所以称为瞬态振动，一般情况可不予考虑。

特解 $x_2(t)$ 表示系统在简谐激振力下产生的强迫振动，是一种持续的等幅振动，称为稳态振动。根据微分方程的非齐次项是简谐函数这一特性，可知特解的形式亦为简谐函数，且振动圆频率与激振力的圆频率相等，但有一定的相角差，且强迫振动的位移变化总滞后于激振力的变化，故可设方程的特解形式为

$$x_2(t) = B \sin(\omega t - \varphi) \tag{2-48}$$

式中：B 为稳态振动的振幅；φ 为相位差。

将式(2-48)代入式(2-43)，可得

$$-B\omega^2 \sin(\omega t - \varphi) + 2nB\omega \cos(\omega t - \varphi) + \omega_n^2 B \sin(\omega t - \varphi) = q \sin\omega t$$

将上式等号右边改写为

$$q \sin\omega t = q \sin[(\omega t - \varphi) + \varphi] = q \sin(\omega t - \varphi)\cos\varphi + q \cos(\omega t - \varphi)\sin\varphi$$

代入前式整理可得

$$[B(\omega_n^2 - \omega^2) - q\cos\varphi]\sin(\omega t - \varphi) + (2nB\omega - q\sin\varphi)\cos(\omega t - \varphi) = 0 \tag{2-49}$$

因为同角的正弦、余弦值不可能同时为零，故

$$B(\omega_n^2 - \omega^2) - q\cos\varphi = 0$$
$$2nB\omega - q\sin\varphi = 0$$

可解出 B、φ 这两个待定系数：

$$\left. \begin{aligned} B &= \frac{q}{\sqrt{(\omega_n^2 - \omega^2)^2 + 4n^2\omega^2}} \\ \varphi &= \arctan\frac{2n\omega}{\omega_n^2 - \omega^2} \end{aligned} \right\} \tag{2-50}$$

得到

$$\varphi = \arctan\frac{2\xi r}{1 - r^2} \tag{2-51}$$

式中：$r = \dfrac{\omega}{\omega_n}$ 称为频率比，即外界激振力的频率与系统固有频率之比；ξ 为相对阻尼系数。

将式(2-50)和式(2-51)代入式(2-48)即得系统的稳态位移响应为

$$x_2(t) = \frac{q}{\sqrt{(\omega_n^2 - \omega^2)^2 + 4n^2\omega^2}}\sin\left(\omega t - \arctan\frac{2n\omega}{\omega_n^2 - \omega^2}\right) \tag{2-52}$$

式(2-52)也可用系统基本参数 m，K，c，F_0 表达为

$$x_2(t) = \frac{F_0}{\sqrt{(K - \omega^2 m)^2 + (\omega c)^2}}\sin\left(\omega t - \arctan\frac{c\omega}{K - \omega^2 m}\right) \tag{2-53}$$

所以稳态响应的振幅 B 和相角差 φ 均取决于系统本身的物理性质（质量、弹簧刚度和阻尼）和激振力的性质（频率与幅值），而与初始条件无关。初始条件仅影响系统瞬态响应的振幅和初始相角。

忽略阻尼的影响时,振动方程式的稳态解表示为

$$x_2(t) = \frac{q}{\sqrt{(\omega_n^2 - \omega^2)^2}} \sin\omega t = \frac{F_0}{\sqrt{(K - \omega^2 m)^2}} \sin\omega t \qquad (2-54)$$

若为单自由度扭转系统,系统在简谐力矩 $M_t = M_0 \sin\omega t$ 作用下产生强迫扭转振动,可得类似的扭转振动微分方程

$$J\ddot{\theta} + C_\theta \dot{\theta} + K_\theta \theta = M_0 \sin\omega t \qquad (2-55)$$

式中:θ 为角坐标;K_θ 为扭转刚度;C_θ 为扭转黏性阻尼系数;J 为圆盘转动惯量。

可见扭转强迫振动与直线强迫振动有完全相同的规律与特点。

2.幅频响应曲线

系统稳态振动的振幅随频率的变化规律可通过幅频响应曲线来表示。

将振幅 B 改写为如下形式:

$$B = \frac{F_0}{\sqrt{(K - \omega^2 m)^2 + (\omega c)^2}} = \frac{F_0}{K\sqrt{\left(1 - \frac{\omega^2}{\omega_n^2}\right)^2 + \left(2\frac{n}{\omega_n}\frac{\omega}{\omega_n}\right)^2}}$$

$$B = \frac{B_0}{\sqrt{(1 - r^2)^2 + (2\xi r)^2}} \qquad (2-56)$$

式中,$B_0 = \dfrac{F_0}{K}$,相当于激振力的幅值 F_0 静止地作用在弹簧上产生的弹簧静变形。强迫振动的幅值 B 与 F_0 成正比,即改变激振力的幅值可改变强迫振动的幅值。继续将式(2-56)写为

$$\beta = \frac{B}{B_0} = \frac{1}{\sqrt{(1 - r^2)^2 + (2\xi r)^2}} \qquad (2-57)$$

式中,β 称为振幅放大因子,即强迫振动的振幅与静变形之比,故讨论 β 值大小,即为讨论强迫振动幅值的大小。

忽略阻尼的影响时,放大因子表示为

$$\beta = \frac{1}{1 - r^2} \qquad (2-58)$$

当阻尼一定时,β 仅是频率比 r 的函数,故可以 r 为横坐标、β 为纵坐标,对系统不同的 ξ 值可画出一组放大因子 β 随频率比 r 变化的曲线,称为幅频响应曲线组,如图 2-9 所示。

由图 2-10 明显看出,当 $r \approx 1$,系统发生共振时,振幅有最大值。

3.相频响应曲线

系统稳态振动的相位差随频率的变化规律可通过相频响应曲线来表示。

强迫振动响应的频率与激振力的频率虽然相同,但存在相角差,由式(2-51)可知相位差也仅与频率比和相对阻尼系数有关,同样可以频率比 r 为横坐标、相位差 φ 为纵坐标,根据系统不同的阻尼系数值绘出一组相频响应曲线,如图 2-11 所示。

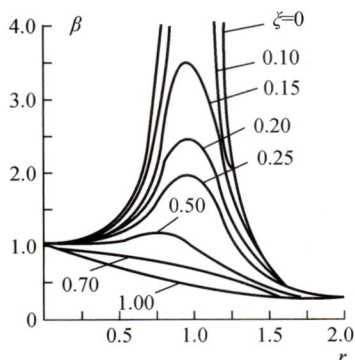

图 2-10　幅频特性曲线

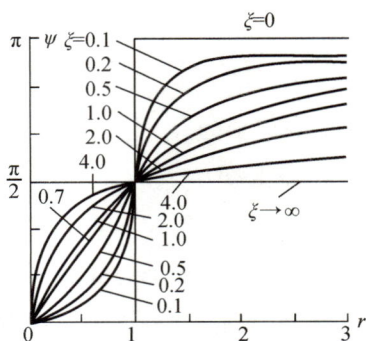

图 2-11　相频特性曲线

当 $r=1$，即共振时，相位差 φ 恒为 $\pi/2$，与系统的阻尼大小无关，这是共振的一个重要特征。据此特征在试验时，根据相位差为 $\pi/2$ 来确定共振频率。

由图 2-10 中可看出 φ 与 r 之间的变化是非线性的，仅当 $\xi=0.707$ 时，r 由 $0 \rightarrow 1$ 这一段范围内呈线性关系 $\varphi=\pi/2r$。

现根据图 2-9 和图 2-10 来分析讨论频率比 r 对振幅和相位的影响。

1）当 $r \ll 1$ 时（一般指 $r < 0.6 \sim 0.7$）

这时由于激振频率较低，速度、加速度都较小，产生的惯性力、阻尼力也较小，系统主要由弹性恢复力平衡外激振力，响应主要由弹簧刚度 K 控制，系统的静态特性是主要的。β 比 1 大不了多少，即强迫振动的振幅与激振力的幅值产生的静变形相差不大，响应位移基本与激振力同相，$\varphi=0$，主要是系统的弹性恢复力平衡激振力。而当 $r=0$，即 $\omega=0$ 时，$\beta=1$，所以强迫振动的振幅就等于静变形了。

2）当 $r \approx 1$ 时

当 $r \approx 1$ 时称为共振区。$\varphi=\pi/2$，系统发生共振，振幅达到最大值，激振与响应互相垂直。当 $r=1$ 时，$\beta=1/(2\xi)$，响应主要由阻尼控制。若 $\xi=0$ 即无阻尼时，β 为无穷大。通常称激振力频率等于系统固有频率时为共振，但实际上由于阻尼存在，最大振幅所对应的频率比并不是 $r=1$。通过 β 对 r 求导，并令其等于零，可求出 β 的最大值。

由 $\dfrac{\mathrm{d}\beta}{\mathrm{d}r}=0$，得 $r=\sqrt{1-2\xi^2}$ 时，有最大值 $\beta=\dfrac{1}{2\xi\sqrt{1-2\xi^2}}$。

所以 $r=\dfrac{\omega}{\omega_n}=\sqrt{1-2\xi^2}$，$\omega=\sqrt{1-2\xi^2}\,\omega_n$ 时有最大幅值。由于一般阻尼往往较小，故以 $\omega=\omega_n$ 作为共振频率影响不大。

3）当 $r \gg 1$ 时（一般 $r > 1.3 \sim 1.4$）

一般 $r > 1.3 \sim 1.4$ 时称为惯性区。$\varphi \approx \pi$，响应位移和激振力接近反相，当 $r \gg 1$ 时，β 趋近于零，系统的响应主要取决于质量。在高频范围，加速度很大，惯性力对平衡外激振力起主要作用。

4. 系统阻尼的影响

从幅频响应曲线可看出，在共振区，增加阻尼对减小振幅有显著作用，而远离共振区，阻尼的影响便减小,往往可以忽略不计。由图 2-9 还可看出,当系统的相对阻尼系数 $\xi \geqslant$ 0.707 时,无论 ω 为何值,放大因子 β 恒小于 1,即振幅总是小于静变形。

由式(2-51)可看出,相位差 φ 与相对阻尼系数 ξ 成正比。

当 $\xi=0$,即无阻尼时:若 $r<1$,则 $\varphi=0$;若 $r>1$,则 $\varphi=\pi$;当 $r=1$ 共振时,突然反相。

当 $\xi \to \infty$ 时,φ 恒等于 $\pi/2$。

在共振时($r=1$),放大因子 $\beta=\dfrac{1}{2\xi}$,称为系统的品质因子,以符号 Q 表示,$Q=\dfrac{1}{2\xi}$。从幅频响应曲线可看出,Q 值越小,阻尼越大,曲线的共振峰便越平缓,即过共振区时比较平稳,这是所期望的。反之,Q 值越大,阻尼越小,则共振峰越陡。

2.3.2　偏心质量引起的强迫振动

旋转机械设备,如螺旋桨、旋翼桨毂、电机、离心泵、离心压缩机、通风机和汽轮机等的转动部件,通常称为转子。由转子的偏心质量引起振动的现象是很普遍的。如果激振力是因转子的不平衡产生的,则与简谐激振力直接作用于质量块上的情况就不完全一样。引发不平衡情况发生的原因有许多,如转子的制造、安装过程中的误差、材质不均匀,都将使质心位置偏离转子的回转中心线。转子旋转时产生不平衡离心力,引起动不平衡,机器因此强迫振动。当考虑转子的弹性时,不平衡力将引起转子的弯曲,产生动挠度。当转速在数值上等于转子不转动而做横向自由振动的固有频率时,转子的动挠度和轴承支承处的动反力在理论上趋于无穷大(实际受阻尼的限制只会很大),作用在轴承上的交变力导致支承系统发生强迫振动,引起机器的共振。

1.运动微分方程的建立

如图 2-12(a)所示,一电机安装于两根槽钢组成的简支梁上。当转子有偏心距为 e 的偏心质量 m 时,可以建立图 2-12(b)所示的动力学模型。现讨论在 x 方向的强迫振动问题。

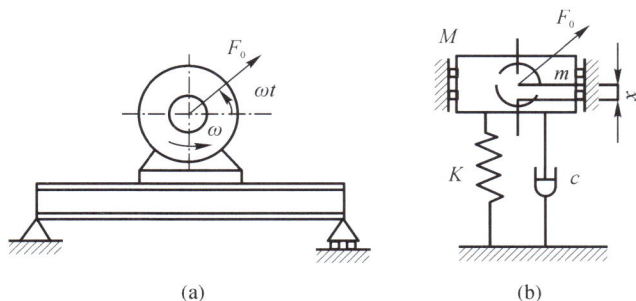

(a)　　　　　　　　　　　　　(b)

图 2-12　转子不平衡产生的振动

设电机质量为 M(略去梁重),电机转速为 $N(\mathrm{r/min})$,系统(梁)的弹簧刚度为 K,阻尼为 c。转子的旋转角速度为 $\omega=2\pi N/60=\pi N/30 \approx 0.1N(\mathrm{rad/s})$,故产生的离心惯性力为 $F_0=me\omega^2$,若以静平衡位置为原点建立坐标 x,设偏心质量在水平位置为起始位置,则 F_0 在 x 方向上投影即为垂直激振力

$$F=F_0\sin\omega t=me\omega^2\sin\omega t \tag{2-59}$$

按式(2-42)直接可得振动微分方程

$$M\ddot{x} + c\dot{x} + Kx = me\omega^2 \sin\omega t \qquad (2-60)$$

或

$$\ddot{x} + 2n\dot{x} + \omega_n^2 x = \frac{me\omega^2}{M}\sin\omega t \qquad (2-61)$$

现仅讨论稳态特解。与式(2-45)一样,对照可得

$$x(t) = B\sin(\omega t - \varphi)$$

式中

$$B = \frac{\dfrac{me\omega^2}{M}}{\sqrt{(\omega_n^2 - \omega^2)^2 + 4n^2\omega^2}}$$

有

$$\left.\begin{array}{l} B = \dfrac{me\,r^2}{M\sqrt{(1-r^2)^2 + (2\xi r)^2}} \\[3mm] \varphi = \arctan\dfrac{2n\omega}{\omega_n^2 - \omega^2} = \arctan\dfrac{2\xi r}{1-r^2} \end{array}\right\} \qquad (2-62)$$

2.幅频响应曲线和相频响应曲线

将式(2-62)改写为

$$\frac{MB}{me} = \frac{r^2}{M\sqrt{(1-r^2)^2 + (2\xi r)^2}} \qquad (2-63)$$

同样以 r 为横坐标、$\dfrac{MB}{me}$ 为纵坐标(与振幅成正比)亦可根据不同的 ξ 值得出一组曲线,即幅频响应曲线组,如图 2-13 所示。

由图 2-13 可看出与前述幅频响应曲线有两个不同特点:

(1)当 $r \ll 1$ 时($\omega \ll \omega_n$),振幅 B 很小,几乎等于零。显然马达低转速时激振力很小。

(2)当 $r \gg 1$ 时($\omega \gg \omega_n$),$\dfrac{MB}{me} \to 1$,$B \to \dfrac{me}{M}$,即在高频范围内,振幅接近于常数,并不是趋于零。

(3)当 $r=1$ 时,产生共振,振幅 $B = \dfrac{me}{M}\dfrac{1}{2\xi}$,系统振动激烈。

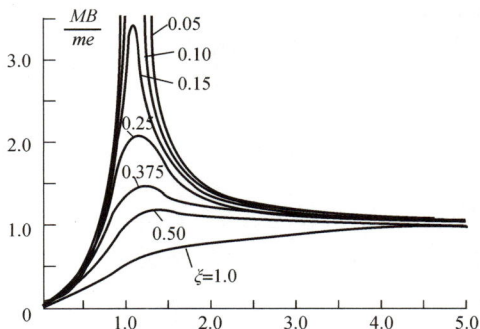

图 2-13　不平衡的幅频响应曲线

一个实际系统的阻尼系数是不容易计算的,按上面这个特点,可用试验方法测定阻尼系数。首先测定共振 $r=1$ 时振幅 $B=\dfrac{me}{M}\dfrac{1}{2\xi}$,算得阻尼系数 $\xi=\dfrac{me}{2MB_{r=1}}$,再测定 $r\gg1$ 时的振幅,即 $B_{r\gg1}=\dfrac{me}{M}$,便可求出阻尼系数 $\xi=\dfrac{me}{M}\dfrac{1}{2B_{r=1}}=\dfrac{1}{2B_{r=1}}$,即 $B_{r\gg1}$。

相频响应曲线分析与前述完全一致,就不再赘述了。

2.3.3　支承运动引起的强迫振动

在很多情况下,系统受到的激励来自于支承的运动。例如飞机在机场跑道上起飞、降落、滑行的振动,车辆在波形路面上行驶的振动,固定在机器上的仪表的振动,如图 2-14 所示,都是支承运动引起的强迫振动。

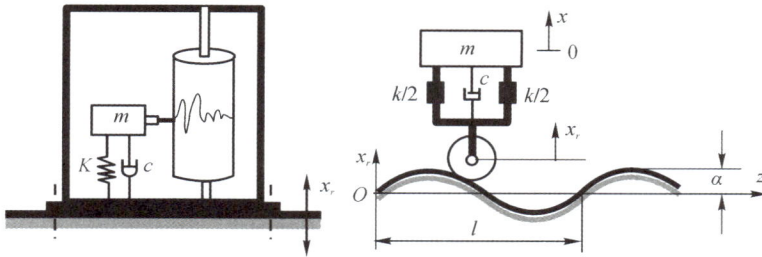

图 2-14　支承运动引起的强迫振动示意图

1.运动微分方程的建立

现对一单自由度系统,支承点作简谐运动 $x_s=a\sin\omega t$ 时,分析系统的响应,如图 2-15 所示。

仍取静平衡位置为坐标原点建立 x 坐标。由于支承点在运动,故质量块在运动时虽同样受到弹性恢复力和阻尼力,但弹簧的实际位移及阻尼实际的运动速度都是质量块与支承点间的相对位移和相对速度,据此列出如下方程:

$$m\ddot{x}+c\dot{x}+Kx=Kx_s+c\dot{x}_s \tag{2-64}$$

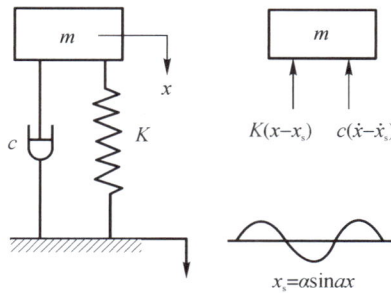

图 2-15　支承运动产生的振动

可见系统相当于作用了两个激振力:一个是由弹簧传递的弹性力 Kx_s,另一个是由阻尼传递的阻尼力 $c\dot{x}_s$。由于 x_s 与 $\dot{x}_s$ 有相位差 $\pi/2$,所以两者不同相,后者超前 $\pi/2$ 相角,故用复指数形式求解更为简便。

设方程的解为

$$x = B e^{j(\omega t - \varphi)} \tag{2-65}$$

则

$$\left.\begin{aligned}\dot{x} &= jB\omega e^{j(\omega t - \varphi)} \\ \ddot{x} &= -B\omega^2 e^{j(\omega t - \varphi)}\end{aligned}\right\} \tag{2-66}$$

支承点运动也写为

$$x_s = a e^{j\omega t}$$

$$\dot{x}_s = ja e^{j\omega t}$$

代入式(2-64)可得

$$\left.\begin{aligned}\left[(K - m\omega^2) + jc\omega\right]B e^{j(\omega t - \varphi)} &= a(K + jc\omega)e^{j\omega t} \\ B e^{-j\varphi} &= \frac{a(K + jc\omega)}{(K - m\omega^2) + jc\omega}\end{aligned}\right\} \tag{2-67}$$

根据复数运算法则,可求复数矢量的模,即振幅

$$B = a \sqrt{\frac{K^2 + c^2\omega^2}{(K - m\omega^2)^2 = (c\omega)^2}} = a \sqrt{\frac{1 + (2\xi r)^2}{(1 - r^2)^2 + (2\xi r)^2}} \tag{2-68}$$

同样可求相位差

$$\varphi = \arctan \frac{mc\omega^3}{K(K - m\omega^2) + c^2\omega^2} = \arctan \frac{2\xi r^3}{1 - r^2 + (2\xi r)^2} \tag{2-69}$$

2.幅频响应曲线和相频响应曲线

由式(2-68)可得

$$\frac{B}{a} = \sqrt{\frac{1 + (2\xi r)^2}{(1 - r^2)^2 + (2\xi r)^2}} \tag{2-70}$$

式中,$\dfrac{B}{a}$ 为系统振动的幅值与支承运动的幅值之比,故也称放大因子,仍以 β 表示。

同样,若以 r 为横坐标,β 为纵坐标,也可得出图 2-16 所示的幅频响应曲线。

(1)当 $r = 0$ 时,$\beta = 1$,说明支承运动频率变化很慢时,系统相当于平动。

(2)当 $r = 1$ 时,系统位为共振点,振幅接近最大值。当 $r = \sqrt{2}$ 时,亦可知 β 等于 1,即系统振动的振幅等于支承运动的幅值,且与系统的阻尼无关。

(3)当 $r > \sqrt{2}$ 时,无论阻尼是多少,$\beta \sim < 1$,即系统振动的振幅小于支承运动的振幅。

根据这一特点,可讨论振幅问题,并且当 $r > \sqrt{2}$ 时,若系统阻尼大的反而比阻尼小的振幅更大,这与前面几种曲线都不同。

当 $r > 5$ 时,β 基本成为常数。相频响应曲线如图 2-16 所示。共振时相位差已不是 $\pi/2$。

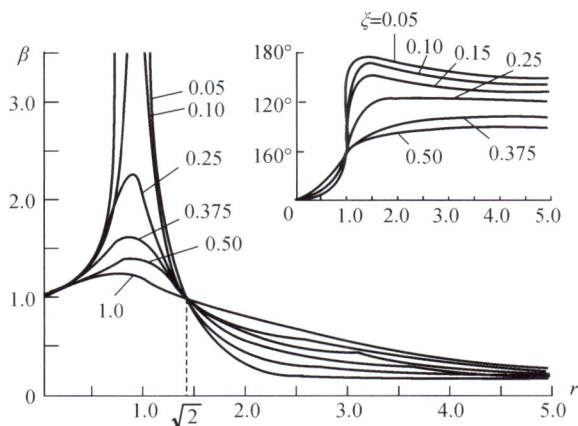

图 2－16　幅频、相频曲线

3.支承运动以速度和加速度表达时的计算

如果支承运动是以速度或加速度的形式给出的,则需要加以变化后求出。如速度为 $\dot{x}_s = b\sin\omega t$,则位移为 $x_s = \dfrac{b}{\omega}\sin(\omega t - \dfrac{\pi}{2})$,仍按式(2－68)可得 $b = \dfrac{b}{\omega}\beta$ 。若加速度为 $\ddot{x}_s = c\sin\omega t$,则位移为 $x_s = \dfrac{c}{\omega^2}\sin(\omega t - \pi)$,亦可得 $B = \dfrac{c}{\omega^2}\beta$,式中 β 仍为原放大因子,由式(2－70)给出。

2.3.4　非简谐激振力引起的强迫振动

1.周期性激励引起的强迫振动

如激振力(或支承运动)是一个周期函数,那么任何周期函数都可以按傅里叶级数分解为一系列频率成整数倍关系的简谐函数。对于线性振动系统,其响应便可以按叠加原理将每一单独的简谐函数作用的响应求出后,再全部叠加起来得到。设周期激振力 $F(t)$ 作用于有阻尼的质量-弹簧系统,可列出方程

$$m\ddot{x} + c\dot{x} + Kx = F(t) = \frac{a_0}{2} + \sum_{i=1}^{n}(a_i\cos i\omega t + b_i\sin i\omega t) \qquad (2-71)$$

式中,右边 a_0, a_i, b_i 的计算详见第 1 章第 1.3.3 节谐波分析。

因方程式右边第一项 $\dfrac{a_0}{2}$ 是常力,作用于系统,犹如质量块的重力一样,所以它只影响系统的静平衡位置,如坐标原点就选在新的平衡位置上,方程中便可除去此项。系统的稳态解即为

$$x(t) = \sum_{i=1}^{n}\frac{a_i\cos(i\omega t - \psi_i) + b_i\sin(i\omega t - \psi_i)}{K\sqrt{(1-r_i^2)^2 + (2\xi r_i)^2}} \qquad (2-72)$$

式中, $r_i = \dfrac{i\omega}{\omega_n}$ 。

若为周期性支承运动同样可算出响应。设周期支承运动为

$$x_i(t) = \sum_{i=1}^{n} (a_i \cos i\omega t + b_i \sin i\omega t) \qquad (2-73)$$

不计阻尼时响应为

$$x(t) = \sum_{i=1}^{n} \frac{a_i \cos i\omega t + b_i \sin i\omega t}{1 - r^2} \qquad (2-74)$$

2.任意激励引起的强迫振动

在许多实际问题中,对系统的激振并非周期性的,而是任意的时间函数,或是在极短时间间隔内的冲击作用,当激振作用的时间比系统固有周期更短时,一般称为冲击。对于任意激振,系统通常没有稳态振动,而只有瞬态振动,在激振力作用停止后,系统按固有频率作自由振动。瞬态振动和自由振动合称为任意激振的响应。

在已知任意激励时求系统响应主要有以下三种方法:

(1)杜哈梅积分法。

(2)傅氏积分法。

(3)拉氏变换法。

这里仅就杜哈梅积分法进行简单介绍,另外杜哈梅积分又叫做卷积积分或叠加积分。

图 2-17 所示一任意激振力 $f(t)$ 作用于有阻尼单自由度系统,求系统的响应。杜哈梅积分法的基本思想是将激振力分解为一系列脉冲的连续作用,各脉冲的大小和作用时间由 $f(\tau)$ 决定。先求出每个脉冲单独作用下系统的响应,然后按线性系统的叠加原理将其叠加起来,即得出系统对激振的响应。设 $f(t)$ 的作用时间为 $0 \rightarrow t$,将此区间分成无数极短间隔,以 $d\tau$ 表示。在某一时刻 $r = \tau$ 的 $d\tau$ 间隔内,若受到一个微冲量 $f(\tau)d\tau$ 的作用(见图 2-17 中的阴影部分),根据动量定律,$f(\tau)d\tau = m\,dv$,故 $dv = \dfrac{f(\tau)}{m}d\tau$,即系统的质量 m 获得一个速度增量 dv。但在极短时间 $d\tau$ 内,系统还来不及发生位移,所以位移为零成为系统的初始条件。故初始条件成为 $t = \tau$,$x_0 = 0$,$\dot{x} = dv$。

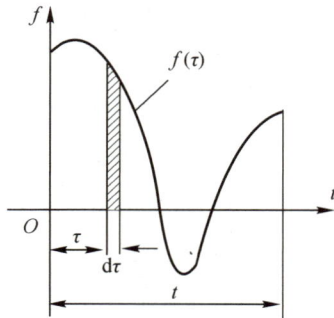

图 2-17　任意激振力示意图

然后当 $t > \tau$ 时,在此初始条件的干扰下,系统作自由振动。根据式(2-31)可得系统在初始条件下的响应为

$$dx = \frac{f(\tau)d\tau}{\omega_d m} e^{-n(t-\tau)} \sin\omega_d(t-\tau) \qquad (2-75)$$

式(2-31)是以 $t = 0$ 为坐标原点,而式(2-75)是以 $t = \tau$ 为原点。式(2-75)是某一微

冲量单独作用下系统的响应,而系统受到 $0 \rightarrow t$ 范围内一系列微冲量的作用,故其响应为全部微冲量单独作用时的响应叠加,可以通过对上式的积分求得

$$
\begin{aligned}
x &= \int_0^t \frac{f(\tau)}{\omega_d m} e^{-n(t-\tau)} \sin\omega_d(t-\tau) d\tau \\
&= \frac{1}{\omega_d m} \int_0^t f(\tau) e^{-n(t-\tau)} \sin\omega_d(t-\tau) d\tau \\
&= \int_0^t f(\tau) h(t-\tau) d\tau
\end{aligned}
\tag{2-76}
$$

式(2-76)为杜哈梅积分式,其中 $h(t-\tau)$ 是系统的单位脉冲响应。积分时应注意,t 是位移响应的时间,是常量,而 τ 是每一个微小冲量作用的时间,是个变量。杜哈梅积分式是方程 $m\ddot{x}+c\dot{x}+Kx=f(t)$ 的通解。杜哈梅积分的解即为系统的初始条件为零时的全解,包括了瞬态振动及稳态振动。以下分别讨论几种情况。

(1)当不计阻尼时,响应可写为

$$
x = \frac{1}{\omega_n m} \int_0^t f(\tau) \sin\omega_n(t-\tau) d\tau
\tag{2-77}
$$

(2)如果系统在激振力作用开始时还有初始条件 x_0 和 $\dot{x}_0$,则系统的解还应加上自由振动的解这一项,即

$$
x = x_0 \cos\omega_n t + \frac{\dot{x}_0}{\omega_n} \sin\omega_n t + \frac{1}{\omega_n m} \int_0^t f(\tau) \sin\omega_n(t-\tau) d\tau
\tag{2-78}
$$

(3)若系统是支承运动,仍可用叠加原理分成两个杜哈梅积分求解。若支承运动形式给出 $x=x_s(t)$,系统的方程为 $m\ddot{x}+c\dot{x}+Kx=Kx_s+c\dot{x}_s$,则系统响应可写为

$$
\begin{aligned}
x &= \frac{1}{m\omega_d} \int_0^1 [K x_s(\tau) + c\dot{x}_s(\tau)] e^{-n(t-\tau)} \sin\omega_d(t-\tau) d\tau \\
&= \frac{1}{\omega_n} \int_0^1 [\omega_n^2 x_s(\tau) + 2\xi\omega_n \dot{x}_s(\tau)] e^{-\xi\omega_n(t-\tau)} \sin\omega_d(t-\tau) d\tau
\end{aligned}
\tag{2-79}
$$

若支承运动是以加速度形式给出 $\ddot{x}_s(t)$,则先求系统相对位移 $y=x-x_s$ 的响应更为简便,即

$$
m\ddot{y} + c\dot{y} + Ky = -m\ddot{x}
$$

上式响应为

$$
\begin{aligned}
y &= \frac{1}{\omega_d m} \int_0^t [-m\dot{x}_s(\tau)] e^{-n(t-\tau)} \sin\omega_d(t-\tau) d\tau \\
&= -\frac{1}{\omega_d} \int_0^t \dot{x}_s(\tau) e^{-n(t-\tau)} \sin\omega_d(t-\tau) d\tau
\end{aligned}
\tag{2-80}
$$

然后根据初始条件算出支承运动的初始位移 x_s,即可求出系统的总响应 $x=y+x_s$。

2.4　转轴的临界转速和转子平衡校正方法

工程上大量采用转轴来传递运动、传递功率。转子上的旋转件若有偏心质量(因材质不均匀、加工误差、装配误差等造成的)必然会产生离心惯性力而使轴呈弓状变形,这种现象称为弓形回转。

2.4.1 转轴的临界转速

1.运动微分方程

当转轴的转速达到某一值时,轴的动挠度将很大甚至导致轴被破坏,此时的转速称为临界转速。以转轴上仅有一个盘形转动件为例来讨论临界转速现象。为了略去自重的影响,将转轴竖直放置,两端为简支,如图 2-18 所示。设圆盘形心为 O',轴静止时的中心线为 AB,显然当静止时,AB 与圆盘的交点即为 O';圆盘的质心为 G,质量为 m,偏心距 $e = O'G$。当轴旋转后,由于离心惯性力作用,轴必然弯曲变形,此时轴不仅自身在旋转,即圆盘绕 O' 的转动,还有弯曲了的轴绕 AB 中心线的转动,这两种转动的角速度并不一定相等,现在仅讨论最简单的情况,即两者均相等,设为 ω,现建立以 AB 与圆盘交点 O 为中心的直角坐标 xOy,如忽略阻尼,则轴的弯曲变形与圆盘的转动无相角差,如图 2-18(a)所示。$O'G$ 与 O 在同一直线上。

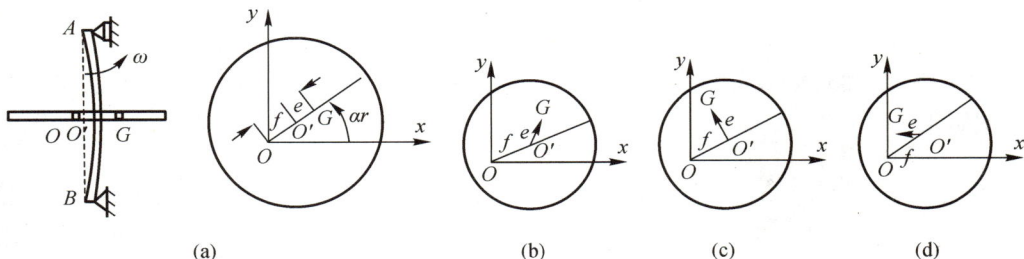

图 2-18　不同转速转子质心变化

(a)无阻尼;　(b)$r < 1$;　(c)$r = 1$;　(d)$r > 1$

若存在阻尼,则轴的弯曲变形响应要滞后于运动,即 O' 点滞后于质心 G,相角差为 φ,如图 2-18(b)所示。设轴的弹簧刚度在 x,y 方向均匀,由材料力学可知

$$K = \frac{48EI}{l^3} \tag{2-81}$$

若圆盘几何中心 O' 坐标为 (x,y),则此时质心的坐标为

$$\left. \begin{aligned} x_G &= x + e\cos\omega t \\ y_G &= x + e\sin\omega t \end{aligned} \right\} \tag{2-82}$$

按牛顿运动定理,可得

$$\left. \begin{aligned} m\frac{\mathrm{d}^2}{\mathrm{d}t^2}(x + e\cos\omega t) &= -Kx - c\dot{x} \\ m\frac{\mathrm{d}^2}{\mathrm{d}t^2}(y + e\sin\omega t) &= -Ky - c\dot{y} \end{aligned} \right\} \tag{2-83}$$

写成

$$\left. \begin{aligned} m\ddot{x} + c\dot{x} + Kx &= me\omega^2\cos\omega t \\ m\ddot{y} + c\dot{y} + Ky &= me\omega^2\sin\omega t \end{aligned} \right\} \tag{2-84}$$

这个方程式与偏心质量引起的强迫振动方程式一样,故可直接求解

$$x = \frac{e\,r^2}{\sqrt{(1-r^2)^2 + (2\xi r)^2}} \cos(\omega t - \arctan\frac{2\xi r}{1-r^2}) \left.\right\}$$
$$y = \frac{e\,r^2}{\sqrt{(1-r^2)^2 + (2\xi r)^2}} \sin(\omega - \arctan\frac{2\xi}{1-r^2})$$

$$(2-85)$$

轴的中点动挠度为

$$f = OO' = \sqrt{x^2 + y^2} = \frac{e\,r^2}{\sqrt{(1-r^2)^2 + (2\xi r)^2}} \tag{2-86}$$

相角差为

$$\psi = \arctan\frac{2\xi r}{1-r^2} \tag{2-87}$$

轴在旋转过程中其形心 O' 作半径为 f 的圆周运动,整个轴呈弓状变形,但并未发生振动现象,故称为弓形回转。此时轴内并不产生交变应力,与轴在横向振动时会发生交变应力是不同的。

2.转轴旋转过程的特点

下面根据图 2-9 和图 2-10 幅频、相频响应曲线讨论。

(1)当 $r \ll 1$ 很小时,动挠度很小,且当 $r < 1$ 时,$\varphi < \pi/2$。

(2)当 $r = 1$,即 $\omega = \omega_n$ 时,动挠度达最大值。ω_n 是指转轴在横向振动时的固有频率。由于转轴的离心惯性力对轴承会产生交变应力,导致支承系统发生剧烈的振动现象,所以将这个转速称为临界转速,即

$$n = \frac{60\omega_n}{2\pi}(\text{r/min}) \tag{2-88}$$

必须注意临界转速产生的振动现象与共振是不同的概念。同样,由于阻尼存在,$r = 1$ 时,动挠度并非最大值,如考虑一些其他因素,临界转速值并不等于固有频率,而是略有偏离。

当 $r = 1$ 时,$\varphi = \pi/2$。

(3)$r \gg 1$ 时,$Y/e \to 1$,即 $Y = e$,又根据相频响应曲线,当 $r > 1$ 时,$\varphi > \pi/2$,若阻尼很小,$\varphi \to \pi$,即质心 G 落在 $O'O$ 之间,而 $Y = e$,故 O 点与 G 点便重合了,此时轴将绕圆盘质心旋转,将高速旋转时轴能绕转盘的质心旋转这一现象称为自动对中,这时轴的运转平稳。在工程中往往利用这一现象使转轴在远高于临界转速以上工作,称为超临界轴或柔性轴。由以上分析可知,临界转速是十分重要的,但转轴一般并非单圆盘,且也不是等直径轴,准确计算转子临界转速比较复杂。

根据轴两端的约束不同,分别计算其各自的固有频率以及模态。

(1)两端简支旋转轴,如图 2-19 所示。有

$$f = \frac{\pi}{2}n^2\sqrt{\frac{gEJ}{\omega L^4}} \tag{2-89}$$

图 2-19　两端简支旋转轴示意图

(2)两端固支旋转轴,如图 2-20 所示。

图 2-20　两端固支旋转轴示意图

①低阶临界转速,有

$$f = 3.562 \sqrt{\frac{gEJ}{\omega L^4}} \tag{2-90}$$

②高阶临界转速,有

$$f = \frac{\pi}{2} \left(n + \frac{1}{2} \right)^2 \sqrt{\frac{gEJ}{\omega L^4}} \quad (n = 2,3,4,\cdots) \tag{2-91}$$

注意,低速时相当于其一阶模态。

(3)悬臂旋转轴,如图 2-21 所示。

图 2-21　悬臂旋转轴示意图

①低阶临界转速,有

$$f = 0.565 \sqrt{\frac{gEJ}{\omega L^4}} \tag{2-92}$$

②高阶临界转速,有

$$f = \frac{\pi}{2} \left(n - \frac{1}{2} \right)^2 \sqrt{\frac{gEJ}{\omega L^4}} \quad (n = 2,3,4,\cdots) \tag{2-93}$$

注意,低速时相当于其一阶模态。

2.4.2　转子平衡校正方法

1.转子平衡的基本概念

旋转机械的转动部分,即转子在运转时由于偏心质量会产生离心力,从而引起强烈振动。为此必须在正式运转前采取措施,尽量减小转子的偏心质量,消除其离心力作用,从而控制振动的振幅在允许的范围内,这就是平衡。

如图 2-22 所示,一个总质量为 M 的圆盘其质心与转子旋转中心的距离(偏心距)为 $\bar{e}$,原始不平衡产生的离心力为 F ,如在相反方向上半径为 $\bar{r}$ 处加一平衡质量 m ,它所产生的离心力为 F' ,如果 $\bar{F} = -\bar{F'}$,则转子达到完全平衡,即

$$\overline{F} = -\overline{F}' = M\overline{e}\,\omega^2 = -m\overline{r}\,\omega^2 \qquad\qquad (2-94)$$

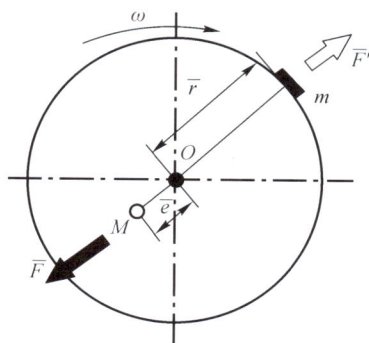

图 2-22　转子平衡示意图

转子的平衡问题可以分为以下两类:

(1)刚性转子的平衡。工作转速与一阶临界转速之比小于 0.7,弹性变形可忽略,利用力系平衡理论可以解决问题。

(2)挠性转子的平衡。工作转速与一阶临界转速之比大于 0.7,挠曲变形不可忽略,挠性转子的平衡问题比较复杂,必须考虑变形(动挠度)对平衡的影响。

对于一个完全平衡的转子,力学上的主要条件是转子上各部分质量在旋转时产生的离心惯性力的合力和合力偶都控制在允许的范围内,否则便称为不平衡转子。若不平衡转子仅仅合力不平衡则称为静不平衡,若不平衡转子还包含合力偶不平衡则称为动不平衡。也有将不平衡转子的合力为零而合力偶不为零的称为偶不平衡。

2.转子静平衡校正方法

转子的质心不在回转轴线上,当其转动时,其偏心质量就会产生通过轴心的离心惯性力,从而在运动过程中引起附加动压力,转子无合力偶,属于静平衡。

静平衡校正方法:对于径长比 $D/l \geqslant 5$ 的转子(如旋翼、尾桨、砂轮、飞轮或齿轮等),可近似地认为其不平衡质量分布在同一回转平面内,需要通过以下步骤完成静平衡:

(1)根据转子结构定出偏心质量的大小和方位。

(2)计算出为平衡偏心质量需添加的平衡质量的大小及方位。

(3)在转子设计图上加上该平衡质量,以便使设计出来的转子在理论上达到平衡。

静平衡又称单平面平衡,对于刚性转子的径长比 $D/l > 5$,通常只需对转子进行静平衡试验。静平衡试验所用的设备称为静平衡架。平衡时可以将转子置于两个完全平行的水平轨道上,利用重力作用找到偏心质量的位置,然后在偏心质量一边减重或在对称中心的另一边加配重,使转子能随意停留在任何一方位而不发生转动,就完成了静平衡。但该方法不能直接测出不平衡量。

3.转子动平衡校正方法

动不平衡是由静不平衡和偶不平衡叠加而成的。偶不平衡是只有在转子运动的情况下才能显示出来的不平衡现象。动不平衡必须在两个以上的平面进行校正,使其惯性力和惯性力偶均控制在允许范围,达到平衡。

动平衡校正方法:对于径长比 $D/l < 5$ 的转子(如旋翼桨毂、多缸发动机的曲柄、汽轮机

转子等），轴向宽度较大，其质量分布在几个不同的回转平面内，需要通过以下步骤完成动平衡：

（1）根据转子结构确定出各个不同回转平面内偏心质量的大小和位置。

（2）计算出使转子得到动平衡所需增加的平衡质量的数目、大小及方位。

（3）在转子设计图上加上这些平衡质量，以便使设计出来的转子在理论上达到动平衡。

动平衡又称为双面平衡，对于径长比 $D/l<5$ 的刚性转子，必要时在制成后还要进行动平衡试验。如图 2-23 所示，动平衡试验一般需要在专用的动平衡机上进行，确定需加于两个平衡平面中的平衡质量的大小及方位。

在实际生产中，平衡方法的选择原则是：当径长比 $D/l \geqslant 5$ 时，只需进行静平衡，否则要做动平衡。对于不平衡量很大的大型转子零件，在做动平衡前应先做静平衡。经过动平衡的转子一定静平衡；反之，经过静平衡的转子则不一定是动平衡的。

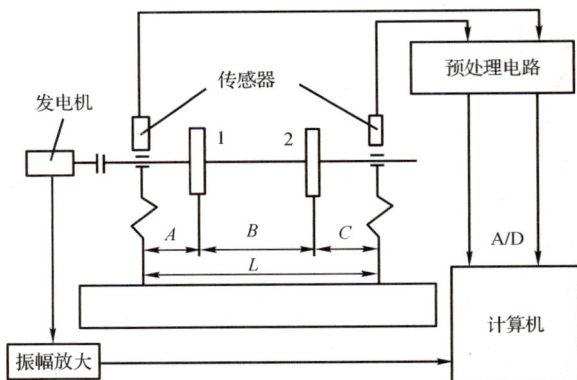

图 2-23　动平衡试验机原理图

思 考 题

1.什么是自由振动和固有频率？

2.写出无阻尼单自由度系统的自由振动微分方程式。

3.单自由度系统无阻尼自由振动的特性有哪些？

4.写出无阻尼自由扭转振动方程式。

5.简述弱阻尼状态下的自由振动响应的内容。

6.简述强阻尼状态下的自由振动响应的内容。

7.简述临界阻尼状态下的自由振动响应的内容。

8.写出简谐激振力引起的强迫振动的运动微分方程，并说明求解方法。

9.什么是幅频响应曲线和相频响应曲线？

10.写出偏心质量引起的强迫振动方程。

11.写出支承运动引起的强迫振动微分方程。

12.什么是周期性激励引起的强迫振动？什么是任意激励引起的强迫振动？

13.简述转轴旋转过程的特点及转子静平衡和转子动平衡校正方法。

第 3 章　多自由度系统的振动

虽然对单自由度系统的分析能揭示振动系统的很多基本特性,但是无人机系统可不是简单的单自由度系统,而是一种复杂的机械振动系统,其质量与刚度连续分布,理论上具有无限多个自由度,严格来讲需要用连续模型才能加以描述,但是连续体的振动分析涉及偏微分方程理论,求解十分困难,而且大多偏微分方程不存在解析解。

无人机结构动力学系统自由度的数目,等于描述该系统运动状态所必须的最少独立坐标数。n 个自由度的动力系统的振动,就需要 n 个独立坐标来描述。多自由度($n>1$)系统的振动理论是由单自由度振动理论发展而来的。沿用了单自由度振动系统中的处理思路,如利用力学原理建立动力学方程,使用叠加原理求解响应等。在多自由度系统中引入多个自由度就意味着系统的固有频率不再是一个单一值,每一个自由度都对应着一个固有频率,多阶模态的特性为多自由度振动系统引入了更多的特性,也使得多自由度系统的分析相比于单自由度系统更加复杂。无人机复杂振动系统无法简化为单自由度系统,而是需要简化为多自由度系统才能反映其力学本质。工程实践中包括无人机系统在内的许多连续弹性体,通常都是采用适当的方法将其简化为有限多个自由度的模型来分析计算的。

3.1　二自由度系统的振动理论

为了深入探讨无人机多自由度系统的振动,首先需要对多自由度系统中最简单的二自由度系统进行介绍和讨论。通常,三自由度以上的系统要得到闭合解是相当困难的,在这种情况下,可以用坐标变换的方法,将描述实际问题的广义坐标用一组新的坐标来代替。新坐标所描述的系统运动方程与实际系统是相同的,但用新坐标描述的系统微分方程之间已不存在耦合,称之为各自独立的微分方程,可以按单自由度系统的微分方程那样单独求解。

3.1.1　二自由度系统振动的运动方程

1.二自由度系统振动的定义

二自由度系统是最简单的多自由度系统,采用两个独立坐标能完全确定系统在空间的几何位置。由于多自由度系统常用的物理概念及解题思路可以从二自由度系统分析中得到启迪,因此它是分析多自由度系统的基础。

二自由度振动系统的结构具有两个固有频率。当系统按其中某一固有频率作自由振动时,称之为主振动。主振动是简谐振动。当发生主振动时,描述振动的两个独立变量与振幅之间有确定的比例关系,即两个振幅比决定了整个系统的振动形态,称之为主振型。

任意初始条件下的自由振动一般是这两个不同频率的主振动的叠加,叠加后的振动不一定是简谐振动。当外界激扰为简谐激扰时,二自由度系统对其响应是与激扰频率相同的简谐振动。当激扰频率接近系统的任意一固有频率时,就会发生共振。共振时的振型就是与固有频率相对应的主振型。

图 3-1 是二自由度系统的几个例子,其中图 3-1(a)表示双质量弹簧系统,相当于无人机采用轮式起落架时,整个系统分为机体(上部)和轮式起落架系统(下部)两部分,m_1 为机体系统质量,m_2 为轮式起落架系统质量,k_1 为机体系统刚度,k_2 是起落架系统的刚度,由两个独立坐标 x_1 和 x_2 可完全确定整个无人机系统在空间的几何位置。图 3-1(b) 表示无人机单个机体二自由度系统模型,虽然它是单质量弹簧系统,但是它既有上下运动,还有绕质心 c 的转动,因此需用 x 和 θ 两个独立坐标来描述。图 3-1(c) 表示两个共轴转盘轴扭转振动模型,扭转轴的扭转刚度分别为 k_{t1} 和 k_{t2},圆盘 I_1 和 I_2 垂直于扭转轴的轴线,两圆盘绕扭转轴线作扭转振动,用 θ_1 和 θ_2 来描述,因而它也是二自由度系统。

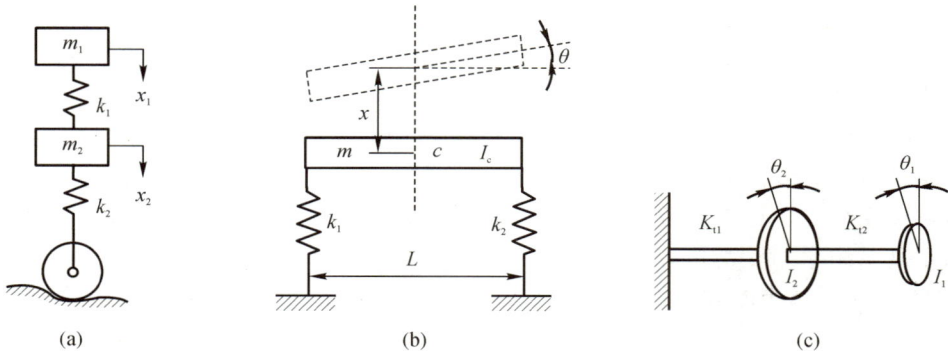

图 3-1　二自由度系统的几个例子

(a)无人机机体与起落架系统振动模型；　(b)无人机着陆滑跑时机体振动模型；　(c)扭转轴二维振动模型

2.二自由度系统振动的运动方程

图 3-2 所示为有阻尼的双质量弹簧系统,质量 m_1 和 m_2 在水平方向用刚度分别为 k_1 和 k_2 的弹簧连接起来,阻尼器 c_1 和 c_2 如弹簧一样连接在两质量上,k_1 和 c_2 另一端与支承连接；随时间变化的激振力 $F_1(t)$ 和 $F_2(t)$ 分别作用在 m_1 和 m_2 上；两个质量块只限于沿水平光滑平面作往复直线运动。以静平衡位置坐标原点,两个独立坐标分别为 x_1 和 x_2。对两质量块的振动过程中任一瞬时取分离体,并对每一质量块应用牛顿第二运动定律,可得如下方程:

$$\left.\begin{aligned} m_1 \ddot{x}_1 + (c_1 + c_2) x_1 - c_2 x_2 + (k_1 + k_2) x_1 - k_2 x_2 &= F_1(t) \\ m_2 x_2 - c_2 x_1 + c_2 x_2 - k_2 x_1 + k_2 x_2 &= F_2(t) \end{aligned}\right\} \tag{3-1}$$

上述方程组[式(3-1)]即是图 3-2 所示二自由度系统的振动微分方程组,组成方程组的两个微分方程都不是独立的,它们各自都包含着两个变量及其一、二阶导数,不能对每个方程单独求解。

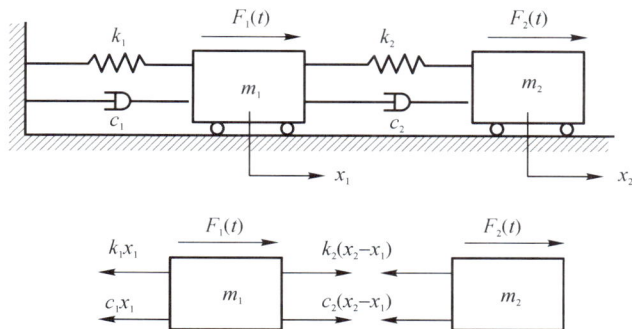

图 3 - 2　有阻尼双质量弹簧系统示意图

现将方程组[式(3 - 1)]用矩阵形式表示为

$$M\ddot{x} + C\dot{x} + Kx = F(t) \tag{3 - 2}$$

式中：M 为系统的质量矩阵，C 为系统的阻尼矩阵，K 为系统的刚度矩阵，x 为系统的位移列阵，$\dot{x}$ 为位移一阶导数列阵，$\ddot{x}$ 为位移二阶导数列阵，$F(t)$ 为系统的激振力列阵。

$$M = \begin{bmatrix} m_{11} & m_{12} \\ m_{21} & m_{22} \end{bmatrix} = \begin{bmatrix} m_1 & 0 \\ 0 & m_2 \end{bmatrix}$$

$$C = \begin{bmatrix} c_{11} & c_{12} \\ c_{21} & c_{22} \end{bmatrix} = \begin{bmatrix} c_1 + c_2 & -c_2 \\ -c_2 & c_2 \end{bmatrix}$$

$$K = \begin{bmatrix} k_{11} & k_{12} \\ k_{21} & k_{22} \end{bmatrix} = \begin{bmatrix} k_1 + k_2 & -k_2 \\ -k_2 & k_2 \end{bmatrix}$$

$$x = \begin{bmatrix} x_1 \\ x_2 \end{bmatrix}$$

$$\dot{x} = \begin{bmatrix} \dot{x}_1 \\ \dot{x}_2 \end{bmatrix}$$

$$\ddot{x} = \begin{bmatrix} \ddot{x}_1 \\ \ddot{x}_2 \end{bmatrix}$$

$$F(t) = \begin{bmatrix} F_1(t) \\ F_2(t) \end{bmatrix}$$

在弹性系统微幅振动中，刚度矩阵 K 总是对称的，即永远存在 $K_{ij} = K_{ji}$ 的情况。对于同一系统，当采用不同的独立坐标来描述时，其 M、C、K 矩阵中的元素是不同的，但不影响系统的固有特性，系统的固有频率与坐标的选取无关，一定的系统其固有频率是一定的。

3.1.2　无阻尼二自由度系统的振动

1.无阻尼二自由度系统的自由振动

研究自由振动的目的主要是求系统的固有频率。而系统的固有频率与系统的自由度数是一致的，故二自由度系统有两个固有频率。研究二自由度系统的自由振动还有一个目的——求解系统的主振型，即系统的振动形式。

图 3-3 所示为无阻尼双质量弹簧系统自由振动的力学模型,取静平衡位置为坐标原点,用 x_1 和 x_2 两个独立坐标来描述系统的运动。对振动过程中任何一瞬时的 m_1 和 m_2 取分离体,应用牛顿运动定律,可得其运动方程,用具体的矩阵形式表示的微分方程为

$$\begin{bmatrix} m_1 & 0 \\ 0 & m_2 \end{bmatrix}\begin{bmatrix} \ddot{x}_1 \\ \ddot{x}_2 \end{bmatrix} + \begin{bmatrix} k_1+k_2 & -k_2 \\ -k_2 & k_2 \end{bmatrix}\begin{bmatrix} x_1 \\ x_2 \end{bmatrix} = \begin{bmatrix} 0 \\ 0 \end{bmatrix} \tag{3-3}$$

方程组[式(3-3)]为二阶常系数线性齐次微分方程组,设其一组解为

$$x_1 = A_1 \sin(\omega_n t + \varphi) \tag{3-4}$$
$$x_2 = A_2 \sin(\omega_n t + \varphi) \tag{3-5}$$

式(3-4)和式(3-5)意味着两个质量块均服从具有相同频率 ω_n 和相同相角 φ 的同步谐振,式中 A_1 和 A_2 分别为质量 m_1 和 m_2 的振幅,现将所设解式(3-4)、式(3-5)及其二阶导数代入方程式(3-3),并消去 $\sin(\omega_n t + \varphi)$ 可得

$$\begin{bmatrix} k_{11} & k_{12} \\ k_{21} & k_{22} \end{bmatrix}\begin{bmatrix} A_1 \\ A_2 \end{bmatrix} - \omega_n^2 \begin{bmatrix} m_1 & 0 \\ 0 & m_2 \end{bmatrix}\begin{bmatrix} A_1 \\ A_2 \end{bmatrix} = \begin{bmatrix} 0 \\ 0 \end{bmatrix}$$

或写成更一般的展开形式:

$$\begin{bmatrix} k_{11} - m_1\omega_n^2 & k_{12} \\ k_{21} & k_{22} - m_2\omega_n^2 \end{bmatrix}\begin{bmatrix} A_1 \\ A_2 \end{bmatrix} = \begin{bmatrix} 0 \\ 0 \end{bmatrix} \tag{3-6}$$

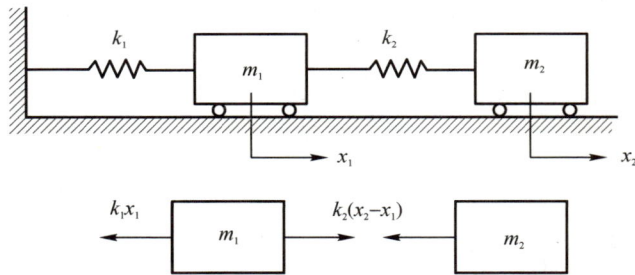

图 3-3 无阻尼双质量弹簧系统

振幅向量不能全等于零,则式(3-6)成立的条件为振幅向量列阵的系数矩阵行列式应等于零

$$\begin{vmatrix} k_{11} - m_1\omega_n^2 & k_{12} \\ k_{21} & k_{22} - m_2\omega_n^2 \end{vmatrix} = 0 \tag{3-7}$$

方程式(3-7)称为特征方程。其根称为系统的特征值,即系统的固有频率的二次方。应用代数中的二次公式求解,得

$$\omega_{n1,2}^2 = \frac{-b \pm \sqrt{b^2 - 4ac}}{2a} \tag{3-8}$$

式中:$a = m_1 m_2$,$b = -(m_1 k_{22} + m_2 k_{11})$,$c = k_{11}k_{22} - k_{12}^2 = |\mathbf{K}|$。

就其物理性质而言 ω_{n1}^2,ω_{n2}^2 必定是正的,另外 $b^2 - 4ac$ 的展开式总是正的,故是两个实数根 ω_{n1}^2,ω_{n2}^2。现规定:若 $\omega_{n1} < \omega_{n2}$,则 ω_{n1} 称为第一阶固有频率,也称基频;ω_{n2} 称为第二阶固有频率。显然,二自由度系统共有两个固有频率,且固有频率同样取决于系统本身的物

理性(m_i, K_i, $i = 1, 2$)。

如果行列式 $|K|$ 不是负的,必然 $0 < \sqrt{b^2 - 4ac} < b$,将 ω_{n1}^2 和 ω_{n2}^2 代入式(3-6),可知:不能求得振幅 A_1 和 A_2 确定值,但可得对应于 ω_{n1}^2 和 ω_{n2}^2 的两个振幅的比值(称之为振幅比)。振幅比决定了振动的振型。振幅比的表达式如下:

$$\left.\begin{array}{l} r_1 = \dfrac{A_1^{(1)}}{A_2^{(1)}} = \dfrac{-k_{12}}{k_{11} - \omega_{n1}^2 m_1} = \dfrac{k_{22} - \omega_{n1}^2 m_2}{-k_{21}} \\[4mm] r_2 = \dfrac{A_1^{(2)}}{A_2^{(2)}} = \dfrac{-k_{12}}{k_{11} - \omega_{n2}^2 m_1} = \dfrac{k_{22} - \omega_{n2}^2 m_2}{-k_{21}} \end{array}\right\} \tag{3-9}$$

式中:$A_1^{(1)}$ 是 m_1 的运动中由 ω_{n1} 这个简谐运动产生的振幅;$A_2^{(1)}$ 是 m_2 的运动中由 ω_{n1} 产生的振幅。同样 $A_1^{(2)}$ 和 $A_2^{(2)}$ 是分别在 m_1 和 m_2 的运动中由 ω_{n2} 这个简谐运动产生的振幅。r_1 称为第一振型或第一主振型,r_2 称为第二振型或第二主振型。系统的固有圆频率由式(3-8)按 $\omega_{n1} \ll \omega_{n2}$ 的方式给出,ω_{n1} 为第一振型的圆频率,ω_{n2} 为第二振型的圆频率。

2. 无阻尼二自由度系统的强迫振动

图 3-4 所示为无阻尼二自由度系统对简谐激振的力学模型,质量 m_1 上作用有激振力 $F_1 \sin\omega t$,质量 m_2 上作用有激振力 $F_2 \sin\omega t$,根据牛顿第二定律,其运动方程为

$$\begin{bmatrix} m_1 & 0 \\ 0 & m_2 \end{bmatrix} \begin{bmatrix} \ddot{x}_1 \\ \ddot{x}_2 \end{bmatrix} + \begin{bmatrix} k_{11} & k_{12} \\ k_{21} & k_{22} \end{bmatrix} \begin{bmatrix} x_1 \\ x_2 \end{bmatrix} = \begin{bmatrix} F_1 \\ F_2 \end{bmatrix} \sin\omega t \tag{3-10}$$

写成简洁的形式为

$$M\ddot{x} + Kx = F\sin\omega t \tag{3-11}$$

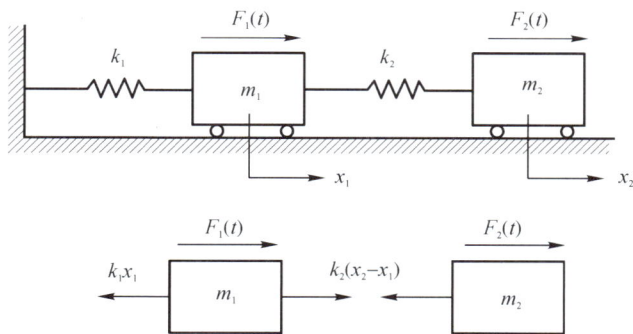

图 3-4　无阻尼二自由度系统对简谐激振的力学模型

上式的解由齐次方程的通解与非齐次方程的特解(即稳态振动)叠加而成。系统稳态振动的频率与激振频率 ω 相同,特解可取为

$$x_1 = B_1 \sin\omega t$$

$$x_2 = B_2 \sin\omega t$$

或简写为

$$x = B\sin\omega t$$

式中,B_1、B_2 为稳态振动振幅。将所设解代入式(3-10),消去 $\sin\omega t$,得到下列代数方程:

$$\begin{bmatrix} k_{11} - \omega^2 m_1 & k_{12} \\ k_{21} & k_{22} - \omega^2 m_2 \end{bmatrix} \begin{bmatrix} B_1 \\ B_2 \end{bmatrix} = \begin{bmatrix} F_1 \\ F_2 \end{bmatrix} \tag{3-12}$$

振幅表达式为

$$\begin{bmatrix} B_1 \\ B_2 \end{bmatrix} = \begin{bmatrix} k_{11} - \omega^2 m_1 & k_{12} \\ k_{21} & k_{22} - \omega^2 m_2 \end{bmatrix} \begin{bmatrix} F_1 \\ F_2 \end{bmatrix}$$

简写为

$$\boldsymbol{B} = \boldsymbol{Z}^{-1} \boldsymbol{F} \tag{3-13}$$

位移响应为

$$\boldsymbol{x} = \boldsymbol{Z}^{-1} \boldsymbol{F} \sin\omega t \tag{3-14}$$

由式(3-14)解得

$$\left. \begin{aligned} B_1 &= \frac{(k_{22} - \omega^2 m_2) F_1 - k_{12} F_2}{(k_{11} - \omega^2 m_1)(k_{22} - \omega^2 m_2) - k_{12} k_{21}} \\ B_2 &= \frac{(k_{11} - \omega^2 m_1) F_2 - k_{21} F_1}{(k_{11} - \omega^2 m_1)(k_{22} - \omega^2 m_2) - k_{12} k_{21}} \end{aligned} \right\} \tag{3-15}$$

式(3-15)还可以写成如下形式：

$$\left. \begin{aligned} B_1 &= \frac{(k_{22} - \omega^2 m_2) F_1 - k_{12} F_2}{m_1 m_2 (\omega^2 - \omega_{n1}^2)(\omega^2 - \omega_{n2}^2)} \\ B_2 &= \frac{(k_{11} - \omega^2 m_1) F_2 - k_{21} F_1}{m_1 m_2 (\omega^2 - \omega_{n1}^2)(\omega^2 - \omega_{n2}^2)} \end{aligned} \right\} \tag{3-16}$$

由式(3-16)可知，系统的响应不仅取决于激振力的幅值，更重要的是和系统固有频率与激振频率 ω 有关，当激振频率 ω 等于系统任一固有频率时，其振幅理论上将为无穷大，即发生共振现象。二自由度系统存在两个共振频率。其振幅比(振型)为

$$\frac{B_1}{B_2} = \frac{(k_{22} - \omega^2 m_2) F_1 - k_{12} F_2}{(k_{11} - \omega^2 m_1) F_2 - k_{21} F_1} \tag{3-17}$$

分析式(3-17)可知：当 $F_1 = 0$ 和 $\omega = \omega_{n1}$ 或 $\omega = \omega_{n2}$ 时，此比值与式(3-9)所给的 r_1 或 r_2 第一种形式相同。反之，当 $F_2 = 0$ 和 $\omega = \omega_{n1}$ 或 $\omega = \omega_{n2}$ 时，此比值与式(3-9)所给的第二种形式相同。如果用 $-k_{21}$ 去除式(3-17)中的分子和分母，可得

$$\frac{B_1}{B_2} = \frac{r_i F_1 + F_2}{F_1 + \dfrac{F_2}{r_i}} \quad (i = 1, 2) \tag{3-18}$$

式(3-18)意味着强迫振动共振时的振型就是相应的自由振动时的主振型。

为了做出二自由度系统稳态振幅的响应谱，对问题的参数假定具体值，设图 3-4 所示系统的参数为：$m_1 = 2m$，$m_2 = m$，$k_1 = k_2 = k$，$F_1(t) = F_1 \sin\omega t$，$F_2(t) = 0$，并引入符号

$$\omega_0^2 = \frac{K}{2m} \tag{3-19}$$

用式(3-8)求算以 ω_0^2 表达的固有频率，得

$$\omega_{n1}^2 = 0.586 \, \omega_0^2$$

$$\omega_{n2}^2 = 3.414 \, \omega_0^2$$

式(3-14)中 $\boldsymbol{Z}^{-1}$ 以 ω_0^2 表达时为

$$\mathbf{Z}^{-1} = \frac{k}{k^2\left[2\left(1-\dfrac{\omega^2}{2\,\omega_0^2}\right)-1\right]} \begin{bmatrix} 1-\dfrac{\omega^2}{2\,\omega_0^2} & 1 \\[2mm] 1 & 2\left(1-\dfrac{\omega^2}{2\,\omega_0^2}\right) \end{bmatrix} \qquad (3-20)$$

在此情况下，$\mathbf{Z}^{-1}$ 中所有各项的单位均为 $1/k$，现令 $\boldsymbol{\beta}=k\mathbf{Z}^{-1}$，则 $\boldsymbol{\beta}$ 中各元素均为无量纲的量，所讨论系统的响应由式(3-14)给出，有

$$\mathbf{x} = \mathbf{Z}^{-1}\mathbf{F}\sin\omega t = \boldsymbol{\beta}\left[\frac{F_1}{k}\right]\sin\omega t \qquad (3-21)$$

式中，$\boldsymbol{\beta}$ 矩阵为放大因子矩阵。由式(3-15)得，当 $F_1(t)=F_1\sin\omega t$，$F_2(z)=0$ 时强迫振动的振幅放大因子分别为

$$\beta_{11} = \frac{1-\dfrac{\omega^2}{2\,\omega_0^2}}{2\left(1-\dfrac{\omega^2}{2\,\omega_0^2}\right)^2-1} \qquad (3-22)$$

$$\beta_{21} = \frac{1}{2\left(1-\dfrac{\omega^2}{2\,\omega_0^2}\right)^2-1} \qquad (3-23)$$

图 3-5 所示为上列放大因子的无量纲图。其纵坐标值为 β_{11}，β_{21}，横坐标值为 $\dfrac{\omega}{\omega_0}$。

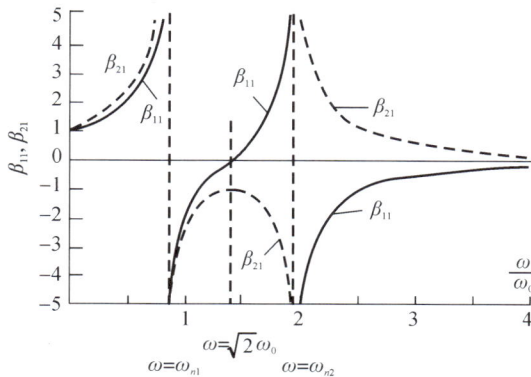

图 3-5　二自由度无阻尼系统幅频特性曲线

由图 3-5 可见：

(1) 当 $\omega=0$ 时，这两个放大因子都等于 1，当 ω 逐渐增大时，这两个放大因子 β_{11}，β_{21} 都是正的，表明两质量块的运动与激振力 $F_1(t)=F_1\sin t$ 是同相位振动。

(2) 当 ω 接近第一固有频率 ω_{n1} 时，两个放大因子产生第一次共振。

(3) 当 ω 稍大于 ω_{n1} 时，两个放大因子都是负的，表明质量块运动与激振力不同相，但是两质量块的运动彼此是同相的。将 ω 进一步增大，两个放大因子的绝对值都逐渐减小。

(4) 直到 ω 增加到 $\omega=\sqrt{2}\,\omega_0$ 时，$\beta_{11}=0$，$\beta_{21}=-1$。即当 $\omega=\sqrt{\dfrac{k_2}{m_2}}$ 时，第一个质量块是停住的。这一现象称为反共振现象。

（5）当 $\omega > \sqrt{2}\,\omega_0$ 时，β_{11} 是正的，而 β_{21} 仍为负，这意味着两个质量块的运动彼此不同相，但第一质量块的运动与激振力是同相的。当 $\omega = \omega_{n2}$ 时，系统产生第二次共振，两个放大因子第二次成为无穷大。

（6）当 ω 远超过 ω_{n2} 时，两质量块的运动趋于零。

3.1.3　有阻尼二自由度系统的振动

1.有阻尼二自由度系统的自由振动

图 3-6 所示为双质量阻尼弹簧系统自由振动系统。

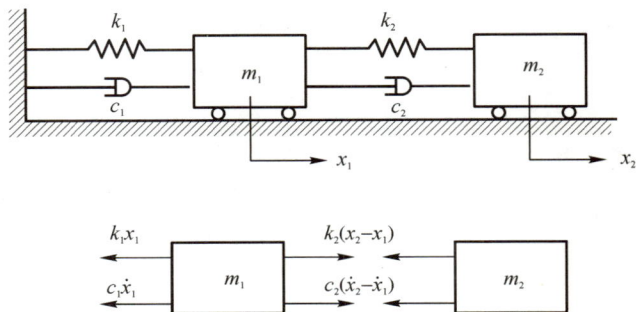

图 3-6　有阻尼二自由度系统

根据分离体的受力情况，对每一分离体应用牛顿运动定律，可得系统的运动方程矩阵形式为

$$M\ddot{x} + C\dot{x} + Kx = 0 \tag{3-24}$$

式中

$$M = \begin{bmatrix} m_{11} & 0 \\ 0 & m_{22} \end{bmatrix} = \begin{bmatrix} m_1 & 0 \\ 0 & m_2 \end{bmatrix}$$

$$C = \begin{bmatrix} c_{11} & c_{12} \\ c_{21} & c_{22} \end{bmatrix} = \begin{bmatrix} c_1 + c_2 & -c_2 \\ -c_2 & c_2 \end{bmatrix}$$

$$K = \begin{bmatrix} k_{11} & k_{12} \\ k_{21} & k_{22} \end{bmatrix} = \begin{bmatrix} k_1 + k_2 & -k_2 \\ -k_2 & k_2 \end{bmatrix}$$

该方程的解应有以下形式：

$$x_1 = A_1\, e^{st}$$
$$x_2 = A_2\, e^{st}$$

代入方程式（3-24），得

$$\begin{bmatrix} m_{11} s^2 + c_{11} s + k_{11} & c_{12} s + k_{12} \\ c_{21} s + k_{21} & m_{22} s^2 + c_{22} s + k_{22} \end{bmatrix} \begin{bmatrix} A_1 \\ A_2 \end{bmatrix} = \begin{bmatrix} 0 \\ 0 \end{bmatrix} \tag{3-25}$$

为使 A_1 和 A_2 不为零，系数行列式必为零，即可得特征方程：

$$(m_{11} s^2 + c_{11} s + k_{11})(m_{22} s^2 + c_{22} s + k_{22}) - (c_{12} s + k_{12})(c_{21} s + k_{21}) = 0$$

当阻尼较小时，系统作自由衰减振动，方程有以下共轭复数根：

$$\left.\begin{array}{l} s_{11} = -n_1 + \mathrm{j}\,\omega_{\mathrm{d1}} \\ s_{12} = -n_1 - \mathrm{j}\,\omega_{\mathrm{d1}} \\ s_{21} = -n_2 + \mathrm{j}\,\omega_{\mathrm{d2}} \\ s_{22} = -n_2 - \mathrm{j}\,\omega_{\mathrm{d2}} \end{array}\right\} \qquad (3-26)$$

式中：n_1, n_2 为衰减系数；$\omega_{\mathrm{d1}}, \omega_{\mathrm{d2}}$ 为有阻尼时的固有频率。

通过式（3-25）可求得振幅比。

$$r_{11} = \frac{A_1^{(11)}}{A_2^{(11)}} = \frac{-c_{12}\,s_{11} - k_{12}}{m_{11}\,s_{11}^2 + c_{11}\,s_{11} + k_{11}} = \frac{m_{22}\,s_{11}^2 + c_{22}\,s_{11} + k_{22}}{-c_{21}\,s_{11} - k_{21}}$$

$$r_{12} = \frac{A_1^{(12)}}{A_2^{(12)}} = \frac{-c_{12}\,s_{12} - k_{12}}{m_{11}\,s_{12}^2 + c_{11}\,s_{12} + k_{11}} = \frac{m_{22}\,s_{12}^2 + c_{22}\,s_{12} + k_{22}}{-c_{21}\,s_{12} - k_{21}}$$

$$r_{21} = \frac{A_1^{(21)}}{A_2^{(21)}} = \frac{-c_{12}\,s_{21} - k_{12}}{m_{11}\,s_{21}^2 + c_{11}\,s_{21} + k_{11}} = \frac{m_{22}\,s_{21}^2 + c_{22}\,s_{21} + k_{22}}{-c_{21}\,s_{21} - k_{21}}$$

$$r_{22} = \frac{A_1^{(22)}}{A_2^{(22)}} = \frac{-c_{12}\,s_{22} - k_{12}}{m_{11}\,s_{22}^2 + c_{11}\,s_{22} + k_{11}} = \frac{m_{22}\,s_{22}^2 + c_{22}\,s_{22} + k_{22}}{-c_{21}\,s_{22} - k_{21}}$$

可得方程式（3-24）的解为

$$\left.\begin{array}{l} x_1 = r_{11} A_2^{(11)} e_t^{s_{11}} + r_{12} A_2^{(12)} e_t^{s_{12}} + r_{21} A_2^{(21)} e_t^{s_{21}} + r_{22} A_2^{(22)} e_t^{s_{22}} \\ x_2 = A_2^{(11)} e_t^{s_{11}} + A_2^{(12)} e_t^{s_{12}} + A_2^{(21)} e_t^{s_{21}} + A_2^{(22)} e_t^{s_{22}} \end{array}\right\} \qquad (3-27)$$

将式（3-26）代入式（3-27），并注意到以下数学关系式：

$$\mathrm{e}^{\mathrm{j}\omega_{\mathrm{d1}}t} = \cos\omega_{\mathrm{d1}}t + \mathrm{j}\sin\omega_{\mathrm{d1}}t$$

$$\mathrm{e}^{-\mathrm{j}\omega_{\mathrm{d1}}t} = \cos\omega_{\mathrm{d1}}t + \mathrm{j}\sin\omega_{\mathrm{d1}}t$$

$$\mathrm{e}^{\mathrm{j}\omega_{\mathrm{d2}}t} = \cos\omega_{\mathrm{d2}}t + \mathrm{j}\sin\omega_{\mathrm{d2}}t$$

$$\mathrm{e}^{-\mathrm{j}\omega_{\mathrm{d2}}t} = \cos\omega_{\mathrm{d2}}t + \mathrm{j}\sin\omega_{\mathrm{d2}}t$$

方程的解可改写为如下形式：

$$\left.\begin{array}{l} x_1 = \mathrm{e}^{-n_1 t}(r_1 D_1 \cos\omega_{\mathrm{d1}}t + r_1' D_2 \cos\omega_{\mathrm{d1}}t) + \\ \quad\ \mathrm{e}^{-n_{21} t}(r_2 D_3 \cos\omega_{\mathrm{d2}}t + r_1' D_4 \cos\omega_{\mathrm{d2}}t) \\ x_2 = \mathrm{e}^{-n_1 t}(D_1 \cos\omega_{\mathrm{d1}}t + D_2 \cos\omega_{\mathrm{d1}}t) + \\ \quad\ \mathrm{e}^{-n_{21} t}(D_3 \cos\omega_{\mathrm{d2}}t + D_4 \cos\omega_{\mathrm{d2}}t) \end{array}\right\} \qquad (3-28)$$

在有阻尼情况下，振幅 $\mathrm{e}^{-n_1 t}$，$\mathrm{e}^{-n_{21} t}$ 随时间而衰减，最终消失。当阻尼很小时，有阻尼的衰减振动圆频率 $\omega_{\mathrm{d1}}, \omega_{\mathrm{d2}}$ 与无阻尼固有频率 ω_{n1}, ω_{n2} 近似相等，振幅比 r_1 与 r_1'，r_2 与 r_2' 也近似相等，方程的解可写成

$$\left.\begin{array}{l} x_1 \approx r_1 \mathrm{e}^{-n_1 t}(D_1 \cos\omega_{n1}t + D_2 \sin\omega_{n1}t) + \\ \quad\ r_2 \mathrm{e}^{-n_{21} t}(D_3 \cos\omega_{n2}t + D_4 t \sin\omega_{n2}t) \\ x_2 \approx \mathrm{e}^{-n_1 t}(D_1 \cos\omega_{n1}t + D_2 \sin\omega_{n1}t) + \\ \quad\ \mathrm{e}^{-n_{21} t}(D_3 \cos\omega_{n2}t + D_4 t \sin\omega_{n2}t) \end{array}\right\} \qquad (3-29)$$

当阻尼很大时，特征方程的根全为负的实数根，其解不是周期性振动，很快就衰减为零。

2.有阻尼二自由度系统的强迫振动

为了讨论方便，我们假设在 m_1 只上作用一简谐激振力 $F(t) = F_1 \sin\omega t$，如图 3-7 所示。

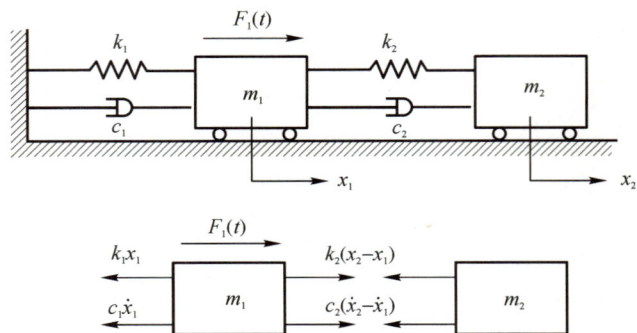

图 3-7 有阻尼二自由度系统的强迫振动

该系统的运动方程为

$$m_1\ddot{x}_1 + (c_1 + c_2)\dot{x}_1 - c_2\dot{x}_2 + (k_1 + k_2)x_1 - k_2 x_2 = F_1\sin\omega t \atop m_2\ddot{x}_2 - c_2 x_1 + c_2 x_2 - k_2 x_1 + k_2 x_2 = 0 \Bigg\} \tag{3-30}$$

写为矩阵形式

$$M\ddot{x} + C\dot{x} + Kx = F$$

该方程的全解应包括两部分,即自由衰减振动部分和强迫振动部分。自由振动部分与上一节完全相同,故这里只讨论稳态振动。如单自由度系统所述的一样,系统的稳态响应一定是与激振同频率的,但由于系统存在阻尼,响应和激振之间落后一相角差。现设其稳态解为

$$x_1 = B_{1c}\cos\omega t + B_{1s}\sin\omega t \atop x_2 = B_{2c}\cos\omega t + B_{2s}\sin\omega t \Bigg\} \tag{3-31}$$

它们的一阶、二阶导数分别为

$$\dot{x}_1 = -B_{1c}\omega\sin\omega + B_{1s}\omega\cos\omega t \atop \dot{x}_2 = -B_{2c}\omega\sin\omega + B_{2s}\omega\cos\omega t \atop \ddot{x}_1 = -B_{1c}\omega^2\cos\omega - B_{1s}\omega^2\sin\omega t \atop \ddot{x}_2 = -B_{2c}\omega^2\cos\omega - B_{2s}\omega^2\sin\omega t \Bigg\} \tag{3-32}$$

根据上述 4 个方程组成的方程组可解出 4 个未知数 B_{1c},B_{1s},B_{2c},B_{2s}。这时振动位移可表示为

$$x_1 = B_1\sin(\omega t - \psi_1) \atop x_2 = B_2\sin(\omega t - \psi_2) \Bigg\} \tag{3-33}$$

式中

$$B_1 = \sqrt{B_{1c}^2 + B_{1s}^2} \atop B_2 = \sqrt{B_{2c}^2 + B_{2s}^2} \atop \psi_1 = \arctan\frac{-B_{1c}}{B_{1s}} \atop \psi_2 = \arctan\frac{-B_{2c}}{B_{2s}} \Bigg\} \tag{3-34}$$

这样,理论上求出的有阻尼二自由度系统稳态振动的振幅和相位是没有问题的。

3.2　多自由度系统的振动理论

前面讨论了具有一个和两个自由度系统的振动,对无人机很多问题来说,已能够用来解释它们的一些动力特性了。但是,无人机也有很多问题是不能用这种过分简化的力学模型来进行分析的。例如,无人机上常见的机械零部件总是由梁、杆、板、壳或其他各种元件组成的复杂的弹性结构,其质量和刚度都是分布的,理论上都是一些具有无限多自由度的系统,即连续弹性体。无人机动力学通常的做法是,在系统的质量和刚度分布得不很均匀的情况下,可以把弹性体系统的振动简化为具有有限多个自由度($n>2$)的系统来分析,以得到它主要的,即较低频率的一些特性和规律。近几十年来,随着电子计算机的广泛运用,一种更有效的离散化方法——有限元法,得到了迅速的发展,应用这种方法,可使任何复杂的弹性结构的振动问题都离散化为多自由度系统来处理,限于篇幅,这种方法在本书中不做详细介绍。

多自由度($n>2$)系统与二自由度系统并没有本质的区别,只是由于自由度数的增加,在分析和计算时需要更有效的处理方法。对于多自由度系统的这组耦合的二阶常微分方程组,可以采用直接求其解析解或数值解的方法进行研究,也可采用另一种更便于分析的解法,那就是振型叠加法(模态分析法)。这种方法是通过坐标变换,使一组互相耦合的二阶常微分方程组变成一组互相独立的二阶常微分方程组,其中每个方程就如单自由度系统那样求解,这不仅在系统受更复杂载荷情况下,可以简化运动分析的过程,而且各阶固有频率对整个振动的参与情况也一目了然。

首先介绍多自由度系统振动微分方程的建立方法,包括用牛顿定律建立的刚度系数法、应用达朗贝尔原理建立的柔度系数法,以及更为普遍的拉格朗日方程法。为了能够用线性变换把系统的运动方程简化为比较简单的形式,求得振型矩阵和特征值是必须的。然后在此基础上介绍振型叠加法。最后介绍求解固有频率的几种近似方法。

3.2.1　多自由度系统振动的运动方程

1.作用力方程与刚度系数

多自由度系统的振动理论是从单自由度振动理论发展而来的。沿用了单自由度振动系统中的处理思路,如利用力学原理建立动力学方程、使用叠加原理求解响应等。

在多自由度系统中,引入多个自由度就意味着系统的固有频率不再是一个单一值,每一个自由度都对应着一个固有频率,多阶模态的特性为多自由度振动系统引入了更多的特性,也使得多自由度系统的分析相比于单自由度系统更加复杂。

对于图 3-8 所示的无阻尼三自由度弹簧质量系统,写出其微分方程:

$$\begin{bmatrix} m_1 & 0 & 0 \\ 0 & m_2 & 0 \\ 0 & 0 & m_3 \end{bmatrix}\begin{bmatrix} \ddot{x}_1 \\ \ddot{x}_2 \\ \ddot{x}_3 \end{bmatrix} + \begin{bmatrix} k_1+k_2 & -k_2 & 0 \\ -k_2 & k_2+k_3 & -k_3 \\ 0 & -k_3 & k_3 \end{bmatrix}\begin{bmatrix} x_1 \\ x_2 \\ x_3 \end{bmatrix} = \begin{bmatrix} F_1(t) \\ F_2(t) \\ F_3(t) \end{bmatrix} \tag{3-35}$$

方程(3-35)可以简单写成下式:

$$\boldsymbol{M}\ddot{\boldsymbol{x}} + \boldsymbol{K}\boldsymbol{x} = \boldsymbol{F}(t) \tag{3-36}$$

方程式(3-36)称为用矩阵符号表示的作用力方程,它可以代表许多种运动方程,其中的作用力也可以是力或力矩;位移可以是线位移或角位移,线刚度和质量也可以是角刚度和转动惯量。刚度矩阵中的元素 k_{ij} 表示质量 m_j 的位移 $x_j = 1$;其余质量位移 $x_i = 0(i \neq j)$ 时在 x_i 处所需要的力,称为刚度系数。

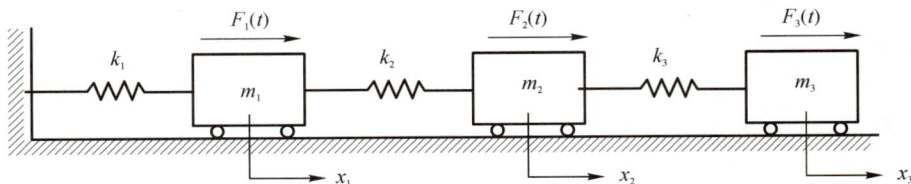

图 3-8　三自由度弹簧质量系统

令质量 m_1 的位移 $x_1 = 1$,而 $x_2 = x_3 = 0$,为保持这种状态,则在 m_1,m_2 和 m_3 上所需的力分别为

$$k_{11} = k_1 x_1 + k_2 x_1 = k_1 + k_2$$
$$k_{21} = -k_2 x_1 = -k_2$$
$$k_{31} = 0$$

它们构成了刚度矩阵的第一列。

同理,可得刚度矩阵的第二列、第三列分别为

$$k_{12} = -k_2$$
$$k_{22} = k_2 + k_3$$
$$k_{32} = -k_3$$
$$k_{13} = 0$$
$$k_{23} = -k_3$$
$$k_{33} = k_3$$

线弹性系统微幅振动的刚度矩阵总是对称的,即 $k_{ij} = k_{ji}$ 的关系是永远存在的。图 3-14所示集中质量块的模型,其位移坐标是集中在各自质心上的,故其质量矩阵是对角阵。因此,只要应用刚度系数法,求出刚度矩阵的每一元素,即可建立系统的运动微分方程。

若系统存在阻尼,则与弹簧并行的还应画出阻尼器。对于黏性阻尼,阻尼矩阵的每一个元素 C_{ij} 可以用如下方法求得:当第 j 个质量具有单位速度而其他质量的速度均为零时,克服第 j 个质量的阻尼器阻力而在第 i 个质量上所需施加的力即为阻尼力。然后把阻尼力这一项加到运动方程中去,就可得到具有阻尼的多自由度系统用矩阵符号表示的运动微分方程,即

$$\boldsymbol{M}\ddot{\boldsymbol{x}} + \boldsymbol{C}\dot{\boldsymbol{x}} + \boldsymbol{K}\boldsymbol{x} = \boldsymbol{F}(t) \tag{3-37}$$

有阻尼和无阻尼的自由振动微分方程分别为

$$\boldsymbol{M}\ddot{\boldsymbol{x}} + \boldsymbol{C}\dot{\boldsymbol{x}} + \boldsymbol{K}\boldsymbol{x} = 0 \tag{3-38}$$

$$\boldsymbol{M}\ddot{\boldsymbol{x}} + \boldsymbol{K}\boldsymbol{x} = 0 \tag{3-39}$$

2.位移方程与柔度系数

振动系统还可以通过受力后产生的变形来建立系统的运动方程,这样建立的运动方程

称为位移方程。同一系统、同一广义坐标的作用力方程和位移方程是等价的。现引进柔度的概念，在单位力作用下，弹簧常数为 k 的弹簧所产生位移 δ 称为弹簧的柔度，显然 $\delta = 1/k$，对于图 3－14 所示系统 3 个弹簧的柔度分别为 $\delta_1 = 1/k_1$，$\delta_2 = 1/k_2$，$\delta_3 = 1/k_3$。

假定图 3－14 所示系统各质量上的力 $F_1(t)$，$F_2(t)$，$F_3(t)$ 是静止地作用上去的（以致不出现惯性力），则各质量块的位移为

$$\begin{bmatrix} x_1 \\ x_2 \\ x_3 \end{bmatrix} = \begin{bmatrix} \delta_1 & \delta_1 & \delta_1 \\ \delta_1 & \delta_1 + \delta_2 & \delta_1 + \delta_2 \\ \delta_1 & \delta_1 + \delta_2 & \delta_1 + \delta_2 + \delta_3 \end{bmatrix} \begin{bmatrix} F_1(t) \\ F_2(t) \\ F_3(t) \end{bmatrix}$$

简写成

$$\boldsymbol{x}_{st} = \boldsymbol{\delta} \boldsymbol{F}(t)$$

式中，$\boldsymbol{\delta}$ 表示柔度矩阵

$$\boldsymbol{\delta} = \begin{bmatrix} \delta_{11} & \delta_{12} & \delta_{13} \\ \delta_{21} & \delta_{22} & \delta_{23} \\ \delta_{31} & \delta_{32} & \delta_{33} \end{bmatrix} = \begin{bmatrix} \delta_1 & \delta_1 & \delta_1 \\ \delta_1 & \delta_1 + \delta_2 & \delta_1 + \delta_2 \\ \delta_1 & \delta_1 + \delta_2 & \delta_1 + \delta_2 + \delta_3 \end{bmatrix} \tag{3－40}$$

这个矩阵包括柔度影响系数，柔度系数 δ_{ij} 定义为：在第 j 个质量上作用单位力时，在第 i 个质量上所产生的位移。对于图 3－14 所示系统，令 $F_1(t) = 1$，$F_2(t) = F_3(t) = 0$，则各质量块产生的位移为

$$\delta_{11} = \delta_{21} = \delta_{31} = \delta_1$$

它们组成了柔度矩阵的第一列。

如令 $F_2(t) = 1$，$F_1(t) = F_3(t) = 0$，则各质量块的位移分别为

$$\delta_{12} = \delta_1$$
$$\delta_{22} = \delta_1 + \delta_2$$
$$\delta_{32} = \delta_1 + \delta_2$$

它们组成了柔度矩阵的第二列。

同理，令 $F_3(t) = 1$，$F_1(t) = F_2(t) = 0$，则各质量块的位移分别为

$$\delta_{13} = \delta_1$$
$$\delta_{23} = \delta_1 + \delta_2$$
$$\delta_{33} = \delta_1 + \delta_2 + \delta_3$$

它们组成了柔度矩阵的第三列。

同时可以看到，如刚度矩阵那样，线性系统的柔度矩阵总是对称的，即 $\delta_{ij} = \delta_{ji}$。

现在令 $F_1(t)$，$F_2(t)$ 和 $F_3(t)$ 是随时间变化的动态力。因此必须考虑惯性力 $-m_1\ddot{x}_1$，$-m_2\ddot{x}_2$ 和 $-m_3\ddot{x}_3$，在此情况下，得

$$\boldsymbol{x} = \boldsymbol{\delta} \left[\boldsymbol{F}(t) - \boldsymbol{M}\ddot{\boldsymbol{x}} \right] \tag{3－41}$$

这个式子表示：结构动力系统位移等于柔度矩阵与作用力的乘积，所施加的作用力和惯性作用力均包括在右边的括号内。对于 n 个自由度系统，式（3－41）表示 n 个方程组。

为了将位移方程与作用力方程作比较，对式（3－36）求得 x 如下：

$$\boldsymbol{x} = \boldsymbol{K}^{-1} \left[\boldsymbol{F}(t) - \boldsymbol{M}\ddot{\boldsymbol{x}} \right]$$

与方程式(3-41)相比较,可以得到

$$\boldsymbol{\delta} = \boldsymbol{K}^{-1} \qquad\qquad (3-42)$$

为对应于同一系统、同一坐标的柔度矩阵 $\boldsymbol{\delta}$ 与刚度矩阵 $\boldsymbol{K}$,通过行列式及矩阵运算,并应用以下关系:

$$\delta_1 = \frac{1}{k_1}, \quad \delta_2 = \frac{1}{k_2}, \quad \delta_3 = \frac{1}{k_3}$$

得到

$$\boldsymbol{\delta}^{-1} = \begin{bmatrix} k_1 + k_2 & -k_2 & 0 \\ -k_2 & k_2 + k_3 & -k_3 \\ 0 & -k_3 & k_3 \end{bmatrix}$$

这刚好是运动作用力方程式(3-35)的刚度矩阵。

对大多数振动系统,用带有刚度系数的作用力方程是比较容易分析的,但在有些情况下,用柔度系数的位移方程更为方便。

3. 拉格朗日方程的应用

多自由度系统虽然可以直接用刚度系数法建立系统的运动微分方程,但是在许多情况下运用拉格朗日方程更为方便。对于一个能量守恒系统,系统的动能和势能之总和是常数。

$$\frac{\mathrm{d}}{\mathrm{d}t}(T + U) = 0$$

式中:T 表示系统动能,它是系统广义速度和广义坐标的函数;U 表示系统的势能,是系统广义坐标的函数。

第2章中已经导出单自由度系统的动能和势能为

$$T = \frac{1}{2}m\dot{x}^2$$

$$U = \frac{1}{2}kx^2$$

将这个结论推广到多自由度系统,并用广义坐标表示为

$$T = \frac{1}{2}\sum_{i=1}^{n}\sum_{j=1}^{n}m_{ij}\dot{q}_i\dot{q}_j$$

$$U = \frac{1}{2}\sum_{i=1}^{n}\sum_{j=1}^{n}k_{ij}\dot{q}_i\dot{q}_j$$

写成矩阵形式分别为

$$\boldsymbol{T} = \frac{1}{2}\dot{\boldsymbol{q}}^{\mathrm{T}}\boldsymbol{M}\dot{\boldsymbol{q}}$$

$$\boldsymbol{U} = \frac{1}{2}\boldsymbol{q}^{\mathrm{T}}\boldsymbol{Kq}$$

对动能和势能分别进行全微分,根据机械能守恒定律,可得

$$\frac{\mathrm{d}}{\mathrm{d}t}(\boldsymbol{T}+\boldsymbol{U}) = \sum_{i=1}^{n}\left[\frac{\mathrm{d}}{\mathrm{d}t}\left(\frac{\partial\boldsymbol{T}}{\partial\dot{q}_i}\right) - \frac{\partial\boldsymbol{T}}{\partial q_i} + \frac{\partial\boldsymbol{U}}{\partial q_i}\right]\mathrm{d}q_i = \boldsymbol{0}$$

因为 n 个独立广义坐标是独立的,且 $\mathrm{d}q_i$ 不可能全等于零,因此上式成立的条件为

$$\frac{\mathrm{d}}{\mathrm{d}t}\left(\frac{\partial \boldsymbol{T}}{\partial \dot{q}_i}\right)-\frac{\partial \boldsymbol{T}}{\partial q_i}+\frac{\partial \boldsymbol{U}}{\partial q_i}=\boldsymbol{0} \qquad (i=1,2,\cdots,n)$$

当系统上还作用有除势力以外的附加力时,其他外力 Q_i 在 $\mathrm{d}q_i$ 上所做的功为

$$\mathrm{d}W=\sum_{i=1}^{n}Q_i\mathrm{d}q_i$$

令 $\dfrac{\mathrm{d}}{\mathrm{d}t}(T+U)=\mathrm{d}W$ 可得到

$$\frac{\mathrm{d}}{\mathrm{d}t}\left(\frac{\partial T}{\partial \dot{q}_i}\right)-\frac{\partial T}{\partial q_i}+\frac{\partial U}{\partial q_i}=Q_i \qquad (3-43)$$

式(3-43)就是拉格朗日方程,式中是除有势力以外的所有外力,其中包括阻尼力,阻尼力可表示为

$$Q_{ic}=-\sum_{i=1}^{n}c_{ij}q_i$$

3.2.2　固有频率和主振动

1.固有频率

已知无阻尼的 n 自由度系统的自由振动微分方程具有下述一般形式:

$$\begin{bmatrix} m_{11} & m_{12} & \cdots & m_{1n} \\ m_{21} & m_{22} & \cdots & m_{2n} \\ \vdots & & & \\ m_{n1} & m_{n2} & \cdots & m_{nn} \end{bmatrix}\begin{bmatrix} \ddot{x}_1 \\ \ddot{x}_2 \\ \vdots \\ \ddot{x}_n \end{bmatrix}+\begin{bmatrix} k_{11} & k_{12} & \cdots & k_{1n} \\ k_{21} & k_{22} & \cdots & k_{2n} \\ \vdots & & & \\ k_{n1} & k_{n2} & \cdots & k_{nn} \end{bmatrix}\begin{bmatrix} x_1 \\ x_2 \\ \vdots \\ x_n \end{bmatrix}=\boldsymbol{0} \qquad (3-44)$$

式中,$m_{ij}=m_{ji}$,$k_{ij}=k_{ji}$

$$\boldsymbol{M}\ddot{\boldsymbol{x}}+\boldsymbol{K}\boldsymbol{x}=\boldsymbol{0} \qquad (3-45)$$

设式(3-45)的解为

$$x_i=A_i(\sin\omega_n t+\varphi) \qquad (i=1,2,\cdots,n) \qquad (3-46)$$

即假设系统偏离静平衡位置后作自由振动时,各 x_i 在同一固有频率 ω_n,同一相位角 φ 作自由振动,式中 A_i 表示 x_i 的振幅。将所设解代入式(3-44),有

$$\boldsymbol{K}\boldsymbol{A}-\omega_n^2\boldsymbol{M}\boldsymbol{A}=\boldsymbol{0} \qquad (3-47)$$

式(3-47)是一组 A_i 的 n 元线性齐次方程组,其非零解的条件为系数行列式必须等于零,即

$$\omega_n^{2n}+a_1\omega_n^{2(n-1)}+a_2\omega_n^{2(n-2)}+\cdots+a_{n-1}\omega_n^2+a_n=0 \qquad (3-48)$$

对于系统仅在平衡位置附近作微小振动的正定系统来说,从式(3-48)可解得 ω_n^2 的 n 个大于零的正实根,称 ω_n^2 的 n 个根为特征值,也就是多自由度系统各阶固有频率的二次方值,在大多数情况下,这 n 个频率值是不相等的,可将其从小到大按次序排列如下:

$$0<\omega_{n1}<\omega_{n2}<\cdots<\omega_{nn-1}<\omega_{nn} \qquad (3-49)$$

2.无阻尼自由振动的一般解

在求得各阶固有频率 ω_{nj} 后,进行处理,可得如下方程组:

$$
\left.\begin{array}{l}
(k_{11} - m_{11}\,\omega_{nj}^2)A_1 + (k_{12} - m_{12}\,\omega_{nj}^2)A_2 + \cdots + \\
\qquad (k_{1n-1} - m_{1n-1}\,\omega_{nj}^2)A_{n-1} = -(k_{1n} - m_{1n}\,\omega_{nj}^2)A_n \\
(k_{21} - m_{21}\,\omega_{nj}^2)A_1 + (k_{22} - m_{22}\,\omega_{nj}^2)A_2 + \cdots + \\
\qquad (k_{2n-1} - m_{2n-1}\,\omega_{nj}^2)A_{n-1} = -(k_{2n} - m_{2n}\,\omega_{nj}^2)A_n \\
\cdots\cdots \\
(k_{n-11} - m_{n-11}\,\omega_{nj}^2)A_1 + (k_{n-12} - m_{n-12}\,\omega_{nj}^2)A_2 + \cdots + \\
\qquad (k_{(n-1)(n-1)} - m_{(n-1)(n-1)}\,\omega_{nj}^2)A_{n-1} = -(k_{(n-1)n} - m_{(n-1)n}\,\omega_{nj}^2)A_n
\end{array}\right\} \quad (3-50)
$$

这样就可以对 $A_1,A_2,\cdots,A_{n-1}$ 进行求解了,若式(3-50)左边系数行列式值为零,则要另选其他 A_i 项移置右端。显然,求得的各 A_i 值($i=1,2,\cdots,n-1$)都与 A_n 成正比,这样就可求得对应于固有频率 ω_{nj} 的 n 个振幅值 $A_1^{(j)},A_2^{(j)},\cdots,A_n^{(j)}$ 间的比例关系,称为振幅比。当系统按第 j 阶固有频率 ω_{nj} 做简谐振动时,各质点振幅值 $A_1^{(j)},A_2^{(j)},\cdots,A_n^{(j)}$ 间具有确定的相对比值,或者说系统有一定的形态。对应每一个特征值的振幅向量称为特征向量。由于特征向量各元素比值完全确定了系统振动的形态,所以又称之为主振型。

将求得的固有频率 ω_{nj} 及振幅 $A_1^{(j)},A_2^{(j)},\cdots,A_n^{(j)}$ 代回式(3-46),就得 n 组特解,将这 n 组特解叠加,就得到系统自由振动的一般解,即

$$
\left.\begin{array}{l}
x_1 = A_1^{(1)}\sin(\omega_{n1}t + \varphi_1) + A_1^{(2)}\sin(\omega_{n2}t + \varphi_2) + \cdots + A_1^{(n)}\sin(\omega_{nn}t + \varphi_n) \\
x_2 = A_2^{(1)}\sin(\omega_{n1}t + \varphi_1) + A_2^{(2)}\sin(\omega_{n2}t + \varphi_2) + \cdots + A_2^{(n)}\sin(\omega_{nn}t + \varphi_n) \\
\cdots\cdots \\
x_n = A_n^{(1)}\sin(\omega_{n1}t + \varphi_1) + A_n^{(2)}\sin(\omega_{n2}t + \varphi_2) + \cdots + A_n^{(n)}\sin(\omega_{nn}t + \varphi_n)
\end{array}\right\}
$$

$$(3-51)$$

由于对于同一阶固有频率 ω_{nj} ,各 $A_1^{(j)},A_2^{(j)},\cdots,A_n^{(j)}$ 之间有确定的相对比值,只要其中某一值已确定,则其他幅值也随之确定,故有 n 个确定振幅的待定常数,另外还有 n 个待定常数 $\varphi_1,\varphi_2,\varphi_3,\cdots,\varphi_n$,故其有 $2n$ 个待定常数,而 n 个二阶常微分方程组刚好有 $2n$ 个初始条件,可以唯一地确定一般解中的 $2n$ 个待定常数。

3.主振动

如果系统在某一特殊的初始条件下,使得待定常数中只有 $A_i^{(1)} \neq 0$,而其他 $A_n^{(2)} = A_n^{(3)} = \cdots = A_n^{(n)} = 0$,由式(3-51)所表示的系统自由振动的一般解仅保留第一项,成为下列特殊形式:

$$
\left.\begin{array}{l}
x_1 = A_1^{(1)}\sin(\omega_{n1}t + \varphi_1) \\
x_2 = A_2^{(1)}\sin(\omega_{n1}t + \varphi_1) \\
\cdots\cdots \\
x_n = A_n^{(1)}\sin(\omega_{n1}t + \varphi_1)
\end{array}\right\} \quad (3-52)
$$

这时每一坐标均以第一阶固有频率 ω_{n1} 及同一相位角 φ_1 作简谐振动,在振动过程中各振体同时经过平衡位置,也同时达到最大的偏离值,各坐标值在任何瞬间都保持固定不变的比值,即恒有

$$
\frac{x_1}{A_1^{(1)}} = \frac{x_2}{A_2^{(1)}} = \cdots = \frac{x_n}{A_n^{(1)}} \quad (3-53)
$$

因此列阵 $\boldsymbol{A}^{(1)}$ 各振幅元素比值完全确定了系统振动的形态,称为第一主振型,由式(3-52)描述的系统的运动,称为系统的第一阶主振动。第一阶主振型列阵表示为

$$\boldsymbol{A}^{(1)} = \begin{bmatrix} A_1^{(1)} \\ A_2^{(1)} \\ \vdots \\ A_n^{(1)} \end{bmatrix} \tag{3-54}$$

类似地,系统在某些特殊的初始条件下,还可产生第二阶,第三阶,……,直到第 n 阶的主振型和主振动。其相应的主振型列阵为

$$\boldsymbol{A}^{(2)} = \begin{bmatrix} A_1^{(2)} \\ A_2^{(2)} \\ \vdots \\ A_n^{(2)} \end{bmatrix}, \boldsymbol{A}^{(3)} = \begin{bmatrix} A_1^{(3)} \\ A_2^{(3)} \\ \vdots \\ A_n^{(3)} \end{bmatrix}, \cdots, \boldsymbol{A}^{(n)} = \begin{bmatrix} A_1^{(n)} \\ A_2^{(n)} \\ \vdots \\ A_n^{(n)} \end{bmatrix} \tag{3-55}$$

当系统作某一阶主振动时,各坐标振幅的绝对值大小由系统的初始条件决定,但各坐标间振幅的相对比值只决定于系统的物理性质,即由系统的质量矩阵 $\boldsymbol{M}$ 和刚度矩阵 $\boldsymbol{K}$ 中各元素的值所决定。因此我们不必求出具体初始条件下系统作某一阶主振动时各坐标幅值组成的主振型的具体数值,而可以任意规定其中某一坐标的幅值。例如:对第一阶主振型来说,如 $A_n^{(1)} \neq 0$,可规定 $A_n^{(1)} = 1$,这样其他各 $A_1^{(1)}, A_2^{(1)}, \cdots, A_{n-1}^{(1)}$ 的值也就由式(3-50)确定了。

如果系统的运动方程是通过柔度系统来建立的,则与式(3-41)相似,系统的自由振动微分方程具有下列形式:

$$\boldsymbol{x} + \boldsymbol{\delta M \ddot{x}} = \boldsymbol{0} \tag{3-56}$$

展开得

$$\begin{bmatrix} x_1 \\ x_2 \\ \vdots \\ x_3 \end{bmatrix} + \begin{bmatrix} \delta_{11} & \delta_{12} & \cdots & \delta_{1n} \\ \delta_{21} & \delta_{22} & \cdots & \delta_{2n} \\ \vdots & \vdots & & \vdots \\ \delta_{n1} & \delta_{n2} & \cdots & \delta_{nn} \end{bmatrix} \begin{bmatrix} M_{11} & M_{12} & \cdots & M_{1n} \\ M_{21} & M_{22} & \cdots & M_{2n} \\ \vdots & \vdots & & \vdots \\ M_{n1} & M_{n2} & \cdots & M_{nn} \end{bmatrix} \begin{bmatrix} \ddot{x}_1 \\ \ddot{x}_2 \\ \vdots \\ \ddot{x}_n \end{bmatrix} = \boldsymbol{0} \tag{3-57}$$

设其解仍为式(3-53)的形式,将其代入式(3-56)并将全式除以 ω_n^2 ($\omega_n^2 \neq 0$),可得

$$\frac{1}{\omega_n^2} A - \boldsymbol{\delta M}(A) = \boldsymbol{0} \tag{3-58}$$

特征方程为

$$\begin{bmatrix} \dfrac{1}{\omega_n^2} & 0 & \cdots & 0 \\ 0 & \dfrac{1}{\omega_n^2} & \cdots & 0 \\ \vdots & \vdots & & \vdots \\ 0 & 0 & \cdots & \dfrac{1}{\omega_n^2} \end{bmatrix} - \begin{bmatrix} \delta_{11} & \delta_{12} & \cdots & \delta_{1n} \\ \delta_{21} & \delta_{22} & \cdots & \delta_{2n} \\ \vdots & \vdots & & \vdots \\ \delta_{n1} & \delta_{n2} & \cdots & \delta_{nn} \end{bmatrix} \begin{bmatrix} M_{11} & M_{12} & \cdots & M_{1n} \\ M_{21} & M_{22} & \cdots & M_{2n} \\ \vdots & \vdots & & \vdots \\ M_{n1} & M_{n2} & \cdots & M_{nn} \end{bmatrix} = \boldsymbol{0} \tag{3-59}$$

展开后可得 $1/\omega_n^2$ 的 n 个代数方程,由此可求得 $1/\omega_n^2$ 的 n 个值,取其倒数即可得到 ω_n^2

的 n 个特征值,将 $1/\omega_n^2$ 的 n 个根代回式(3-58),可求得 n 个特征矢量。由于振动方程式(3-56)与式(3-45)是可以互换的,因此,对于相同的广义坐标,不论采用哪种形式的振动方程,求得的系统的固有频率和主振动总是相同的。

对于一个多自由度系统,如果选择了两种不同的广义坐标,则特征方程的形式也各不相同,但其展开后的代数方程都是相同的,因而求得的固有频率值是相同的。因为一个系统的固有频率完全由系统的固有物理性质(惯性、弹性)所决定,绝不会因广义坐标的选择不同而改变。而与各阶固有频率对应的主振型值,随广义坐标选择的不同而不同,这种差异就是同一种运动形式从不同的广义坐标来观察所产生的。一个系统的固有频率和主振型完全决定于系统本身固有的物理性质。

3.2.3 主坐标和正则坐标

1.主振型的正交性

一个 n 自由度系统具有 n 个固有频率 ω_{ni} 和 n 组主振型 $\boldsymbol{A}^{(i)}(i=1,2,\cdots,n)$。现在来分析两组主振型之间的关系。已知对应于固有频率 ω_{ni} 和 ω_{nj} 的主振型 $\boldsymbol{A}^{(i)}$ 及 $\boldsymbol{A}^{(j)}$,根据式(3-47)其应分别满足下列两个方程:

$$\boldsymbol{K}\boldsymbol{A}^{(i)} = \omega_{ni}^2 \boldsymbol{M}\boldsymbol{A}^{(i)} \tag{3-60}$$

$$\boldsymbol{K}\boldsymbol{A}^{(j)} = \omega_{nj}^2 \boldsymbol{M}\boldsymbol{A}^{(j)} \tag{3-61}$$

将式(3-60)两边前乘 $\boldsymbol{A}^{(j)}$ 的转置矩阵 $\boldsymbol{A}^{(j)\mathrm{T}}$,得

$$\boldsymbol{A}^{(j)\mathrm{T}}\boldsymbol{K}\boldsymbol{A}^{(i)} = \omega_{ni}^2 \boldsymbol{A}^{(j)\mathrm{T}}\boldsymbol{M}\boldsymbol{A}^{(i)} \tag{3-62}$$

将式(3-61)两边前乘 $\boldsymbol{A}^{(i)}$ 的转置矩阵 $\boldsymbol{A}^{(i)\mathrm{T}}$,得

$$\boldsymbol{A}^{(i)\mathrm{T}}\boldsymbol{K}\boldsymbol{A}^{(j)} = \omega_{nj}^2 \boldsymbol{A}^{(i)\mathrm{T}}\boldsymbol{M}\boldsymbol{A}^{(j)} \tag{3-63}$$

由于 $\boldsymbol{M}$ 和 $\boldsymbol{K}$ 都是对称矩阵,故

$$\boldsymbol{A}^{(j)\mathrm{T}}\boldsymbol{K}\boldsymbol{A}^{(i)} = \boldsymbol{A}^{(i)\mathrm{T}}\boldsymbol{K}\boldsymbol{A}^{(j)} \tag{3-64}$$

$$\boldsymbol{A}^{(j)\mathrm{T}}\boldsymbol{M}\boldsymbol{A}^{(i)} = \boldsymbol{A}^{(i)\mathrm{T}}\boldsymbol{M}\boldsymbol{A}^{(j)} \tag{3-65}$$

因此将式(3-62)减式(3-63)后得

$$(\omega_{ni}^2 - \omega_{nj}^2)\boldsymbol{A}^{(i)\mathrm{T}}\boldsymbol{K}\boldsymbol{A}^{(j)} = 0$$

在 $\omega_{ni}^2 \neq \omega_{nj}^2$ 的情况下,必然有

$$\boldsymbol{A}^{(i)\mathrm{T}}\boldsymbol{M}\boldsymbol{A}^{(j)} = 0 \tag{3-66}$$

代入式(3-63),得

$$\boldsymbol{A}^{(i)\mathrm{T}}\boldsymbol{K}\boldsymbol{A}^{(j)} = 0 \tag{3-67}$$

方程式(3-66)和式(3-67)表示不相等的两个固有频率对应的两个主振型之间既存在着对质量矩阵 $\boldsymbol{M}$ 的正交性,又存在着对刚度矩阵 $\boldsymbol{K}$ 的正交性,统称主振型的正交性。

若 $i=j$,则式(3-66)为

$$\boldsymbol{A}^{(i)\mathrm{T}}\boldsymbol{M}\boldsymbol{A}^{(i)} = M_i \quad (i=1,2,\cdots,n) \tag{3-68}$$

式中,M_i 称为第 i 阶主质量(模态质量),若式(3-67)成为

$$\boldsymbol{A}^{(i)\mathrm{T}}\boldsymbol{K}\boldsymbol{A}^{(i)} = K_i \quad (i=1,2,\cdots,n) \tag{3-69}$$

则 K_i 称为第 i 阶主刚度(模态刚度)。

在 $i=j$ 的情况下,根据式(3-62)可得

$$\omega_{ni}^2 = \frac{\mathbf{A}^{(i)\mathrm{T}} \mathbf{K} \mathbf{A}^{(i)}}{\mathbf{A}^{(i)\mathrm{T}} \mathbf{M} \mathbf{A}^{(i)}} = \frac{K_i}{M_i} \tag{3-70}$$

由式(3-70)可以看出系统的固有频率随刚度与质量的变化趋势。当系统的刚度增加时，K_i 值也增加，ω_{ni}^2 增加，固有频率值提高；反之，固有频率值降低。当系统质量增加时，M_i 值也增加，ω_{ni}^2 减小，固有频率值降低；反之，固有频率值提高。这种固有频率随刚度与质量的变化趋势，不论系统的自由度是多少，总是存在的。

如果在一个正定系统的特征方程式(3-48)求得 n 个 ω_n^2 的根中，有两个或几个彼此相等，则对应这两个或几个固有频率，它们的主振型是不确定的。对于这种情况可以根据如下两个特点构造振型向量。

(1)对应于两个或几个彼此相等固有频率的特征矢量与相应于非重根的特征矢量是相互正交的。

(2)若系统的质量矩阵 $\mathbf{M}$ 和刚度矩阵 $\mathbf{K}$ 是对称的，则这些与重根相对应的特征矢量间也是相互正交的。

当正交系统具有 $r(r > 2)$ 个相等的固有频率时，可以以上两个特点求得任意 r 个独立的主振型，对它们再进行一定的线形组合，总可以选出 r 个彼此独立又正交的主振型。

对应于正定系统的 r 个相等的固有频率及选取的 r 个独立又正交的主振型，存在着系统的 r 个主振型，其形式都是如式(3-52)所表示的简谐振动，它们虽然频率相同，但振幅和相位角却是相互独立的。每个主振动都具有两个待定常数，因此前述正定系统自由振动的一般解的形式[式(3-51)]仍然有效。

2.振型矩阵与正则振型矩阵

将相互间存在正交性的各阶主振型列阵依次排成各列，构成一个 $n \times n$ 阶的振型矩阵，即

$$\mathbf{A}_p = \begin{bmatrix} A_1^{(1)} & A_1^{(2)} & \cdots & A_1^{(n)} \\ A_2^{(1)} & A_2^{(2)} & \cdots & A_2^{(n)} \\ \vdots & \vdots & & \vdots \\ A_n^{(1)} & A_n^{(2)} & \cdots & A_n^{(n)} \end{bmatrix} \tag{3-71}$$

$\mathbf{A}_p$ 的每一列是一个主振型列阵 $\mathbf{A}^{(i)}$，$i = 1, 2, \cdots, n$。这样就可以把式(3-66)和(3-68)式合并成一个式子，即

$$\mathbf{A}_p{}^{\mathrm{T}} \mathbf{M} \mathbf{A}_p = \mathbf{M}_p \tag{3-72}$$

式中，$\mathbf{M}_p$ 是一个对角阵，称为主质量矩阵。

$$\mathbf{M}_p = \begin{bmatrix} M_1 & 0 & \cdots & 0 \\ 0 & M_2 & \cdots & 0 \\ \vdots & \vdots & & \vdots \\ 0 & 0 & \cdots & M_n \end{bmatrix} \tag{3-73}$$

同理，将式(3-67)与式(3-69)合并成一式，得

$$\mathbf{A}_p{}^{\mathrm{T}} \mathbf{K} \mathbf{A}_p = \mathbf{K}_p \tag{3-74}$$

式中，$\mathbf{K}_p$ 也是一个对角阵，称为主刚度矩阵。有

$$\boldsymbol{K}_p = \begin{bmatrix} K_1 & 0 & \cdots & 0 \\ 0 & K_2 & \cdots & 0 \\ \vdots & \vdots & & \vdots \\ 0 & 0 & \cdots & K_n \end{bmatrix} \qquad (3-75)$$

由于主振型列阵只表示系统作主振动时各坐标间幅值的相对大小,只要选定该列阵中的任一个元素值,其余各元素值就相应地确定了。因此,如果我们适当地选取这个元素,使之满足 $\boldsymbol{A}^{(i)\mathrm{T}}\boldsymbol{M}\boldsymbol{A}^{(i)}=1$。则给计算带来很大的方便,这组特定的主振型称为正则振型,记为 $\boldsymbol{A}_N^{(i)}$,则上式可写成

$$\boldsymbol{A}_N^{(i)\mathrm{T}}\boldsymbol{M}\boldsymbol{A}_N^{(i)} = 1 \qquad (3-76)$$

正则振型 $\boldsymbol{A}_N^{(i)}$ 可以用任意主振型 $\boldsymbol{A}^{(i)}$ 求出,令 $\boldsymbol{A}_N^{(i)} = \dfrac{1}{c_i}\boldsymbol{A}^{(i)}$ 代入式(3-76),可得

$$c_i = \pm\sqrt{M_i} \qquad (\text{取正负号均可}) \qquad (3-77)$$

则

$$\boldsymbol{A}_N^{(i)} = \frac{1}{\pm\sqrt{M_i}}\boldsymbol{A}^{(i)} \qquad (3-78)$$

同理可求得 n 个正则振型列阵 $\boldsymbol{A}_N^{(i)}(i=1,2,\cdots,n)$。

将所有 n 个正则振型列阵 $\boldsymbol{A}_N^{(1)}$,$\boldsymbol{A}_N^{(2)}$,$\cdots$,$\boldsymbol{A}_N^{(n)}$ 依次排列在一起,就构成了一个 $n \times n$ 阶的正则振型矩阵 $\boldsymbol{A}_N$

$$\boldsymbol{A}_N = \begin{bmatrix} A_{N1}^{(1)} & A_{N1}^{(2)} & \cdots & A_{N1}^{(n)} \\ A_{N2}^{(1)} & A_{N2}^{(2)} & \cdots & A_{N2}^{(n)} \\ \vdots & \vdots & & \vdots \\ A_{Nn}^{(1)} & A_{Nn}^{(2)} & \cdots & A_{Nn}^{(n)} \end{bmatrix} \qquad (3-79)$$

由于正则振型只是主振型中特定的一组,因此,它也满足正交关系,即满足式(3-66)、式(3-67),根据式(3-76)的条件,可知用正则振型矩阵 $\boldsymbol{A}_n$ 按照式(3-72)计算得到的正则质量矩阵 $\boldsymbol{I}$,即 $\boldsymbol{M}_N$ 是一个单位矩阵 $\boldsymbol{I}$,即

$$\boldsymbol{A}_N{}^{\mathrm{T}}\boldsymbol{M}\boldsymbol{A}_N = \boldsymbol{M}_N = \boldsymbol{I} \qquad (3-80)$$

式中

$$\boldsymbol{M}_N = \begin{bmatrix} 1 & 0 & \cdots & 0 \\ 0 & 1 & \cdots & 0 \\ \vdots & \vdots & & \vdots \\ 0 & 0 & \cdots & 1 \end{bmatrix} \qquad (3-81)$$

将正则振型列阵 $\boldsymbol{A}_N^{(i)}$ 代入式(3-70),再根据式(3-76)可得

$$\omega_{ni}^2 = \frac{\boldsymbol{A}_N^{(i)\mathrm{T}}\boldsymbol{K}\boldsymbol{A}_N^{(i)}}{\boldsymbol{A}_N^{(i)\mathrm{T}}\boldsymbol{M}\boldsymbol{A}_N^{(i)}} = \frac{K_{Ni}}{1} = K_{Ni} \quad (i=1,2,\cdots,n) \qquad (3-82)$$

正则刚度 K_{Ni} 等于固有频率二次方值 ω_{ni}^2,因此,用正则振型矩阵按式(3-76)计算的正则刚度矩阵 $\boldsymbol{K}_N$ 对角线元素分别是各阶固有频率二次方值,即

$$\boldsymbol{A}_N{}^{\mathrm{T}}\boldsymbol{K}\boldsymbol{A}_N = \boldsymbol{K}_N \qquad (3-83)$$

$$\boldsymbol{K}_N = \begin{bmatrix} K_{N1} & 0 & \cdots & 0 \\ 0 & K_{N2} & \cdots & 0 \\ \vdots & \vdots & & \vdots \\ 0 & 0 & \cdots & K_{Nn} \end{bmatrix} = \begin{bmatrix} \omega_{n1}^2 & 0 & \cdots & 0 \\ 0 & \omega_{n2}^2 & \cdots & 0 \\ \vdots & \vdots & & \vdots \\ 0 & 0 & \cdots & \omega_{nn}^2 \end{bmatrix} \qquad (3-84)$$

3.主坐标与正则坐标

由上可知,利用振型矩阵 $\boldsymbol{A}_p$ 可以使质量矩阵和刚度矩阵变换成对角矩阵形式,因此也可以通过主振型与振型矩阵,简化系统运动方程的形式。

已知系统自由振动微分方程式(3-39)的一般形式为

$$\boldsymbol{M}\ddot{\boldsymbol{x}} + \boldsymbol{K}\boldsymbol{x} = 0$$

由于 $\boldsymbol{M}$ 和 $\boldsymbol{K}$ 一般不是对角矩阵,因此上式是一组相互耦合的微分方程组。

如果事先已求出系统的固有频率和主振型,利用振型矩阵 $\boldsymbol{A}_p$ 可将系统原有坐标 $\boldsymbol{x}$ 变换成一组新的坐标 $\boldsymbol{x}_p$,即定义

$$\boldsymbol{x} = \boldsymbol{A}_p \boldsymbol{x}_p \qquad (3-85)$$

$$\ddot{\boldsymbol{x}} = \boldsymbol{A}_p \ddot{\boldsymbol{x}}_p \qquad (3-86)$$

式(3-85)写成展开形式为

$$\boldsymbol{x} = x_{p1} \boldsymbol{A}^{(1)} + x_{p2} \boldsymbol{A}^{(2)} + \cdots + x_{pn} \boldsymbol{A}^{(n)} \qquad (3-87)$$

可以看出,原先各坐标 $x_1, x_2, \cdots, x_n$ 任意一组位移,都可以看成是由 n 组主振动按一定比例组合而成的,这 n 个比例因子就是 n 个新坐标 $x_{p1}, x_{p2}, \cdots, x_{pn}$ 的值。这组新坐标 $\{x_p\}$ 称为主坐标。如果 $x_{p1} = 1$ 而其他 x_{pi} 各值都为零,则由式(3-87)得

$$\boldsymbol{x} = 1 \cdot \boldsymbol{A}^{(1)} + 0 \cdot \boldsymbol{A}^{(2)} + \cdots + 0 \cdot \boldsymbol{A}^{(n)} = \boldsymbol{A}^{(1)} \qquad (3-88)$$

说明此时系统的各坐标值 $\boldsymbol{x}$ 正好为第一主振型 $\boldsymbol{A}^{(1)}$,这就是第一主坐标取单位值的几何意义。其他各主坐标值的意义也类似。总之,每一主坐标的值等于各阶主振型分量在系统原先坐标值中占有成分的大小。

将式(3-85)、式(3-86)代入式(3-84),得

$$\boldsymbol{M}\boldsymbol{A}_p \ddot{\boldsymbol{x}} + \boldsymbol{K}\boldsymbol{A}_p \boldsymbol{x}_p = 0$$

将此矩阵前乘 $\boldsymbol{A}_p^{\mathrm{T}}$,得

$$\boldsymbol{A}_p^{\mathrm{T}} \boldsymbol{M} \boldsymbol{A}_p \ddot{\boldsymbol{x}} + \boldsymbol{A}_p^{\mathrm{T}} \boldsymbol{K} \boldsymbol{A}_p \boldsymbol{x}_p = 0 \qquad (3-89)$$

$$\boldsymbol{M}_p \ddot{\boldsymbol{x}}_p + \boldsymbol{K}_p \boldsymbol{x}_p = 0 \qquad (3-90)$$

由于主质量矩阵 $\boldsymbol{M}_p$ 和主刚度矩阵 $\boldsymbol{K}_p$ 都是对角矩阵,因此在用主坐标描述的系统的运动方程式(3-90)中,各方程之间已互不耦合,其展开形式为

$$\left. \begin{array}{l} M_1 \ddot{x}_{p1} + K_1 x_{p1} = 0 \\ M_2 \ddot{x}_{p2} + K_2 x_{p2} = 0 \\ \cdots\cdots \\ M_n \ddot{x}_{pn} + K_n x_{pn} = 0 \end{array} \right\} \qquad (3-91)$$

上述方程可如单自由度那样来求解,因此,使用主坐标来描述系统的运动是十分方便的。

如将式(3-85)两边前乘$\boldsymbol{A}_p{}^{\mathrm{T}}\boldsymbol{M}$后,经整理得

$$\boldsymbol{x}_p = \boldsymbol{M}_p{}^{-1}\boldsymbol{A}_p{}^{\mathrm{T}}\boldsymbol{M}\boldsymbol{x} \qquad (3-92)$$

根据式(3-92)很容易由原先坐标$\boldsymbol{x}$求得$\boldsymbol{x}_p$,因其中$\boldsymbol{M}_p{}^{-1}$只要将$\boldsymbol{M}_p$对角线元素取倒数后即可求得。将式(3-92)与式(3-85)比较可得

$$\boldsymbol{A}_p{}^{-1} = \boldsymbol{M}_p{}^{-1}\boldsymbol{A}_p{}^{\mathrm{T}}\boldsymbol{M} \qquad (3-93)$$

由于正则振型也是一组(特定的)主振型,因此也可以用正则振型矩阵$\boldsymbol{A}_n$将系统原有坐标$\boldsymbol{x}_v$变换成一组新的坐标$\boldsymbol{x}_N$。$\boldsymbol{x}_N$称为正则坐标,按式(3-85)的定义,有

$$\boldsymbol{x} = \boldsymbol{A}_N \boldsymbol{x}_N \qquad (3-94)$$

则运动方程(3-84)可写成

$$\boldsymbol{M}\boldsymbol{A}_N \ddot{\boldsymbol{x}}_N + \boldsymbol{K}\boldsymbol{A}_N \boldsymbol{x}_N = \boldsymbol{0}$$

将此式前乘以矩阵$\boldsymbol{A}_N{}^{\mathrm{T}}$得

$$\boldsymbol{A}_N{}^{\mathrm{T}}\boldsymbol{M}\boldsymbol{A}_N \ddot{\boldsymbol{x}}_N + \boldsymbol{A}_N{}^{\mathrm{T}}\boldsymbol{K}\boldsymbol{A}_N \boldsymbol{x}_N = \boldsymbol{0}$$

$$\ddot{\boldsymbol{x}}_N + \boldsymbol{K}_N \boldsymbol{x}_N = \boldsymbol{0}$$

系统的运动方程呈如下形式:

$$\left.\begin{array}{l} \ddot{x}_{N1} + \omega_{n1}^2 x_{N1} = 0 \\ \ddot{x}_{N2} + \omega_{n2}^2 x_{N2} = 0 \\ \cdots\cdots \\ \ddot{x}_{Nn} + \omega_{nn}^2 x_{Nn} = 0 \end{array}\right\} \qquad (3-95)$$

采用正则坐标来描述系统的自由振动,可以得到最简单的运动方程的形式。另外,由于与正则振型对应的正则质量矩阵$\boldsymbol{M}_N = \boldsymbol{I}$,故$\boldsymbol{M}_N{}^{-1} = \boldsymbol{I}^{-1} = \boldsymbol{I}$,利用式(3-94),可以得到由原来坐标$\boldsymbol{x}$求得正则坐标的表达式,求逆可得

$$\boldsymbol{A}_N{}^{-1} = \boldsymbol{A}_N{}^{\mathrm{T}}\boldsymbol{M} \qquad (3-96)$$

3.2.4 多自由度系统对初始条件的响应

1.多自由度系统对初始条件的响应

对于多自由度系统,其自由振动微分方程是n个二阶常微分方程组成的方程组。给定了$2n$个初始条件,就完全确定了方程的一组特解,这组特解就是系统在此初始条件下的响应。先求出运动方程的一般解,然后用$2n$个初始条件确定一般解中$2n$个待定常数值,从而求得这组特解。根据系统自由振动微分方程,可求得正定系统的自由振动的一般形式,即由n组简谐振动成分的主振动叠加而成的一般自由振动形式,其中固有频率和主振型由系统的惯性及弹性性质所确定,与系统各坐标特定的初始值无关。为了确定系统自由振动一般解中的$2n$个特定常数,可根据给定的$2n$个初始条件$x_{10}, x_{20}, \cdots, x_{n0}$及$\dot{x}_{10}, \dot{x}_{20}, \cdots, \dot{x}_{n0}$求解联立方程。这种联立方程的求解并没有原则上的困难,但有一定的计算工作量。如果利用主振型和正则振型的坐标变换,就可以避免求解联立方程,这充分体现了振型叠加法的长处。这种求解过程称为模态分析。对于正定系统,可求出各正则坐标的一般解为

$$x_{Ni} = A_i \cos \omega_{ni} t + B_i \sin \omega_{ni} t \qquad (i=1,2,\cdots,n) \qquad (3-97)$$

式中,待定常数A_i、B_i可以由初始时刻$t=0$时各正则坐标及其速度的初始值x_{Ni0}和$\dot{x}_{Ni0}$表示,这与单自由度系统中由初始条件决定待定常数的方法是一样的,利用上述初始条件求出

待定常数后,利用式(3-78),可求得正则坐标的初始值为

$$x_{N\,t=0} = A_N{}^T M x_{t=0} \qquad (3-98)$$

即

$$
\begin{bmatrix} x_{N10} \\ x_{N20} \\ \vdots \\ x_{Nn0} \end{bmatrix} =
\begin{bmatrix}
A_{N1}^{(1)} & A_{N2}^{(1)} & \cdots & A_{Nn}^{(1)} \\
A_{N1}^{(2)} & A_{N2}^{(2)} & \cdots & A_{Nn}^{(2)} \\
\vdots & \vdots & \vdots & \vdots \\
A_{N1}^{(n)} & A_{N2}^{(n)} & \cdots & A_{Nn}^{(n)}
\end{bmatrix}
\begin{bmatrix}
m_{11} & m_{12} & \cdots & m_{1n} \\
m_{21} & m_{22} & \cdots & m_{2n} \\
\vdots & \vdots & \vdots & \vdots \\
m_{n1} & m_{n2} & \cdots & m_{nn}
\end{bmatrix}
\begin{bmatrix} x_{10} \\ x_{20} \\ \vdots \\ x_{n0} \end{bmatrix} \qquad (3-99)
$$

两边求导数,得

$$\dot{x}_N = A_N{}^T M \dot{x} \qquad (3-100)$$

由坐标 $x_1, x_2, \cdots, x_n$ 表示的系统响应为

$$x = A_N x_N$$

或

$$
\begin{bmatrix} x_1 \\ x_2 \\ \vdots \\ x_n \end{bmatrix} =
\begin{bmatrix}
A_{N1}^{(1)} & A_{N1}^{(2)} & \cdots & A_{N1}^{(n)} \\
A_{N2}^{(1)} & A_{N2}^{(2)} & \cdots & A_{N2}^{(n)} \\
\vdots & \vdots & & \vdots \\
A_{Nn}^{(1)} & A_{Nn}^{(2)} & \cdots & A_{Nn}^{(n)}
\end{bmatrix}
\begin{bmatrix}
x_{N10}\cos\omega_{n1}t + \dfrac{1}{\omega_{n1}}\dot{x}_{N10}\sin\omega_{n1}t \\
x_{N20}\cos\omega_{n2}t + \dfrac{1}{\omega_{n2}}\dot{x}_{N20}\sin\omega_{n2}t \\
\vdots \\
x_{Nn0}\cos\omega_{nn}t + \dfrac{1}{\omega_{nn}}\dot{x}_{Nn0}\sin\omega_{nn}t
\end{bmatrix} \qquad (3-101)
$$

2.多自由度系统的阻尼

无人机如同其他类型的飞行器系统一样,飞行过程中除了受到空气动力(升力和阻力)的作用以外,还要受到各种阻尼力的作用,如介质黏性阻尼、结构阻尼、材料阻尼等。如果没有外力作用,则带有黏性阻尼的多自由度系统的自由振动微分方程为

$$M\ddot{x} + C\dot{x} + Kx = 0 \qquad (3-102)$$

式中:C 为阻尼矩阵,它一般也是正定或半正定的对称矩阵。

下面介绍用振型叠加法解有阻尼多自由度系统的振动问题。

按式(3-94)引进正则坐标 x_N,并将式(3-94)代入式(3-102),得

$$M A_N \ddot{x}_N + C A_N \dot{x}_N + K A_N x_N = 0 \qquad (3-103)$$

将此式两边乘以 $A_N{}^T$,可得

$$I \ddot{x}_N + C_n \dot{x}_N + K_N x_N = 0 \qquad (3-104)$$

式中,C_n 是正则坐标中的阻尼矩阵,是由原先坐标中的阻尼矩阵 C 转换来的,即

$$C_n = A_N{}^T C A_N \qquad (3-105)$$

由于 C_n 一般不是对角矩阵,所以式(3-104)是一组速度项相互耦合的微分方程。如果 C_n 是一个对角矩阵,则将使式(3-104)求解极为方便。为使 C_n 对角化,有以下一些方法。

1)比例阻尼

如果原坐标的阻尼矩阵 C 恰好与质量矩阵 M 或刚度矩阵 K 成正比,或者 C 是 M 与 K 的某种线性组合,即

$$C = aM + bK \qquad (3-106)$$

式中，a、b 均为常数（其中之一可为零）。我们称这种阻尼为比例矩阵，对这种比例阻尼来说，当坐标换成正则坐标时，在正则坐标中的阻尼矩阵 $\boldsymbol{C}_N$ 将是一个对角矩阵，即有

$$\boldsymbol{C}_N = \boldsymbol{A}_N{}^{\mathrm{T}} \boldsymbol{C} \boldsymbol{A}_N = a\boldsymbol{I} + b\boldsymbol{K}_N$$

$$= \begin{bmatrix} a+b\,\omega_{n1}^2 & 0 & \cdots & 0 \\ 0 & a+b\,\omega_{n2}^2 & \cdots & 0 \\ \vdots & \vdots & & \vdots \\ 0 & 0 & \cdots & a+b\,\omega_{nn}^2 \end{bmatrix} \tag{3-107}$$

比例阻尼只是使 $\boldsymbol{C}_N$ 成为对角矩阵的一组特殊情况，还可以找到其他一些条件，只要当 $\boldsymbol{C}$ 满足这些条件时，同样可以得到 $\boldsymbol{C}_n$ 为对角矩阵。但是工程上绝大多数实际阻尼的情况若要满足上述一些条件是很困难的，因此一般 $\boldsymbol{C}_n$ 总不是对角矩阵。

2）近似替代法

由于阻尼一般都比较小，且阻尼的机理还未完全搞清楚，精确测定阻尼也存在困难，故以近似的阻尼代替以简化计算求解是可行的方法。即用一个对角矩阵形式的阻尼矩阵近似地替代 $\boldsymbol{C}_n$，其中最简单的一种方案就是根据式（3-105）由 $\boldsymbol{C}$ 算出 $\boldsymbol{C}_n$ 后，将 $\boldsymbol{C}_n$ 中所有非对角矩阵的值改为零，保留 $\boldsymbol{C}_n$ 中对角元素的原有数值，用这样一个经过上述处理的对角矩阵 $\boldsymbol{C}_N$ 近似的代替 $\boldsymbol{C}_n$，即

$$\boldsymbol{C}_N = \begin{bmatrix} C_{N11} & 0 & \cdots & 0 \\ 0 & C_{N11} & \cdots & 0 \\ \vdots & \vdots & & \vdots \\ 0 & 0 & \cdots & C_{Nnn} \end{bmatrix}$$

工程分析表示，这种假设带来的误差一般不大。这种阻尼称为模态阻尼。

3. 有阻尼多自由度系统对初始条件的响应

用 $\boldsymbol{C}_N$ 代替 $\boldsymbol{C}_n$ 后，将式（3-104）改为下述形式：

$$\boldsymbol{I}\ddot{\boldsymbol{x}}_N + \boldsymbol{C}_N\dot{\boldsymbol{x}}_N + \boldsymbol{K}_N\boldsymbol{x}_N = \boldsymbol{0} \tag{3-108}$$

令

$$C_{Nii} = 2\,\xi_i\,\omega_{ni}$$

则式（3-108）改写为

$$\ddot{x}_{Ni} + 2\,\xi_i\,\omega_{ni}\,\dot{x}_{Ni} + \omega_{ni}^2\,x_{Ni} = 0 \quad (i=1,2,\cdots,n) \tag{3-109}$$

这是一组独立的有阻尼单自由度系统振动方程，可求出各正则坐标的运动规律为

$$x_{Ni} = \exp(-\xi_i\,\omega_{ni}t)(C_{i1}\cos\omega_{di}t + C_{i2}\sin\omega_{di}t) \tag{3-110}$$

式中：$\omega_{di} = \omega_{ni}\sqrt{1-\xi_i^2}$；$C_{i1}$、$C_{i2}$ 是待定常数，由初始时刻 $t=0$ 时 x_{Ni} 及 $\dot{x}_{Ni}$ 的初始值 x_{Ni0} 和 $\dot{x}_{Ni0}$ 所确定，有

$$\left. \begin{array}{l} C_{i1} = x_{Ni0} \\[2mm] C_{i2} = \dfrac{1}{\omega_{di}}(\dot{x}_{Ni0} + \xi_i\,\omega_{ni}\,\dot{x}_{Ni0}) \end{array} \right\} \tag{3-111}$$

已知原先坐标 $\boldsymbol{x}$ 与正则坐标 $\boldsymbol{x}_n$ 之间的转换关系为

$$\boldsymbol{x} = \boldsymbol{A}_N\boldsymbol{x}_N \tag{3-112}$$

$$\boldsymbol{x}_N = \boldsymbol{A}_N{}^{\mathrm{T}}\boldsymbol{M}\boldsymbol{x} \tag{3-113}$$

如已知系统原先坐标的 $\boldsymbol{x}$ 及 $\dot{\boldsymbol{x}}$ 在 $t=0$ 时的值，则可由式(3-113)求出

$$\boldsymbol{x}_{N\,t=0} = \boldsymbol{A}_N{}^{\mathrm{T}} \boldsymbol{M} \boldsymbol{x}_{t=0} \tag{3-114}$$

$$\dot{\boldsymbol{x}}_{N\,t=0} = \boldsymbol{A}_N{}^{\mathrm{T}} \boldsymbol{M} \dot{\boldsymbol{x}}_{t=0} \tag{3-115}$$

则系统原先坐标 $\boldsymbol{x}$ 的自由振动解为

$$
\begin{bmatrix} x_1 \\ x_2 \\ \vdots \\ x_n \end{bmatrix} =
\begin{bmatrix}
A_{N1}^{(1)} & A_{N1}^{(2)} & \cdots & A_{N1}^{(n)} \\
A_{N2}^{(1)} & A_{N2}^{(2)} & \cdots & A_{N2}^{(n)} \\
\vdots & \vdots & & \vdots \\
A_{Nn}^{(1)} & A_{Nn}^{(2)} & \cdots & A_{Nn}^{(n)}
\end{bmatrix} \cdot
$$

$$
\begin{aligned}
& \exp(-\xi_i \omega_{n1} t)\left[x_{N10}\cos\omega_{1i}t + \frac{1}{\omega_{d1}}(x_{N10} + \xi_1 \omega_{n1} x_{N10})\sin\omega_{d1}t \right] \\
& \exp(-\xi_i \omega_{n2} t)\left[x_{N20}\cos\omega_{2i}t + \frac{1}{\omega_{d2}}(x_{N20} + \xi_2 \omega_{n2} x_{N20})\sin\omega_{d2}t \right] \\
& \qquad\qquad\qquad\qquad \vdots \\
& \exp(-\xi_i \omega_{nn} t)\left[x_{Nn0}\cos\omega_{ni}t + \frac{1}{\omega_{dn}}(x_{Nn0} + \xi_n \omega_{nn} x_{Nn0})\sin\omega_{dn}t \right]
\end{aligned} \tag{3-116}
$$

3.2.5　多自由度系统对激振的响应

1.无阻尼多自由度系统对简谐激振的响应

对于无阻尼多自由度系统的强迫振动，可列出矩阵形式的作用力方程[见式(3-36)]。

$$\boldsymbol{M}\ddot{\boldsymbol{x}} + \boldsymbol{K}\boldsymbol{x} = \boldsymbol{F}(t)$$

当激振力是同频率、同相位的简谐力时，方程式(3-36)写为

$$\boldsymbol{M}\ddot{\boldsymbol{x}} + \boldsymbol{K}\boldsymbol{x} = \boldsymbol{F}\sin\omega t \tag{3-117}$$

式中，$\boldsymbol{F}$ 为激振力幅值列阵 $[F_1 \quad F_2 \quad \cdots \quad F_n]^{\mathrm{T}}$。

变换为主坐标，写成

$$\boldsymbol{M}_p \ddot{\boldsymbol{x}}_p + \boldsymbol{K}_p \boldsymbol{x}_p = \boldsymbol{F}_p \sin\omega t \tag{3-118}$$

式中，$\boldsymbol{M}_p$ 和 $\boldsymbol{K}_p$ 分别为主质量矩阵和主刚度矩阵，而 $\boldsymbol{F}_p$ 是用主坐标表示的激振力幅值列阵。

$$\boldsymbol{F}_p = \boldsymbol{A}_p{}^{\mathrm{T}} \boldsymbol{F} \tag{3-119}$$

写成展开的形式，按正则坐标，方程式(3-118)可写为

$$\boldsymbol{I}\ddot{\boldsymbol{x}}_N + \boldsymbol{K}_N \boldsymbol{x}_N = \boldsymbol{F}_N \sin\omega t \tag{3-120}$$

式(3-120)可以展开写成

$$\ddot{x}_{Ni} + \omega_n^2 x_{Ni} = f_{ni}\sin\omega t \quad (i=1,2,\cdots,n) \tag{3-121}$$

式(3-121)表示 n 个独立方程，具有与单自由度相同的形式，因而可以用单自由度系统强迫振动的结果求出每个正则坐标的振幅，即

$$B_{Ni} = \frac{f_{Ni}}{\omega_{ni}^2} \frac{1}{1 - \left(\dfrac{\omega}{\omega_{ni}}\right)^2} \quad (i=1,2,\cdots,n) \tag{3-122}$$

系统各坐标对简谐激振的响应为

$$x_N = \begin{bmatrix} B_{N1} \\ B_{N2} \\ \vdots \\ B_{Nn} \end{bmatrix} \sin\omega t \tag{3-123}$$

求出 x_N 后,按关系式 $x = A_N x_N$ 进行坐标变换,求出原坐标的响应。这种求系统响应的方法称为振型叠加法。由式(3-122)可知,当激振频率 ω 与系统的第 i 阶固有频率 ω_{ni} 接近时,第 i 阶正则坐标 x_{Ni} 的稳态受迫振动的振幅值将变得很大。与单自由度系统的共振现象类似,对于 n 个自由度系统的 n 个不同的固有频率,可以出现 n 个频率不同的共振现象。

2.无阻尼多自由度系统对一般激振的响应

当激振力为随时间非周期性变化时,无阻尼多自由度系统运动方程为

$$M\ddot{x} + Kx = F(t)$$

用正则坐标表示为

$$I\ddot{x}_N + K_N x_N = F_N(t)$$

式中,$F_N(t) = A_N^T F(t)$ 为对应于正则坐标的非周期激振力列阵。

$$\ddot{x}_{Ni} + \omega_n^2 x_{Ni} = f_{ni}(t) \quad (i = 1, 2, \cdots, n) \tag{3-124}$$

方程式(3-124)表示 n 个独立的方程,具有与单自由度相同的形式,因此可以采用杜哈梅积分式,对于第 i 个正则坐标的响应,则为

$$x_{Ni}(t) = \frac{1}{\omega_{ni}} \int_0^1 f_{ni}(\tau) \sin\omega_n(t-\tau) d\tau \quad (i = 1, 2, \cdots, n) \tag{3-125}$$

式(3-125)表示一个初始处于静止状态的无阻尼单自由度系统的位移响应。重复使用该式,即可算出正则坐标中的位移响应 x_N。然后再根据关系式 $x = A_N x_N$ 变换为原坐标。

3.有阻尼多自由度系统对简谐激振的响应

有阻尼多自由度系统在外加简谐激振力作用下的强迫振动微分方程为

$$M\ddot{x} + C\dot{x} + Kx = F\sin\omega t \tag{3-126}$$

在各阶振型阻尼系数值 ξ 较小的情况下,总可以采用前述的方法,采用正则坐标 x_N 代替原有坐标 x,变换成下述互不耦合的正则坐标的强迫振动微分方程:

$$I\ddot{x}_N + C_N \dot{x}_N + K_N x_N = F_N \sin\omega t \tag{3-127}$$

其展开式为

$$\ddot{x}_{Ni} C_{Ni} \dot{x}_{Ni} + \omega_{Ni}^2 x_{Ni} = q_{Ni}\sin\omega t \quad (i = 1, 2, \cdots, n) \tag{3-128}$$

式中

$$x = A_N x_N$$

$$x_N = A_N^T Mx$$

$$F_N = A_N^T F$$

而 C_{Nii} 为第 i 阶主振动的振型阻尼系数,$C_{Nii} = 2n_i = 2\xi_i\omega_{ni}$,式(3-126)也可改写为

$$\ddot{x}_{Ni} + 2n_i \dot{x}_{Ni} + \omega_{ni}^2 x_{Ni} = q_{Ni}\sin\omega t \quad (i = 1, 2, \cdots, n) \tag{3-129}$$

$$\ddot{x}_{Ni} + 2\xi_i\omega_{ni} \dot{x}_{Ni} + \omega_{ni}^2 x_{Ni} = q_{Ni}\sin\omega \quad (i = 1, 2, \cdots, n) \tag{3-130}$$

这是 n 个独立的有阻尼单自由度系统强迫振动的微分方程,所以可以利用单自由度系统强迫振动的结果,得到每个正则坐标的响应

$$x_{Ni} = B_{Ni}\sin(\omega t - \Psi_i) \quad (i = 1, 2, \cdots, n) \tag{3-131}$$

式中

$$B_{Ni} = \frac{\dfrac{q_{Ni}}{\omega_{ni}^2}}{\sqrt{(1-)^2 + (2\xi\ )^2}} \qquad (3-132)$$

$$\Psi_i = \arctan \frac{2\xi_i r_i}{1 - r_i^2} \qquad (3-133)$$

式中，r_i 为激振频率与第 I 阶固有频率的比值，$r_i = \dfrac{\omega}{\omega_{ni}}$。

　　然后通过坐标变换，将正则坐标的位移向量变换为原坐标的位移向量，从而求得对原坐标的位移响应。

　　振型叠加法的步骤如下：

　　(1) 把原坐标变换成正则坐标，使方程组解耦。

　　(2) 应用单自由度系统对外激振的响应计算方法求出各正则坐标对外激振的响应。

　　(3) 将正则坐标对外激振的响应叠加起来。

　　(4) 将正则坐标变换到原坐标，求得系统原坐标 x 对外激振的响应。

　　4.有阻尼多自由度系统对一般周期激振的响应

　　当多自由度在阻尼系统各坐标上作用有与一般周期函数 $f(t)$ 成比例的激振时，激振力向量可以写为

$$\boldsymbol{F}(t) = \begin{bmatrix} B_1 \\ B_2 \\ \vdots \\ B_N \end{bmatrix} f(t)$$

　　周期函数 $f(t)$ 可展成傅里叶级数

$$f(t) = \frac{a_0}{2} + \sum_{j=1}^{n} (a_j \cos j\omega_0 t + b_j \sin j\omega_0 t) \qquad (3-134)$$

式中，系数 a_0，a_n，b_n 可按第 1 章中给出的方法求出，将在一般周期激振力作用下的振动方程变换成正则坐标后，可得出与式(3-130)类似的 n 个独立方程：

$$\ddot{x}_{Ni} + 2\xi_i \omega_{ni} \dot{x}_{Ni} + \omega_{ni}^2 x_{Ni} = q_{Ni} f(t) \qquad (i=1,2,\cdots,n) \qquad (3-135)$$

　　按正则坐标，第 i 阶的有阻尼稳态响应为

$$x_{Ni} = \frac{q_{Ni}}{\omega_{ni}^2} \sum_{j=1}^{n} \beta_{ij} [a_j \cos(j\omega_0 t - \psi_{ij}) + b_j \sin(j\omega_0 t - \psi_{ij})] \qquad (i=1,2,\cdots,n)$$

$$(3-136)$$

式中：β_{ij} 是放大因子。

$$\beta_{ij} = \frac{1}{\sqrt{(1-)^2 + (2\ )^2}} \qquad (3-137)$$

　　相位角

$$\psi_{ij} = \arctan \frac{2\,\xi_i\,\dfrac{\mathrm{j}\omega}{\omega_{ni}}}{1 - (\dfrac{\mathrm{j}\omega}{\omega_{ni}})^2} \tag{3-138}$$

注意以上对于任意阶正则坐标的响应,是多个具有不同频率的激振力引起的响应的叠加。因此对一般周期振动而言,产生共振的可能性要大得多。

当激振力是非周期函数时,可用杜哈梅积分求出正则坐标下的响应,然后再通过坐标变换求出原坐标下的响应。

3.2.6　多自由度系统固有频率及主振型的计算

由前述内容可知,系统的固有频率及主振型的计算随着系统自由度的增加而变得极为烦琐,工作量很大。所以在电子计算机未被用于工程计算之前,多自由度系统一般理论尚无法在工程实践中应用。目前求解多自由度系统的固有频率及主振型的计算方法很多,有的已有标准的计算程序可供选用。常用的方法有矩阵迭代法、邓柯莱法、瑞利法、李兹法、子空间迭代法等。下面介绍常用的矩阵迭代法和瑞利法。

1.矩阵迭代法

对于无阻尼多自由度系统,由刚度法式(3-47)可得

$$\boldsymbol{K}\boldsymbol{A} = \omega_n^2 \boldsymbol{M}\boldsymbol{A}$$

该式可变换为

$$\omega_n^2 \boldsymbol{A} = \boldsymbol{M}^{-1}\boldsymbol{K}\boldsymbol{A} \tag{3-139}$$

对于正定系统,无阻尼多自由度系统还可用柔度矩阵表示为

$$\frac{1}{\omega_n^2}\boldsymbol{A} = \boldsymbol{\delta}\boldsymbol{M}\boldsymbol{A} \tag{3-140}$$

现将式(3-139)和式(3-140)合并为如下形式:

$$\lambda \boldsymbol{A} = \boldsymbol{D}\boldsymbol{A} \tag{3-141}$$

式中:方阵 $\boldsymbol{D}$ 称为动力矩阵,当用刚度矩阵形成时,$\boldsymbol{D} = \boldsymbol{M}^{-1}\boldsymbol{K}$,当用柔度矩阵形成时,$\boldsymbol{D} = \boldsymbol{\delta}\boldsymbol{M}$。其中:当 $\boldsymbol{D}$ 为前者时,$\lambda = \omega_n^2$;当 $\boldsymbol{D}$ 为后者时,$\lambda = 1/\omega_n^2$。

所谓矩阵迭代法就是:首先假定任意一个主振型向量$\boldsymbol{A}_1$,然后按式(3-141)计算 $\boldsymbol{D}\boldsymbol{A}_1 = \boldsymbol{B}_1 = \lambda_1 \boldsymbol{A}_2$。若此时$\boldsymbol{A}_2$恰好等于$\boldsymbol{A}_1$,则$\boldsymbol{A}_2$即为主振型;若$\boldsymbol{A}_2$并不等于$\boldsymbol{A}_1$,则以$\boldsymbol{A}_2$代替$\boldsymbol{A}_1$作为主振型向量,继续按式(3-141)计算 $\boldsymbol{D}\boldsymbol{A}_2 = \boldsymbol{B}_2 = \lambda_2 \boldsymbol{A}_3$;若$\boldsymbol{A}_3$不等于$\boldsymbol{A}_2$,则继续上述迭代过程。总可以在 m 次以后得到$\boldsymbol{D}\boldsymbol{A}_m = \boldsymbol{B}_m = \lambda_m \boldsymbol{A}_{m+1}$满足$\boldsymbol{A}_m = \boldsymbol{A}_{m+1}$的条件,则迭代结束,$\boldsymbol{A}_m$或$\boldsymbol{A}_{m+1}$即为主振型,并由$\lambda_m$可求出固有频率。当按式(3-139),即刚度法进行迭代时,迭代结果是最高阶的固有频率及其主振型;当按式(3-140),即柔度法进行迭代时,迭代结果是最低阶(第一阶)的固有频率及其主振型。由于一般首先希望得到的都是最低阶的固有频率及主振型,所以都是用柔度法进行计算,先要求出柔度矩阵。

2.瑞利法

利用瑞利法可求单自由度系统的固有频率,也可以用瑞利法求多自由度系统的最低阶固有频率。在多自由度系统中,动能 T 与势能 U 的一般表达式为

$$T = \frac{1}{2}\dot{\boldsymbol{x}}^{\mathrm{T}}\boldsymbol{M}\dot{\boldsymbol{x}}$$

$$U = \frac{1}{2}\boldsymbol{x}^{\mathrm{T}}\boldsymbol{K}\boldsymbol{x}$$

设系统作简谐振动,则各坐标的位移和速度为

$$\boldsymbol{x} = \boldsymbol{A}\sin(\omega_n t + \varphi)$$

$$\dot{\boldsymbol{x}} = \omega_n \boldsymbol{A}\cos(\omega_n + \varphi)$$

系统的最大动能和最大势能为

$$T_{\max} = \frac{1}{2}\omega_n^2 \boldsymbol{A}^{\mathrm{T}}\boldsymbol{M}\boldsymbol{A}$$

$$U_{\max} = \frac{1}{2}\boldsymbol{A}^{\mathrm{T}}\boldsymbol{K}\boldsymbol{A}$$

根据机械能守恒定律,$T_{\max} = U_{\max}$,即

$$\omega_n^2 = \frac{\boldsymbol{A}^{\mathrm{T}}\boldsymbol{K}\boldsymbol{A}}{\boldsymbol{A}^{\mathrm{T}}\boldsymbol{M}\boldsymbol{A}} \tag{3-142}$$

式(3-142)就是用于估算系统固有频率的瑞利商。固有频率的计算结果与实际值接近的程度与振型向量假设的准确度有关。若按系统的静变形作为假设的第一阶振型向量,然后再用式(3-142)计算,得到的系统一阶固有频率具有较高的精度。由于假设的振型形状并不等于实际振动的一阶振型的形状,这等于对系统附加了约束,因此用瑞利法计算的固有频率总是偏高。

思　考　题

1.简述二自由度系统振动的定义。

2.简述刚度系数与柔度系数的定义。

3.什么是多自由度系统的主振型?

4.什么叫模态阻尼? 简述得到它的最简单的方法。

5.简述求多自由度系统响应的振型叠加法的原理及步骤。

6.主振型正交性所表示的意义是什么?

7.简述固有频率随刚度与质量的变化趋势。

8.什么是多自由度系统的模态分析?

9.什么是模态阻尼? 如何用近似替代法求解系统的阻尼?

10.简述振型叠加法求系统固有频率的步骤。

11.如何用矩阵迭代法求解多自由度系统的固有频率及主振型?

12.如何用瑞利法求解多自由度系统的固有频率及主振型?

第 4 章　连续弹性体系统的振动

在实际无人机型号工程项目中,无人机结构是由质量和刚度都连续分布的弹性体组成的,即实际的结构系统都是弹性连续体系统。在很多情况下只是为了使问题简化,计算简便,才把它们简化成前几章所讨论的有限多的离散系统来分析。当需要对弹性体振动问题作严密分析时,就需要将其作为连续系统来处理。

弹性连续体问题与离散体问题有不同的特点,弹性连续体的质量、刚度、阻尼是连续分布的,因其具有无限多个自由度,需用无限多个点的独立坐标来确定,其运动微分方程需要用偏微分方程来描述,而离散体在力学模型上具有明显的集中质量和不计质量的弹性元件,其自由度有限,运动以与自由度个数相等的二阶常系数微分方程来描述。尽管如此,两类问题在物理本质上是相同的,若把连续系统的质量分段聚集到有限个点上,各点之间用弹性元件连接起来便成为连续体,反之,离散系统当其质点数趋于无限多时就成为连续体,它们之间有相同的动力特性。n 自由度连续体系统有 n 个固有频率及主振型,而连续体则有无限多个固有频率及主振型,连续体中也存在各个主振型之间关于质量矩阵、刚度矩阵的正交性,对弹性体的响应分析、主振型迭加法有效。

本章主要介绍和讨论如何建立各种弹性构件的振动方程,并寻求方程的解。讨论其振动的基本规律,以及研究具有以下三个条件的理想弹性连续体振动问题的求解:

(1)材料是均匀的,具有各向同性的特点。

(2)应力不超过弹性极限并服从胡克定律。

(3)变形是微小且连续的。

具体来说,本章所讨论的理想弹性连续体是一维弹性体弦、轴、杆、梁等。至于其他类弹性连续体,如板、壳等的振动问题,因涉及弹性力学知识,在本章不予讨论。

4.1　梁 的 横 向 自 由 振 动

4.1.1　梁的横向自由振动的物理模型

本节讨论最常见的梁的横向自由振动问题,首先要对梁及其横向自由振动作理想化假设,建立物理模型。做以下假定:

(1)梁为等截面细直梁。材料是均匀的,具有各向同性的特点。

(2)假定梁未变形时各个截面对称,且形心的连线(轴线)是直线。

（3）梁的横向振动是指细直梁作垂直于轴线方向的振动。

（4）梁作横向振动时主要的变形是梁的弯曲，因此称为梁的弯曲振动。

（5）在分析梁的横向振动时，假设梁具有对称平面，梁的轴线在振动过程中始终保持在此平面内。应力不超过弹性极限并服从胡克定律。

（6）假设梁的长度与横截面尺寸之比较大，可忽略转动惯量与剪切变形的影响。

（7）假设梁作微幅振动，变形是连续的，故可采用材料力学中梁弯曲的简化理论。

4.1.2　梁的横向自由振动微分方程

如图 4-1 所示，取梁未变形时的轴线方向为 x 轴（向右为正），在对称面内与 x 轴垂直的方向为 y 轴（向上为正），以横向位移 y 作为广义坐标，并设梁的横截面积为 A，单位体积的质量为 ρ，EJ 为截面抗弯刚度。

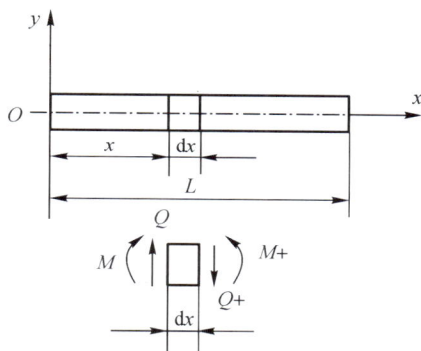

图 4-1　梁的横向自由振动示意图

现从梁上 x 截面处截取微元段 $\mathrm{d}x$，其受力状态如图 4-1 所示，图中所示弯矩 M、剪力 Q 均按正方向表示，根据牛顿运动定律，在 y 方向的运动方程为

$$Q - \left(Q + \frac{\partial Q}{\partial x}\mathrm{d}x\right) = \rho A \frac{\partial^2 y}{\partial t^2}$$

即

$$\frac{\partial Q}{\partial x} = -\rho A \frac{\partial^2 y}{\partial t^2} \tag{4-1}$$

微元段 $\mathrm{d}x$ 的转动方程（忽略截面转动惯量的影响）为

$$M + \frac{\partial M}{\partial x}\mathrm{d}x - M - Q\mathrm{d}x = 0$$

即

$$Q = \frac{\partial M}{\partial x} \tag{4-2}$$

将式（4-2）代入式（4-1），得

$$\frac{\partial^2 M}{\partial x^2} = -\rho A \frac{\partial^2 y}{\partial t^2} \tag{4-3}$$

由材料力学知

$$M = EJ \frac{\partial^2 y}{\partial x^2}$$

代入式(4-3),得

$$\frac{\partial^2}{\partial x^2}\left(EJ \frac{\partial^2 y}{\partial x^2}\right) = -\rho A \frac{\partial^2 y}{\partial t^2}$$

或

$$\frac{\partial^2}{\partial x^2}\left(EJ \frac{\partial^2 y}{\partial x^2}\right) + \rho A \frac{\partial^2 y}{\partial t^2} = 0 \qquad (4-4)$$

式(4-4)就是梁的横向自由振动微分方程。对于均匀等截面梁,则方程变为

$$EJ = \frac{\partial^4 y}{\partial x^4} + \rho A \frac{\partial^2 y}{\partial t^2} = 0$$

若令 $\dfrac{EJ}{\rho A} = a^2$,则方程又可写为

$$a^2 \frac{\partial^4 y}{\partial x^4} + \frac{\partial^2 y}{\partial t^2} = 0 \qquad (4-5)$$

式(4-5)为四阶偏微分方程,采用分离变量法求解。设解的形式为

$$y(x,t) = Y(x)T(t) \qquad (4-6)$$

将式(4-6)代入式(4-5),得

$$a^2 T(t) \frac{\mathrm{d}^4 Y}{\mathrm{d}x^4} + Y(x) \frac{\mathrm{d}^4 T}{\mathrm{d}t^2} = 0$$

分离变量法后,方程变为

$$a^2 \frac{\mathrm{d}^4 Y}{\mathrm{d}x^2} \bigg/ Y(x) = \frac{-\mathrm{d}^2 T}{\mathrm{d}t^2} \bigg/ T(t)$$

要使上面方程成立,则方程两边必须等于同一常数,设常数为 p^2,并令 $p^2/a^2 = \lambda^4$,于是有

$$\frac{\mathrm{d}^2 T}{\mathrm{d}t^2} + P^2 T = 0 \qquad (4-7)$$

及

$$\frac{\mathrm{d}^4 Y}{\mathrm{d}x^4} - \lambda^4 Y = 0 \qquad (4-8)$$

如前所述,式(4-7)的解为

$$T(t) = A\sin Pt + B\cos P \qquad (4-9)$$

式(4-8)为四阶常微分方程,它的解可设为 $Y = e^{sx}$,代入式(4-5),得

$$S^4 - \lambda^4 = 0$$

它的四个根为

$$S_{1,2} = \pm\lambda$$
$$S_{3,4} = \pm\mathrm{i}\lambda$$

于是式(4-8)的解为

$$Y(x) = D_1 \mathrm{e}^{\lambda x} + D_2 \mathrm{e}^{-\lambda x} + D_3 \mathrm{e}^{\mathrm{i}\lambda x} + D_4 \mathrm{e}^{-\mathrm{i}\lambda x} \qquad (4-10)$$

因为

$$\mathrm{e}^{\pm\lambda x} = \mathrm{ch}\lambda x \pm \mathrm{sh}\lambda x, \quad \mathrm{e}^{\pm\mathrm{i}\lambda x} = \cos\lambda x + \mathrm{i}\sin\lambda x$$

所以式(4-2)可改写成常用的形式:

$$Y(x) = c_1 \sin\lambda x + c_2 \cos\lambda x + c_3 \mathrm{sh}\lambda x + c_4 \mathrm{ch}\lambda x \qquad (4-11)$$

将式(4-9)、式(4-11)代回式(4-6),得

$$y(x,t) = (c_1 \sin\lambda x + c_2 \cos\lambda x + c_3 \mathrm{sh}\lambda x + c_4 \mathrm{ch}\lambda x)(A\sin pt + B\cos pt) \qquad (4-12)$$

式中有 6 个待定常数,其中 A、B 取决于振动的初始条件,$c_1 \sim c_4$ 取决于梁的边界条件。

常见的等截面梁的边界条件如下:

(1)固定端:位移与转角等于零,即 $Y = 0$ 及 $\dfrac{\mathrm{d}Y}{\mathrm{d}x} = 0$。

(2)简支端:位移与弯矩等于零,即 $Y = 0$ 及 $\dfrac{\mathrm{d}^2 Y}{\mathrm{d}x^2} = 0$。

(3)自由端:弯矩与剪力等于零,即 $\dfrac{\mathrm{d}^2 Y}{\mathrm{d}x^2} = 0$ 及 $\dfrac{\mathrm{d}^3 Y}{\mathrm{d}x^3} = 0$。

在具体考察各种支承情况下梁的横向自由振动固有频率与主振型之前,先将边界条件中要用的 $Y(x)$ 的各阶导数列出:

$$\left.\begin{array}{l} Y'(x) = \lambda(c_1 \cos\lambda x - c_2 \sin\lambda x + c_3 \mathrm{ch}\lambda x + c_4 \mathrm{sh}\lambda x \\ Y''(x) = \lambda^2(-c_1 \sin\lambda x - c_2 \cos\lambda x + c_3 \mathrm{sh}\lambda x + c_4 \mathrm{ch}\lambda x \\ Y'''(x) = \lambda^3(-c_1 \cos\lambda x + c_2 \sin\lambda x + c_3 \mathrm{ch}\lambda x + c_4 \mathrm{sh}\lambda x \end{array}\right\} \qquad (4-13)$$

下面分别研究几种不同支承的梁的横向自由振动固有频率与主振型。

1.两端简支梁

简支梁是指梁的两端搁置在支座上,支座仅约束梁的垂直位移,梁端可自由移动。为使整个简支梁不产生水平移动,在一端加设水平约束,该处的支座称为铰支座,另一端不加水平约束的支座称为滚动支座(见图4-2)。由于简支梁仅在两端受铰支座约束,主要承受正弯矩,一般为静定结构,并假定系统温变、支座收缩徐变、张拉预应力、支座移动等都不会在梁中产生附加内力,受力简单,简支梁为力学简化模型。

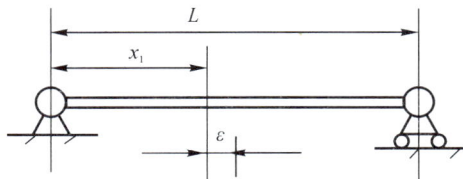

图 4-2　简支梁结构示意图

边界条件为 $Y(0) = 0$,$Y''(0) = 0$,$Y(L) = 0$,将 $Y''(L) = 0$ 代入式(4-11)及式(4-13),得

$$C_2 = C_4 = 0$$

及

$$C_1 \sin\lambda L + C_3 \mathrm{sh}\lambda L = 0$$

$$-C_1 \sin\lambda L + C_3 \text{sh}\lambda L = 0$$

因为当 $\lambda L \neq 0$ 时,$\text{Sh}\lambda L$ 不为零,故得 $C_3=0$,于是可得特征方程 $\sin\lambda L=0$,它的根为

$$\lambda_i L = i\pi \quad (i=1,2,\cdots)$$

因为 $\lambda^4 = p^2/a^2$,故固有频率为

$$p_i = a\lambda_i^2 = \frac{i^2\pi^2}{L^2}\sqrt{\frac{EJ}{\rho A}} \quad (i=1,2,\cdots) \tag{4-14}$$

相应的主振型为

$$Y_i(x) = \sin\lambda_i x = \sin\frac{i\pi}{L}x \quad (i=1,2,\cdots) \tag{4-15}$$

其前三阶主振型如图 4-3 所示。

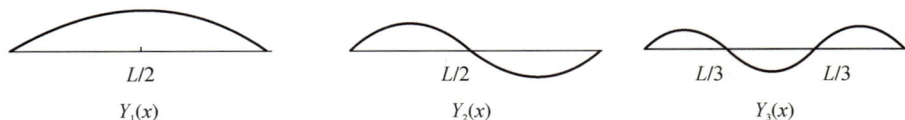

图 4-3 两端简支梁前三阶主振型图

2.两端固定梁

边界条件为 $Y(0)=0,Y(L)=0,Y'(0)=0,Y'(L)=0$。代入式(4-7),得 $C_2+C_4=0$ 及 $C_1+C_3=0$,故有 $C_2=-C_4$ 及 $C_1=-C_3$,代入式(4-9)并利用上述关系,得

$$\left. \begin{array}{l} C_3(\text{sh}\lambda L - \sin\lambda L) + C_4(\text{ch}\lambda L - \cos\lambda L = 0 \\ C_3(\text{ch}\lambda L - \cos\lambda L) + C_4(\sin\lambda L + \text{sh}\lambda L) = 0 \end{array} \right] \tag{4-16}$$

若式(4-16)对 C_1、C_2 有非零解,它的系数行列式必须为零,即

$$\begin{vmatrix} \text{sh}\lambda L - \sin\lambda L & \text{ch}\lambda L - \cos\lambda L \\ \text{ch}\lambda L - \cos\lambda L & \sin\lambda L + \text{sh}\lambda L \end{vmatrix} = 0$$

将上式展开化简后得频率方程

$$\cos\lambda L \, \text{ch}\lambda L = 1$$

这是一个超越方程,常用图解法求它的根。为此将上式改写成

$$\cos\lambda L = \frac{1}{\text{ch}\lambda L}$$

以 λL 为横坐标,作出 $\cos\lambda L$ 和 $1/\text{ch}\lambda L$ 的两条曲线,如图 4-4 所示。两条曲线的各个交点的横坐标就是这个方程的解,由此求得固有频率。几个最低的特征根如表 4-1 所示。

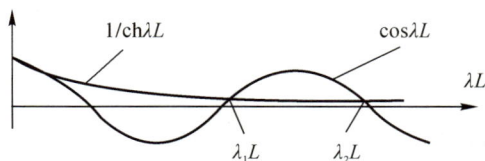

图 4-4 超越方程采用图解法求根

表 4-1　两端固定梁的固有频率计算结果

$\lambda_1 L$	$\lambda_2 L$	$\lambda_3 L$	$\lambda_4 L$	$\lambda_5 L$
4.730	7.853	10.996	14.137	17.279

其中对应于 $i \geqslant 2$ 的各个特征根可足够准确地取为

$$\lambda_i L = (i + \frac{1}{2})\pi \quad (i = 2, 3, \cdots)$$

两端固定梁的固有频率相应取为

$$p_i = \lambda_i^2 \sqrt{EJ/\rho A} \quad (i = 1, 2, \cdots) \tag{4-17}$$

求得各个特征根后由式(4-16)可确定系数 C_3、C_4 的比值。即

$$\left(\frac{C_3}{C_4}\right)_i = -\frac{\mathrm{ch}\lambda_i L - \cos\lambda_i L}{\mathrm{sh}\lambda_i L - \sin\lambda_i L} = -\frac{\sin\lambda_i L + \mathrm{sh}\lambda_i L}{\mathrm{ch}\lambda_i L - \cos\lambda_i L}$$

故与 p_i 相应的各阶主振型函数可取为

$$Y_i(x) = \mathrm{ch}\lambda_i x - \cos\lambda_i x - \frac{\mathrm{sh}\lambda_i L + \sin\lambda_i L}{\mathrm{ch}\lambda_i L - \cos\lambda_i L}(\sin\lambda_i x - \sin\lambda_i x) \tag{4-18}$$

它的前三阶主振型如图 4-5 所示。

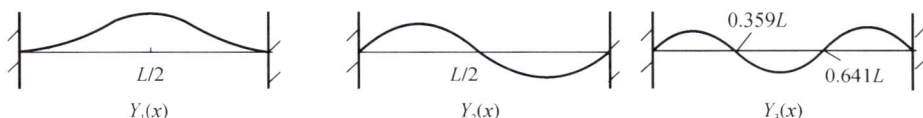

图 4-5　两端固定梁前三阶主振型图

3. 一端固定、一端自由梁

一端固支、一端自由梁的边界条件为 $Y(0)=0$, $Y'(0)=0$, $Y''(L)=0$, $Y'''(L)=0$，代入式(4-7)得 $C_2 + C_4 = 0$, $C_1 + C_3 = 0$，故有 $C_2 = -C_4$, $C_1 = -C_3$，代入式(4-9)并利用上述关系，得

$$\left.\begin{array}{l} C_3(\sin\lambda L + \mathrm{sh}\lambda L) + C_4(\cos\lambda L + \mathrm{ch}\lambda L) = 0 \\ C_3(\cos\lambda L + \mathrm{ch}\lambda L) - C_4(\sin\lambda L - \mathrm{sh}\lambda L) = 0 \end{array}\right\} \tag{4-19}$$

具有非零解的条件为

$$\begin{vmatrix} \sin\lambda L + \mathrm{sh}\lambda L & \cos\lambda L + \mathrm{ch}\lambda L \\ \cos\lambda L + \mathrm{ch}\lambda L & -\sin\lambda L + \mathrm{sh}\lambda L \end{vmatrix} = 0$$

展开化简后，得频率方程

$$\cos\lambda L \, \mathrm{ch}\lambda L = -1$$

它的根可用作图解法求出，如表 4-2 所示。

表 4-2　一端固支、一端自由梁的固有频率计算结果

$\lambda_1 L$	$\lambda_2 L$	$\lambda_3 L$	$\lambda_4 L$	$\lambda_5 L$	$\lambda_6 L$
1.875	4.694	7.855	10.996	14.137	17.279

其中，对于 $i \geqslant 3$ 的各个特征根可足够准确地取为

$$\lambda_i L \approx (i - \frac{1}{2})\pi$$

悬臂梁的固有频率相应地为

$$p_i = \lambda_i{}^2 \sqrt{EJ/\rho A} \quad (i = 1, 2, \cdots) \qquad (4-20)$$

求得各特征根后,可由式(4-19)确定系数 C_3、C_4 的比值,即

$$\left(\frac{C_3}{C_4}\right)_i = -\frac{\cos\lambda_i L + \mathrm{ch}\lambda_i L}{\sin\lambda_i L + \mathrm{sh}\lambda_i L} = \frac{\sin\lambda_i L - \mathrm{sh}\lambda_i L}{\cos\lambda_i L + \mathrm{ch}\lambda_i L}$$

故与 p_i 相应的主振型可取为

$$Y_i(x) = \mathrm{ch}\lambda_i x - \cos\lambda_i x - \frac{\mathrm{sh}\lambda_i L - \sin\lambda_i L}{\cos\lambda_i L + \mathrm{ch}\lambda_i L}(\sin\lambda_i x - \sin\lambda_i x) \qquad (4-21)$$

它的前三阶主振型如图 4-6 所示。

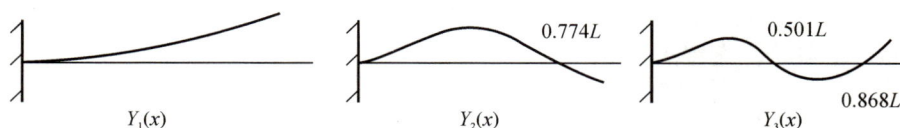

图 4-6　一端固支、一端自由梁的前三阶主振型图

4. 两端自由梁

两端自由梁的边界条件为 $Y''(0) = 0, Y'''(0) = 0, Y''(L) = 0, Y'''(L) = 0$，代入式 (4-13)，得

$$-C_2 + C_4 = 0$$
$$-C_1 + C_3 = 0$$

故有

$$C_2 = C_4$$
$$C_1 = C_3$$
$$\left.\begin{array}{l} C_3(\mathrm{sh}\lambda L - \sin\lambda L) + C_4(\mathrm{ch}\lambda L - \cos\lambda L) = 0 \\ C_3(\mathrm{ch}\lambda L - \cos\lambda L) + C_4(\mathrm{sh}\lambda L + \sin\lambda L) = 0 \end{array}\right\} \qquad (4-22)$$

具有非零解的条件为

$$\begin{vmatrix} \mathrm{sh}\lambda L - \sin\lambda L & \mathrm{ch}\lambda L - \cos\lambda L \\ \mathrm{ch}\lambda L - \cos\lambda L & \mathrm{sh}\lambda L + \sin\lambda L \end{vmatrix} = 0$$

展开化简后,得频率方程

$$\cos\lambda L \, \mathrm{ch}\lambda L = 1$$

上式与两端固定梁的频率方程完全相同,这表示两端自由梁的固有频率与两端固定梁相同,只是自由梁有对应于刚体运动的 $\lambda_i L = 0$ 的零根(见图 4-4),其特征根见表 4-3。

表 4-3　两端自由梁的固有频率计算结果

$\lambda_0 L$	$\lambda_1 L$	$\lambda_2 L$	$\lambda_3 L$	$\lambda_4 L$	$\lambda_5 L$
0	4.730	7.853	10.996	14.137	17.279

求出各特征根后,由式(4-22)可确定系数 C_3 与 C_4 的比值,即

$$\left(\frac{C_3}{C_4}\right)_i = -\frac{\mathrm{ch}\lambda_i L - \cos\lambda_i L}{\mathrm{sh}\lambda_i L - \sin\lambda_i L} = -\frac{\mathrm{sh}\lambda_i L + \sin\lambda_i L}{\mathrm{ch}\lambda_i L - \cos\lambda_i L}$$

故与 p_i 相应的主振型函数可取为

$$Y_i(x) = \mathrm{ch}\lambda_i x + \cos\lambda_i x - \frac{\mathrm{sh}\lambda_i L}{\mathrm{ch}\lambda_i L - \cos\lambda_i L}(\mathrm{sh}\lambda_i x + \sin\lambda_i x) \qquad (4-23)$$

它的前三阶主振型如图 4-7 所示。

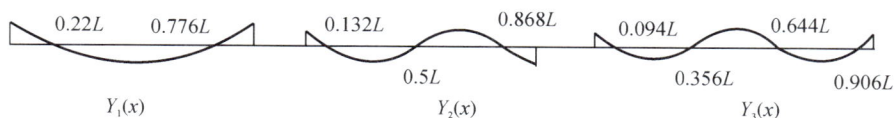

图 4-7　两端自由梁的前三阶主振型图

5. 一端固定、一端简支梁

一端固定、一端简支梁的边界条件为 $Y(0)=0, Y'(0)=0, Y(L)=0, Y''(L)=0$，可解出这种梁的频率方程为

$$\tan\lambda L = \tan\lambda L$$

亦可用图解法求出其特征根，见表 4-4。

表 4-4　一端固定、一端简支梁的特征根计算结果

$\lambda_1 L$	$\lambda_2 L$	$\lambda_3 L$	$\lambda_4 L$	$\lambda_5 L$
3.927	7.069	10.210	13.352	16.493

有

$$\lambda_i L \approx \left(i + \frac{1}{4}\right)\pi \quad (i=1,2,\cdots)$$

相应的固有频率为

$$P_i = \frac{\left(i+\frac{1}{4}\right)^2 \pi^2}{L^2}\sqrt{\frac{EJ}{\rho A}} \quad (i=1,2,\cdots) \qquad (4-24)$$

相应的主振型函数为

$$Y_i(x) = \mathrm{ch}\lambda_i x - \cos\lambda_i x - \frac{\mathrm{ch}\lambda_i L + \cos\lambda_i L}{\mathrm{sh}\lambda_i L + \sin\lambda_i L}(\mathrm{sh}\lambda_i x - \sin\lambda_i x) \qquad (4-25)$$

它的前三阶主振型如图 4-8 所示。

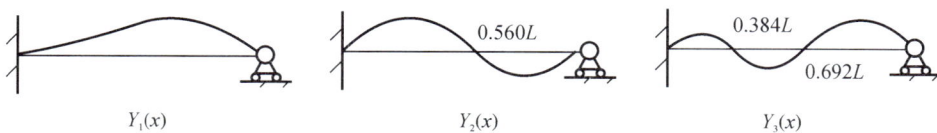

图 4-8　一端固定、一端简支梁的前三阶主振型图

由以上分析可知，不同边界条件的梁在横向自由振动时的固有频率计算公式形式相似，均可表示为

$$p_i^2 = \frac{(\lambda_i L)^2}{L^2} \sqrt{\frac{EJ}{\rho A}} \qquad (i=1,2,\cdots)$$

在不同的边界条件下只是$(\lambda_i L)^2$的形式有所不同。

4.1.3 计算梁横向振动频率方程的例题

1.例题 1

如图 4-9 所示,在悬臂梁的自由端具有横向弹性支承,其弹簧刚度为K,试导出系统的频率方程。

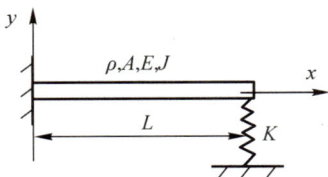

图 4-9 悬臂梁自由端具有横向弹性支承结构示意图

解:由固定端的边界条件$Y(0)=0$,$Y'(0)=0$ 可知,在式(4-11)中$C_1=-C_3$,$C_2=-C_4$。在弹性支承端,弯矩为零,而剪力就是弹簧力,按截面剪力的正负号规定,当$y(L)$为正(负)时,弹簧力向下(上),作为剪力应取正(负)号,故弹簧支承端的边界条件为

$$\left. \begin{aligned} Y''(L) &= 0 \\ EJY''(0) &= KY(L) \end{aligned} \right\} \tag{4-26}$$

代入式(4-13)并应用$C_1=-C_3$,$C_2=-C_4$ 的关系,可得

$$c_3(\text{sh}\lambda L + \sin\lambda L) + c_4(\text{ch}\lambda L + \cos\lambda L) = 0$$
$$[EJ\lambda^3(\text{ch}\lambda L + \cos\lambda L) - k(\text{sh}\lambda L + \sin\lambda L)]c_3 +$$
$$[EJ\lambda^3(\text{sh}\lambda L - \sin\lambda L) - k(\text{ch}\lambda L - \cos\lambda L)]c_4 = 0$$

具有非零解的条件为

$$\begin{vmatrix} \text{sh}\lambda L + \sin\lambda L & \text{ch}\lambda L + \cos\lambda L \\ EJ\lambda^3(\text{ch}\lambda L + \cos\lambda L) - k(\text{sh}\lambda L - \sin\lambda L) & EJ\lambda^3(\text{sh}\lambda L - \sin\lambda L) - k(\text{ch}\lambda L - \cos\lambda L) \end{vmatrix} = 0$$

展开后化简得

$$EJ\lambda^3(1 + \text{ch}\lambda L \cos\lambda L) + k(\text{ch}\lambda L \sin\lambda L - \text{sh}\lambda L \cos\lambda L) = 0$$

或写成

$$-\frac{k}{EJ} = \lambda^3 \frac{1 + \text{ch}\lambda L \cos\lambda L}{\text{ch}\lambda L \sin\lambda L - \text{sh}\lambda L \cos\lambda L} \tag{4-27}$$

即为所求的频率方程。

注意到,当$k=0$时,式(4-27)转化为$1+\text{ch}\lambda L \cos\lambda L = 0$,它就是悬臂梁的频率方程。又当$k \to \infty$时,弹性支承端就相当于铰支座端,这时又转化为$\text{ch}\lambda L \sin\lambda L - \text{sh}\lambda L \cos\lambda L = 0$,或写成$\tan\lambda L = \text{th}\lambda L$,即为一端固定、一端铰支梁的频率方程。

2.例题 2

如图 4-10 所示,在悬臂梁自由端附加集中质量m,试求其频率方程。

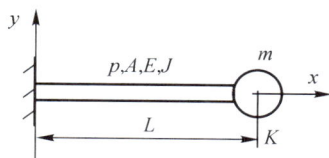

图 4 - 10　悬臂梁自由端附加集中质量结构示意图

解:由固定端的边界条件 $Y(0)=0$,$Y'(0)=0$ 可知,在式(4-11)中,$C_1=-C_3$,$C_2=-C_4$。再附加集中质量 m 的梁端,弯矩为零,而剪力就是质量 m 的惯性力,这一惯性力表示为

$$-m\frac{\partial^2 y(L,t)}{\partial t^2}=mp^2 y(L,t)$$

按截面剪力的正负号规定,当 $y(L)$ 为正时,惯性力 $mp^2 y(L,t)$ 向上,作为剪力应取负号。故梁附加支梁端的边界条件为

$$\left.\begin{array}{l} Y''(L)=0 \\ EJY''(L)=-mp^2 y(L) \end{array}\right\} \tag{4-28}$$

式(4-28)与例题 1 中式(4-26)相比,差别仅在于将式(4-26)中的 k 换成了 $-mp^2$。于是,将例题 1 中的 k 换成 $-mp^2$ 就可得到本例的频率方程,即有

$$\frac{mp^2}{EJ}=\lambda^3 \frac{1+\mathrm{ch}\lambda L \cos\lambda L}{\mathrm{ch}\lambda L \sin\lambda L - \mathrm{sh}\lambda L \cos\lambda L} \tag{4-29}$$

如令 $\dfrac{m}{\rho AL}=\beta$,这表示附加质量与梁质量之比,则

$$\frac{mp^2}{EJ}=\frac{\beta\rho AL p^2}{EJ}=\beta L\lambda^4$$

可改写成

$$\beta L\lambda=\frac{1+\mathrm{ch}\lambda L \cos\lambda L}{\mathrm{ch}\lambda L \sin\lambda L - \mathrm{sh}\lambda L \cos\lambda L} \tag{4-30}$$

4.2　弦 的 横 向 振 动

4.2.1　弦横向振动的物理模型

下面研究弹性连续体问题中最简单的弦的横向振动。一根弦在内部张力作用下处于平衡位置,某个微小扰动引起部分质点的位移,内部张力又使邻近的部分随之产生位移,形成波的运动。

求解弦的振动,首先要对弦及其运动作理想化假设,即建立物理模型。做以下假定:

（1）弦均匀细长,其横截面可忽略而视作线,线密度为常数。

（2）弦柔软弹性,可任意弯曲,张力满足胡克定律。

（3）弦的运动在同一平面内进行,每个质点的位移都是横向的,即垂直于弦的平衡位置,绝对位移和相对位移都很小。

4.1.2 弦横向振动的微分方程

设有理想柔软的细弦张紧在两个固定点之间,张力为 T_0,跨长为 L,弦的单位体积的质量为 ρ,横截面面积为 A,如图 4-11 所示。

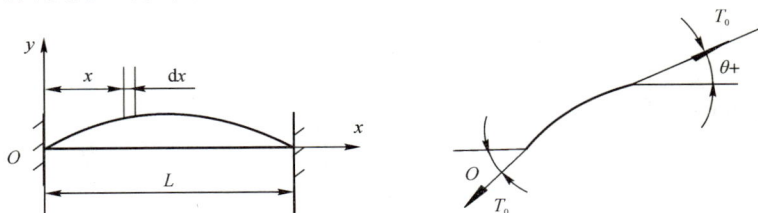

图 4-11 弦的横向运动模型

建立 xOy 坐标系,以 $y(x,t)$ 表示弦的位移,向上为正,由于是微振动,位移很小,弦的张力变换可忽略不计,弦在整个振动过程中 T_0 保持不变。在弦上 x 处取一微段 dx,其质量 $dm = \rho A dx$,在任一微段两端作用着大小相等方向不同的张力 T_0,根据牛顿运动定律得

$$T_0 \sin(\theta + \frac{\partial \theta}{\partial x} dx) - T_0 \sin\theta = \rho A dx \frac{\partial^2 y}{\partial t^2}$$

由于弦的横向运动为微振动,有

$$\sin\theta \approx \tan\theta \approx \theta = dy/dx$$

故有

$$T_0(\theta + \frac{\partial \theta}{\partial x} dx) - T_0 \theta = \rho A dx \frac{\partial^2 y}{\partial t^2}$$

代入 $\theta = \frac{\partial y}{\partial x}$,简化后,即为

$$T_0 \frac{\partial^2 y}{\partial x^2} = \rho A \frac{\partial^2 y}{\partial t^2}$$

或写成

$$\frac{\partial^2 y}{\partial x^2} = a^2 \frac{\partial^2 y}{\partial t^2} \tag{4-31}$$

式中,$a = \sqrt{\dfrac{T_0}{\rho A}}$ 称为波沿弦长度方向传播的速度。

式(4-31)是弦的横向振动微分方程,通常称为一维波动方程。波动方程的解通常用分离变量法得到,即假设解是由两个单变量函数的乘积构成的,设方程式(4-31)的解为

$$Y(x,t) = Y(x) \cdot T(t) \tag{4-32}$$

式中:$Y(t)$ 表示弦的振动仅为 x 的函数;$T(t)$ 表示弦的振动规律,是只与时间 t 有关的待定常数。

将式(4-32)代入式(4-31),可得

$$\frac{a^2}{Y} \frac{d^2 Y}{dx^2} = \frac{1}{T} \frac{d^2 T}{dt^2} \tag{4-33}$$

式(4-33)中两个变量已分离,左边只依赖于 t,所以要使式(4-33)对任意的 x 与 t 都成立,则两边必须都等于同一常数,设此常数为 $-p^2$(因为只有负值,才可得到谐振动方程),

便得到如下两个常微分方程：

$$\left.\begin{aligned} \frac{\mathrm{d}^2 T}{\mathrm{d}t^2} + p^2 T &= 0 \\ \frac{\mathrm{d}^2 Y}{\mathrm{d}x^2} + \frac{p^2}{a^2}Y &= 0 \end{aligned}\right\} \tag{4-34}$$

由方程式(4-34)可解得

$$T(t) = A\sin pt + B\cos pt \tag{4-35}$$

$$Y(x) = C\sin\frac{p}{a}x + D\cos\frac{p}{a}t \tag{4-36}$$

式中：p 为弦自由振动的频率，A、B、C、D 皆为积分常数。

波动方程的通解为

$$y(x \cdot t) = (A\sin pt + B\cos pt)(C\sin\frac{p}{a}x + D\cos\frac{p}{a}t) \tag{4-37}$$

式中，p 及 A、B、C、D 可由弦振动的边界条件和初始条件来确定。对于图 4-11 所示的弦横向振动情况，弦的两边固定，边界条件为 $y(0 \cdot t) = 0$，$y(L \cdot t) = 0$，因为 $T \neq 0$，所以 $Y(0) = 0$ 及 $Y(L) = 0$。代入式(4-36)，得 $D = 0$，并有

$$\sin\frac{p}{a}L = 0 \tag{4-38}$$

式(4-38)为弦振动的特征方程，即频率方程。解之，得

$$\frac{p_i L}{a} = i\pi \qquad (i = 1, 2, \cdots)$$

故得弦振动的固有频率为

$$p_i = \frac{ia\pi}{L} = \frac{i\pi}{L}\sqrt{\frac{T_0}{\rho A}} \quad (i = 1, 2, \cdots) \tag{4-39}$$

对应的主振型为

$$Y_i(x) = C_i\sin\frac{p_1}{a}x = C_i\sin\frac{i\pi}{L}x \tag{4-40}$$

因为振型只确定系统中各点振幅的相对比值，故式(4-40)中无需带 C_i。前三阶主振型如图 4-12(a)～(c)所示。弦对应于各个固有频率的主振动为

$$y_i(x \cdot t) = Y_i(x)T_i(t) = (A_i\sin pt + B_i\cos pt)\sin\frac{i\pi x}{L}$$

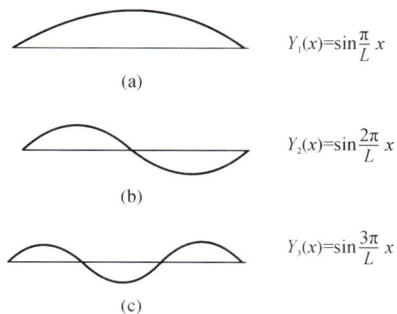

$Y_1(x) = \sin\frac{\pi}{L}x$

(a)

$Y_2(x) = \sin\frac{2\pi}{L}x$

(b)

$Y_3(x) = \sin\frac{3\pi}{L}x$

(c)

图 4-12　弦的横向振动前三阶主振型

在一般情况下,弦的自由振动为无限多阶主振动的叠加,即

$$y_i(xt) = Y_i(x)T_i(t) = (A_i \sin pt + B_i \cos pt) \sin \frac{i\pi x}{L} \tag{4-41}$$

式中,A_i 与 B_i 由振动的初始条件确定。设在初始时刻 $t=0$,有

$$y(x,0) = f(x)$$

$$\frac{\partial y}{\partial t}(x,0) = g(x)$$

于是有

$$y(x,0) = \sum_{i=1}^{\infty} B_i \sin \frac{i\pi x}{L} = f(x)$$

$$\frac{\partial y(x,0)}{\partial t} = \sum_{i=1}^{\infty} A_i p_i \sin \frac{i\pi x}{L} = g(x)$$

由三角函数的正交性,有

$$\int_0^L \sin \frac{i\pi x}{L} \sin \frac{j\pi x}{L} = \begin{bmatrix} 0 & (i \neq j) \\ L/2 & (i = j) \end{bmatrix}$$

由此可得

$$\left. \begin{aligned} B_i &= \int_0^L f(x) \sin \frac{i\pi x}{L} \mathrm{d}x \\ A_i &= \frac{2}{L} \frac{1}{p_i} \int_0^L g(x) \sin \frac{i\pi x}{L} \mathrm{d}x \end{aligned} \right\} \tag{4-42}$$

4.1.3　计算弦自由振动响应的例题

张紧弦如图 4-13 所示,现把弦从它的初始位形突然释放,求弦的自由振动响应。

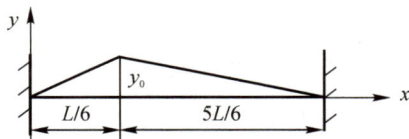

图 4-13　张紧弦横向振动的初始位形示意图

解:弦的初始位形可表示为

$$y(x,0) = \begin{bmatrix} \dfrac{6y_0}{L}x & (0 \leqslant x \leqslant \dfrac{L}{6}) \\ \dfrac{6y_0}{5L}(L-x) & (\dfrac{L}{6} \leqslant x \leqslant L) \end{bmatrix}$$

$$\frac{\partial y(x,0)}{\partial t} = 0$$

由式(4-14)求得

$$A_i = 0 \quad (i = 1,2,\cdots,\infty)$$

$$B_i = \frac{12y_0}{L^2} \int_0^{L/6} x \sin \frac{i\pi x}{L} \mathrm{d}x + \frac{12y_0}{5L^2} \int_{L/6}^{L} (L-x) \sin \frac{i\pi x}{L} \mathrm{d}x = \frac{72y_0}{5(i\pi)^2} \sin \frac{i\pi}{6}$$

$$(i = 1, 2, \cdots)$$

因而弦的自由振动响应可表示为

$$y(x, t) = \frac{72y_0}{5\pi^2} \left(\frac{1}{2} \sin \frac{\pi x}{L} \cos \frac{\pi}{L} \sqrt{\frac{T_0}{\rho A}} t + \frac{0.866}{4} \sin \frac{2\pi x}{L} \cos \frac{2\pi}{L} \sqrt{\frac{T_0}{\rho A}} t + \right.$$

$$\left. \frac{1}{9} \sin \frac{3\pi x}{L} \cos \frac{3\pi}{L} \sqrt{\frac{T_0}{\rho A}} t + \frac{0.866}{16} \sin \frac{4\pi x}{L} \sqrt{\frac{T_0}{\rho A}} t + \cdots \right)$$

4.3　杆的纵向振动

4.3.1　杆纵向振动的物理模型

本节讨论均匀杆的纵向振动。首先要对杆及其运动作理想化假设,建立物理模型。根据弦振动公式推导的基本原理,推导均匀杆的纵向位移所遵从的振动方程。做以下假定:

(1) 建立连续系统振动理论的前提,是作为线性弹性体的基本假设,即材料是均匀连续的。在所有情况下应力都不超过弹性极限,并服从胡克定律。

(2) 杆上任一点的变形都是微小的,并满足连续条件。振动传播到整根杆,这种振动的传播就是波。

(3) 与弦振动的原理一致,需要取整根长杆上面的一小段进行振动分析。

(4) 杆的纵向振动及各种边界条件的分析连续系统(弹性体)具有分布质量和分布弹性。在数学上需要用时间和坐标的函数来描写它的运动状态,最后得到的系统运动方程是偏微分方程。

4.3.2　杆纵向振动的微分方程

本节讨论均质等截面细长直杆的纵向自由振动。设杆长为 L,横截面积为 A,单位体积质量为 ρ,拉压弹性模量为 E,如图 4-14 所示。杆中心线为 x 轴,杆左端为原点 O,假设杆在振动过程中杆的横截面只有 x 方向的位移,而始终保持平面,并略去由于杆的纵向伸缩引起的横行变形。以 $u(x, t)$ 表示 x 处截面的纵向位移。在 x 处取微段 $\mathrm{d}x$,分析其受力状态。

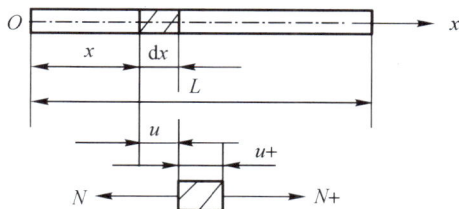

图 4-14　细长直杆的纵向自由振动示意图

在 x 截面与 $x + \mathrm{d}x$ 截面上的内力分别为 N 与 $N + \dfrac{\partial N}{\partial x} \mathrm{d}x$,微段的轴向应变 $\varepsilon = \dfrac{\partial u}{\partial x}$,微段的轴向应力 $\sigma = E\varepsilon = EA \dfrac{\partial u}{\partial x}$,故

$$N = A \cdot \sigma = EA \frac{\partial u}{\partial x} \tag{4-42}$$

根据牛顿运动定律,可得

$$\rho A \mathrm{d}x \frac{\partial^2 u}{\partial t^2} = N + \frac{\partial u}{\partial x}\mathrm{d}x - N = \frac{\partial N}{\partial x}\mathrm{d}x = \frac{\partial}{\partial x}\left(EA \frac{\partial u}{\partial x}\right)\mathrm{d}x = EA \frac{\partial^2 u}{\partial x^2}\mathrm{d}x$$

或

$$\rho A \frac{\partial^2 u}{\partial t^2} = EA \frac{\partial^2 u}{\partial x^2}$$

或

$$\frac{\partial^2 u}{\partial t^2} = a^2 \frac{\partial^2 u}{\partial x^2} \tag{4-43}$$

式(4-43)即为杆纵向自由振动微分方程,亦称为波动方程,其方程式(4-31)的形式完全相同。式中,$a = \sqrt{P/E}$ 为波在杆件中沿 X 轴的传播速度。将式(4-31)中的 y 代以 u,就可直接得到式(4-43)的解为

$$u(x,t) = U(x)T(t)$$

式中,$U(x)$ 为主振型函数,$T(t) = A\sin pt + B\cos pt$,$U(x) = C\sin \frac{p}{a}x + D\cos \frac{p}{a}x$

$$u(xt) = \left(C\sin \frac{p}{a}x + D\cos \frac{p}{a}x\right)(A\sin pt + B\cos pt) \tag{4-44}$$

与弦的振动类似,式(4-44)中的 p 及积分常数由问题的边界条件与初始条件确定。

4.3.3　计算杆纵向自由振动频率与主振型的例题

1.例题 1

图 4-15 所示为一端固定,另一端弹性支承、刚度系数为 K 的直杆,求系统的纵向自由振动的固有频率与主振型。

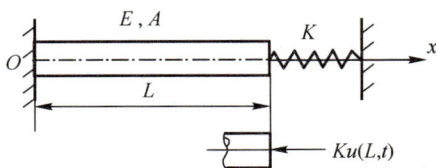

图 4-15　一端固定、另一端弹性支承杆示意图

解:系统振动微分方程的解由式(4-44)给出。以下根据杆右端不同的约束情况(右端为弹性约束情况、右端为无弹力情况和右端为固定情况),分别给出相应的边界条件及对应的解。

1) 杆右端为弹性约束情况

边界条件:在 $x=0$ 处,$u(0,t)=0$[即 $U(0)=0$],在 $x=L$ 处,杆受到弹簧力 $-Ku(L,t)$ 的作用,即

$$EA \frac{\partial u(L,t)}{\partial x} = -ku(L,t)$$

$$EA\frac{\mathrm{d}U(L)}{\mathrm{d}x} = -kU(L)$$

因 $U(x) = C\sin\frac{p}{a}x + D\cos\frac{p}{a}x$，代入两个边界条件后，得 $D = 0$，及频率方程

$$EA\frac{p}{a}\cos\frac{p}{a}L = -K\sin\frac{p}{a}L$$

上式可写成

$$\tan(pL/a)\Big/\frac{pL}{a} = EA/KL$$

令 $\alpha = -EA/KL$，对应于给定的 α 值采用试奏法不难找到各个固有频率 p_i 值。也可采用下述作图法求出。

由方程 $\tan\frac{pL}{a} = -\frac{pL}{a}\alpha$，以 pL/a 为横坐标，$\tan\frac{pL}{a}$ 为纵坐标，作出 $\tan\frac{pL}{a}$ 和 $-\frac{pL}{a}\alpha$ 两个图形，如图 4-16 所示，得到两个图形交点的横坐标 pL/a，便可求出各阶固有频率。相应的主振型为

$$U_i(x) = \sin\frac{p_i}{a}x$$

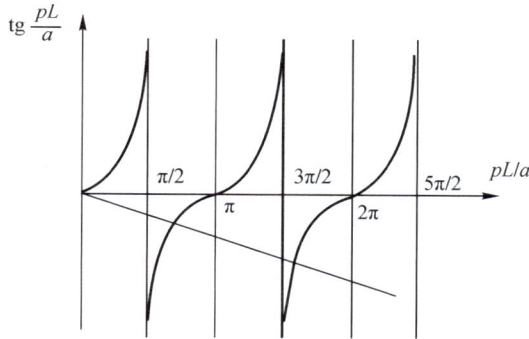

图 4-16 弹性支承杆固有频率 p_i 值

2）杆右端无弹力情况

此时杆右端自由，边界条件为 $u\,|_{x=0} = 0$，$\frac{\partial u}{\partial x}\Big|_{x=l} = 0$，代入式 $EA\frac{p}{a}\cos\frac{p}{a}l = -k\sin\frac{pl}{a}$，

有 $EA\frac{p}{a}\cos\frac{p}{a}l = 0$，所以频率方程成为 $\cos\frac{p}{a}L = 0$，可得出

$$\frac{p_iL}{a} = \frac{(2i-1)\pi}{2}$$

则

$$p_i = \frac{(2i-1)\pi}{2}\frac{a}{L} = \frac{(2i-1)\pi}{2L}\sqrt{\frac{E}{\rho}}\quad (i=1,2,\cdots)$$

相应的主振型为（见图 4-17）

$$U(x) = \sin \frac{(2i-1)\pi}{2L} x \quad (i = 1, 2, \cdots)$$

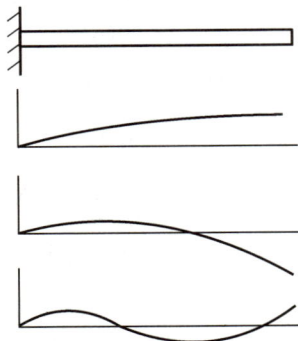

图 4 - 17 主振型图

3) 杆右端固定情况

边界条件为 $U_{x=0} = 0, U_{x=L} = 0$。频率方程为

$$\sin \frac{p}{a} L = 0$$

$$\frac{p_i L}{a} = i\pi$$

$$p_1 = \frac{i\pi a}{L} = \frac{i\pi}{L} \sqrt{\frac{E}{\rho}} \quad (i = 1, 2, \cdots)$$

相应的主振型为(见图 4 - 18)

$$U_i(x) = \sin \frac{i\pi}{L} x \quad (i = 1, 2, \cdots)$$

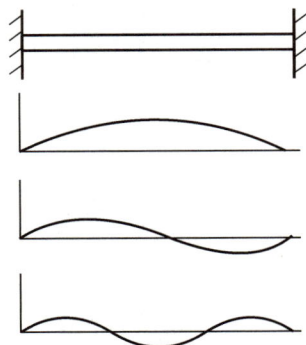

图 4 - 18 主振型图

2.例题 2

图 4 - 19 所示为一端固定、一端带有集中质量的杆,求该系统的固有频率。

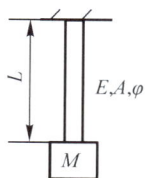

图 4 - 19　一端固定、另一端带有集中质量的杆示意图

解：系统振动微分方程的解为式（4 - 44）。由于在振动时杆端附加了质量产生惯性力，故在边界条件 $x = 0$ 处，$U(0,t) = 0$，即 $U(0) = 0$；在 $x = L$ 处，$EA\dfrac{\partial u(L,t)}{\partial x} = -M\dfrac{\partial^2 u(L,t)}{\partial t^2}$。代入式（4 - 44）式，得

$$D = 0$$

及频率方程

$$EA\,\frac{p}{a}\cos\frac{pL}{a} = Mp^2\sin\frac{pL}{a}$$

由于 $a^2 = \dfrac{E}{\rho}$，$E = \rho a^2$，代入整理后得

$$\frac{\rho AL}{M} = \frac{pL}{a}\tan\frac{pL}{a}$$

上式作变为杆的质量与附加质量 M 的比值，是给定的值。该频率方程的根可以用前述的作图法求出。

设 $\rho AL/M = \alpha$，$PL/a = \beta$，则频率方程为 $\tan\beta = \beta/\alpha$。例如取 $\alpha = 1$，则以 β 为横坐标，作出 $\tan\beta$ 和 $1/\beta$ 的两条曲线，如图 4 - 20 所示，得到两条曲线的交点 β_1，β_2，$\cdots$，便可求得各阶固有频率 p_i（$i = 1,2，\cdots，\infty$）。从图中可得，$\beta_1 = 0.860$，即第一阶固有频率为

$$p_1 = \frac{a\beta_1}{L} = 0.860\,\frac{a}{L} = \frac{0.860}{L}\sqrt{\frac{E}{\rho}}$$

第二、三阶固有频率相应为

$$p_2 = \frac{3.460}{L}\sqrt{\frac{E}{\rho}}$$

$$p_3 = \frac{6.437}{L}\sqrt{\frac{E}{\rho}}$$

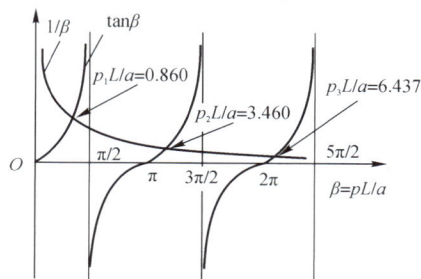

图 4 - 20　一端固定、一端带有集中质量的杆固有频率 p_i 值

4.4 圆轴的扭转自由振动

4.4.1 圆轴扭转自由振动的物理模型

本节讨论圆轴扭转自由振动问题。首先要对圆轴及其扭转振动作理想化假设,建立物理模型。做以下假定:

(1) 圆轴为等截面直圆轴。

(2) 圆轴扭转的平面假设:圆轴扭转变形前原为平面的横截面,变形后仍保持为平面,形状和大小不变,半径仍保持为直线,且相邻两截面间的距离不变。

(3) 扭转是指外力合力为一力偶,且力偶的作用面与杆件轴线垂直。

(4) 扭转变形的受力特点为直杆两端受一大小、转向、作用面于杆轴线的力偶作用。

(5) 圆轴扭转的外力偶作用平面垂直于圆轴杆件轴线方向。

4.4.2 圆轴扭转自由振动的微分方程

本节讨论和介绍等截面直圆轴的扭转自由振动,圆轴长为 L,半径为 r,轴的单位体积的质量为 ρ,剪切模量为 G,截面的极惯性矩为 J_P。取圆轴的轴心线为 x 轴,如图 4-21 所示。以 $\theta(x,t)$ 表示 x 处截面的转角,取微段 $\mathrm{d}x$,则在 $x+\mathrm{d}x$ 截面上的转角为 $\theta+\dfrac{\partial\theta}{\partial x}\mathrm{d}x$,故微段两端的相对扭转角为 $\mathrm{d}\theta=(\theta+\dfrac{\partial\theta}{\partial x}\mathrm{d}x-\theta)=\dfrac{\partial\theta}{\partial x}\mathrm{d}x$。由材料力学知,轴的扭转应变为 $\dfrac{\partial\theta}{\partial x}$,$x$ 截面上的扭矩 $M_\mathrm{t}=GJ_P\dfrac{\partial\theta}{\partial x}$,在 $x+\mathrm{d}x$ 截面上的扭矩为 $M_\mathrm{t}+\dfrac{\partial M_\mathrm{t}}{\partial x}\mathrm{d}x=M_\mathrm{t}+GJ_P\dfrac{\partial^2\theta}{\partial x^2}\mathrm{d}x$,圆截面微段对 x 轴的转动惯性量 $I_P=\rho J_P\mathrm{d}x$。根据定轴转动微分方程式,可得

$$\rho J_P\mathrm{d}x=\frac{\partial^2\theta}{\partial t^2}=(M_\mathrm{t}+GJ_P\frac{\partial^2\theta}{\partial x^2}\mathrm{d}x)-M_\mathrm{t}$$

即

$$\rho\,\frac{\partial^2\theta}{\partial t^2}=G\,\frac{\partial^2\theta}{\partial x^2}$$

令 $a^2=G/\rho$,a 为扭转弹性波的传播速度,则上式可写成

$$\frac{\partial^2\theta}{\partial t^2}=a^2\,\frac{\partial^2\theta}{\partial x^2} \tag{4-45}$$

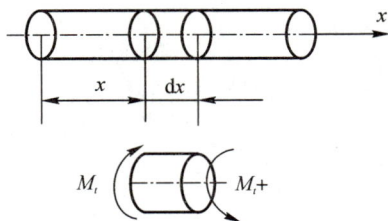

图 4-21 等截面直圆轴的扭转自由振动示意图

式(4-45)即为轴扭转自由振动微分方程,亦为波动方程,与前述杆的纵向自由振动及弦的横向自由振动方程的形式完全一样,故解的形式也一样,只是以 θ 代替 U 或 Y。现直接写出(4-45)式的解:

$$\theta(x,t)=\left(C\sin\frac{p}{a}x+D\cos\frac{p}{a}x\right)(A\sin pt+B\cos pt) \qquad (4-46)$$

式中, p_i 及各个积分常数由边界条件及初始条件来确定。

4.4.3　计算圆轴扭转自由振动响应的例题

一端固定、一端自由的等直圆截面轴如图 4-22 所示。

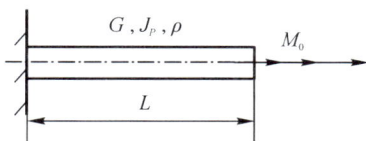

图 4-22　一端固定、一端自由的等截面直圆轴的扭转自由振动示意图

在自由端作用有扭矩 M_0,在 $t=0$ 时突然释放,求系统的固有频率、主振型以及自由端的振幅。

解:轴端的边界条件为: $x=0$ 处, $\theta(0,t)=0$; $x=L$ 处,自由端的剪应力为零,即 $\dfrac{\partial\theta(L,t)}{\partial x}=0$。代入式(4-20),可得 $D=0$ 及 $\cos\dfrac{P}{a}L=0$。

由此可得固有频率

$$p_i=\frac{(2i-1)\pi}{2L}\sqrt{\frac{G}{\rho}} \qquad (i=1,2,\cdots)$$

及相应的主振型

$$\theta(x)=\sin\frac{(2i-1)\pi}{L}x \qquad (i=1,2,\cdots)$$

将上式代入式(4-20),得

$$\theta(x,t)=\sum_{i=1}^{\infty}(A_i\sin p_it+B_i\cos p_it)\sin\frac{(2i-1)\pi}{2L}x \qquad (4-47)$$

将给定的初始条件

$$f(x)=\theta(x,0)=\frac{M_0}{GJ_P}x$$

$$g(x)=\frac{\partial\theta(x,0)}{\partial t}=0$$

代入式(4-47),有

$$\sum_{i=1}^{\infty}B_i\sin\frac{2i-1}{L}x=\frac{M_0}{GJ_P}x \qquad (4-48)$$

$$\sum_{i=1}^{\infty}A_iP_i\sin\frac{2i-1}{L}x=0 \qquad (4-49)$$

由式(4-49)要求任意给定的 x 都成立,必须有 $A_i = 0$,由式(4-48)并利用三角函数的正交性及式(4-14),可得

$$B_i = \frac{2}{L} \frac{M_0}{GJ_P} \int_0^L x \sin \frac{(2i-1)\pi}{2L} x \, dx = \frac{2 M_0}{LGJ_P} \frac{4L^2}{(2i-1)^2 \pi^2} \sin \frac{(2i-1)\pi}{2} = \frac{(-1)^{i-1} 8L}{(2i-1)^2 \pi^2} \frac{M_0}{GJ_P}$$

$$(i = 1, 2, \cdots)$$

代回式(4-47),得系统响应为

$$\theta(x, t) = \frac{8M_0 L}{\pi^2 GJ_P} \sum_{i=1}^{\infty} \frac{(-1)^{i-1}}{(2i-1)^2} \sin \frac{(2i-1)\pi}{2L} x \cos \frac{(2i-1)\pi}{2L} \sqrt{\frac{G}{\rho}} t$$

在自由端即 $x = L$ 处振幅最大,且当 $\cos \dfrac{(2i-1)\pi}{2L} \sqrt{\dfrac{G}{\rho}} t = 1$ 时,θ 为最大,即

$$\theta_{\max} = \frac{8}{\pi^2} \frac{M_0 L}{GJ_P} \sum_{i=1}^{\infty} \frac{(-1)^{i-1}}{(2i-1)^2} \sin \frac{(2i-1)\pi}{2}$$

$$= \frac{8}{\pi^2} \frac{M_0 L}{GJ_P} \left(1 + \frac{1}{9} + \frac{1}{25} + \cdots\right) = \frac{8}{\pi^2} \frac{M_0 L}{GJ_P} \frac{\pi^2}{8} = \frac{M_0 L}{GJ_P}$$

4.5　主振型的正交性和振型迭加法

4.5.1　主振型的正交性

从第 3 章的介绍和讨论中可知,连续系统的主振型有无穷多阶。通过多自由度系统基本相同的途径可以证明,连续系统在两个不同阶的主振型之间也同样地存在正交性。因为连续弹性体的振动可以看做无穷多个自由度系统的振动,从有限个自由度的证明方法推广到无限个自由度是没有问题的,但是正交性的表达形式有所变化。因为连续体的主振型是用连续函数表达的,其质量和刚度的分布也是用连续函数表达的;所以主振型的正交性将以积分的形式表达,而不是用求和的形式表达。

下面仅就梁的横向自由振动的主振型函数讨论其正交性。在讨论中,设梁截面可以是变化的,即 EJ 及 ρA 可不必为常数。

设 $Y_i(x)$ 及 $Y_j(x)$ 分别代表对应于第 i 阶和第 j 阶固有频率 p_i 及 p_j 的主振型函数,则它们必定满足下列方程:

$$\frac{d^2}{dx^2}\left(EJ \frac{d^2 Y}{dx^2}\right) p^2 \rho A Y = 0 \tag{4-50}$$

式(4-33)是根据方程式(4-15),并假设解

$$y(x, t) = Y(x)(A \sin pt + B \cos pt)$$

代入方程而得到的。故有

$$\frac{d^2}{dx^2}\left(EJ \frac{d^2 Y_i}{dx^2}\right) = p_i^2 \rho A Y_i$$

或写成

$$(EJ Y_i'')'' = p_i^2 \rho A Y_i \tag{4-51}$$

$$\frac{\mathrm{d}^2}{\mathrm{d}x^2}\left(EJ\,\frac{\mathrm{d}^2 Y_j}{\mathrm{d}x^2}\right) = p_j^2 \rho A Y_j$$

或写成

$$(EJ Y_j'')'' = p_j^2 \rho A Y_j \tag{4-52}$$

用 $Y_j(x)$ 乘式(4-51),并在梁全长进行分部积分,得

$$\int_0^L Y_j (EJ Y_i'')'' \mathrm{d}x = \left[Y_j(EJ Y_i'')'\right]\Big|_0^L - \int_0^L (EJ Y_i'')' Y_j' \mathrm{d}x = \left[Y_j(EJ Y_i'')'\right]\Big|_0^L -$$

$$(Y_j' EJ Y_i'')\Big|_0^L + \int_0^L EJ Y_j'' Y_i'' \mathrm{d}x = p_i^2 \int_0^L \rho A Y_i Y_j \mathrm{d}x \tag{4-53}$$

再用 $Y_i(x)$ 乘式(4-52),并在梁全长进行分部积分,得

$$\int_0^L Y_i (EJ Y_j'')'' \mathrm{d}x = \left[Y_i(EJ Y_j'')'\right]\Big|_0^L - \int_0^L (EJ Y_j'')' Y_i' \mathrm{d}x = \left[Y_i(EJ Y_j'')'\right]\Big|_0^L -$$

$$(Y_i' EJ Y_j'')\Big|_0^L + \int_0^L EJ Y_j'' Y_i'' \mathrm{d}x = p_j^2 \int_0^L \rho A Y_i Y_j \mathrm{d}x \tag{4-54}$$

将式(4-53)与式(4-54)相减,得

$$(p_i^2 - p_j^2)\int_0^L \rho A Y_i Y_j \mathrm{d}x = \left[Y_j(EJ Y_i'')' - Y_i(EJ Y_j'')'\right]\Big|_0^L - \left[(Y_j' EJ Y_i'') - (Y_i' EJ Y_j'')\right]\Big|_0^L \tag{4-55}$$

式(4-55)右边实际上是梁的边界条件,即 $X=0$ 和 $X=L$ 的端点条件,无论梁的边界是固定、简支或自由,式(4-55)右边都等于零。因此,只要 $i\neq j$,$p_i^2 \neq p_j^2$,便有

$$\int_0^L \rho A Y_i(x) Y_j(X) \mathrm{d}x = 0 \qquad (i\neq j) \tag{4-56}$$

这就是在简单支承条件下梁的主振型对于质量 $\rho A(x)$ 的正交性条件。

将式(4-56)代回式(4-54),便得

$$\int_0^L Y_i(x)\left[EJ Y_j''(x)\right]'' \mathrm{d}x = \int_0^L EJ Y_i''(x) Y_j''(x) \mathrm{d}x = 0 \quad (i\neq j) \tag{4-57}$$

式(4-57)是在简单支撑条件下,梁的主振型对于刚度 $EJ(x)$ 的正交性条件。对于等截面梁,ρA 与 EJ 均为常数,则主振型的正交性条件就简化为

$$\int_0^L Y_i(x) Y_j(x) \mathrm{d}x = 0 \quad (i\neq j) \tag{4-58}$$

$$\int_0^L Y_i''(x) Y_j''(x) \mathrm{d}x = 0 \quad (i\neq j) \tag{4-59}$$

当 $i=j$ 时,式(4-55)自然满足。这时,可令

$$\left.\begin{aligned}
\int_0^L \rho A\, Y_i^2(x) \mathrm{d}x &= M_i \\
\int_0^L EJ\left[Y_i'(x)\right]^2 \mathrm{d}x &= K_i
\end{aligned}\right\} \tag{4-60}$$

式中,M_i 称为第 i 阶主振型的主质量,K_i 称为第 i 阶主振型的主刚度。

由式(4-53)或式(4-54)可得

$$K_i / M_i = p_i^2$$

通常,为了运算方便,将主振型正则化,可取

$$\int_0^L \rho A Y_i^2(x)\mathrm{d}x = 1 \qquad (4-61)$$

将式(4-61)代回式(4-53),得

$$EJ \int_0^L Y_i(x)Y_i'''(x)\mathrm{d}x = EJ \int_0^L [Y_i''(x)]^2\mathrm{d}x = p_i^2 \qquad (4-62)$$

以下讨论不同支承情况下振型函数正交性的表达式。

(1) 当梁的两端为弹性支承时,边界条件为

$$EJ(L)Y''(L) = 0$$
$$[EJ(L)Y''(L)]' = kY(L)$$

将它们代入式(4-55)及式(4-53),可得

$$\left.\begin{array}{l} \displaystyle\int_0^L \rho A Y_i(x)Y_j(x)\mathrm{d}x = 0 \quad (i \neq j) \\[3mm] \displaystyle\int_0^L EJ Y_i''(x)Y_j''(x)\mathrm{d}x + kY_i(L)Y_j(L) = 0 \quad (i \neq j) \end{array}\right\} \qquad (4-63)$$

(2) 当梁的 L 端具有附加质量 m 时,边界条件为

$$EJ(L)Y''(L) = 0$$
$$[EJ(L)Y''(L)]' = -mp^2 Y(L)$$

将它代入式(4-55)及式(4-53),可得

$$\left.\begin{array}{l} \displaystyle\int_0^L \rho A Y_i(x)Y_j(x)\mathrm{d}x + mY_i(L)Y_j(L) = 0 \quad (i \neq j) \\[3mm] \displaystyle\int_0^L EJ Y_i''(x)Y_j''(x)\mathrm{d}x = 0 \quad (i \neq j) \end{array}\right\} \qquad (4-64)$$

上面讨论的是梁横向自由振动的主振型正交性条件。用同样的方法也可推导出在简单支承条件下杆纵向自由振动及圆盘扭转自由振动时的主振型正交条件,具体如下:

对于杆纵向振动,有

$$\left.\begin{array}{l} \displaystyle\int_0^L \rho A U_i(x)U_j(x)\mathrm{d}x = 0 \quad (i \neq j) \\[3mm] \displaystyle\int_0^L EA U_i'(x)U_j'(x)\mathrm{d}x = 0 \quad (i \neq j) \end{array}\right\} \qquad (4-65)$$

$$\left.\begin{array}{l} \displaystyle\int_0^L \rho J_P H_i(x)H_j(x)\mathrm{d}x = 0 \quad (i \neq j) \\[3mm] \displaystyle\int_0^L GJ_P H_i'(x)H_j'(x)\mathrm{d}x = 0 \quad (i \neq j) \end{array}\right\} \qquad (4-66)$$

利用主振型的正交性条件,就可以采用振型迭加法将任何初始条件引起的自由振动和任意激扰力引起的强迫振动都简化为类似于单自由度系统那样的振动微分方程式来求解。

4.5.2 振型迭加法

求得杆件振动的固有频率及主振型后,利用主振型的正交性及第 5 章中介绍的振型迭加法,就可以求得初始条件下的响应及任意激扰力的响应。本节仍以梁的横向振动问题为

例来说明这一方法。

如图 4-23 所示的等直梁在任意分布横向载荷 $F(x,t)$ 作用下,求它的强迫振动响应。这时梁的横向振动微分方程为

$$\frac{\partial^2}{\partial x^2}\left(EJ\,\frac{\partial^2 y}{\partial x^2}\right)+\rho A\,\frac{\partial^2 y}{\partial x^2}=F(x,t) \tag{4-67}$$

对等直梁,可简化为

$$EJ\,\frac{\partial^4 y}{\partial x^4}+\rho A\,\frac{\partial^2 y}{\partial x^2}=F(x,t) \tag{4-68}$$

这是一个四阶常系数非齐次偏微分方程,其解之一为对应于齐次方程的解,即梁的自由振动的解,只要给定初始条件即可求得相应的响应,这是一个瞬态振动。另一解是对应于非齐次方程的特解,在给定的激扰力函数 $F(x,t)$ 后,可求得激振力的响应,即梁的稳态响应。如前所述,用振型迭加法求系统稳态响应的步骤如下:

(1) 通过求解梁的自由振动微分方程求出在给定边界条件下梁的各阶固有频率 p_i 和相应的主振型 $Y_i(x)(i=1,2,\cdots)$,并且应用式(4-39),将主振型正则化,得到相应的正则振型函数,仍用 $Y_i(x)$ 表示。

(2) 引进正则坐标 $q_i(t)$,对原方程式(4-68)进行坐标变换,即令

$$y(x,t)=\sum_{i=1}^{\infty}Y_i(x)q_i(t) \tag{4-69}$$

将式(4-69)代入式(4-68),得

$$\sum_{i=1}^{\infty}\rho A Y_i \ddot{q}_i+\sum_{i=1}^{\infty}EJY_i'''q_i=F \tag{4-70}$$

将式(4-51)两边均乘以 $Y_j(x)\mathrm{d}x$,并对梁全长积分,即

$$\sum_{i=1}^{\infty}\left[\ddot{q}_i(t)\int_0^L \rho A Y_j(x)Y_i(x)\mathrm{d}x+q_i(t)\int_0^L EJY_j(x)Y_i''''(x)\mathrm{d}x\right]=\int_0^L Y_j(x)F(x,t)\mathrm{d}x$$

应用主振型的正交性,上式左边只剩下 $i=j$ 的项非零,其余均为零,由此可得一组独立的常微分方程组:

$$\ddot{q}_i+p_i^2 q_i=Q_i \quad (i=1,2,\cdots) \tag{4-71}$$

式中

$$Q_i=\int_0^L F(x,t)Y_i(x)\mathrm{d}x \tag{4-72}$$

称为对应于正则坐标 q_i 的广义力。

式(4-71)和无阻尼单自由度系统强迫振动的微分方程形式完全相同,其解亦相同。如应用卷积积分求解,则

$$q_i(t)=\frac{1}{p_i}\int_0^L Q_i(\tau)\sin p_i(t-\tau)\mathrm{d}\tau \quad (i=1,2,\cdots) \tag{4-73}$$

求系统在原广义坐标下的响应 $y(x,t)$,即将已求出的 $q_i(t)$ 代回式(4-69),得

$$y(x,t)=\sum_{i=1}^{\infty}Y_i(x)\frac{1}{p_i}\int_0^L Q_i(\tau)\sin p_i(t-\tau)\mathrm{d}\tau=$$

$$\sum_{i=1}^{\infty} \frac{Y_i(x)}{p_i} * \int_0^L Y_i(x) \int_0^L F(x,t) \sin p_i(t-\tau) \mathrm{d}\tau \mathrm{d}x \qquad (4-74)$$

式(4-74)表示,梁在受到横向分布激扰力作用时的动力响应,是各阶主振型(正则振型)的迭加,若在梁上作用的不是分布激扰力 $F(x,t)$,而是在梁 $x=x_1$ 处作用的一个集中力 $p(t)$,则

$$Q_i(t) = p(t)Y_i(x_1) \qquad (4-75)$$

$$q_i(t) = \frac{1}{p_i} \int_0^L p(\tau)Y_i(x_1) \sin p_i(t-\tau) \mathrm{d}\tau \qquad (4-76)$$

$$y(x,t) = \sum_{i=1}^{\infty} \frac{Y_i(x)Y_i(x_1)}{p_i} \int_0^L p(\tau) \sin p_i(t-\tau) \mathrm{d}\tau \qquad (4-77)$$

式中,$Y_i(x_1)$ 为第 i 阶正则振型在 $x=x_1$ 的值。

以上就是用振型迭加法求解系统强迫振动响应的过程。

4.5.3　计算梁强迫振动响应的例题

1.例题 1

如图 4-23 所示的均匀简支梁,其长度为 L,抗弯刚度为 EJ,在 $x=x_1$ 处作用一集中简谐力 $p\sin\omega t$。求梁的强迫振动响应。

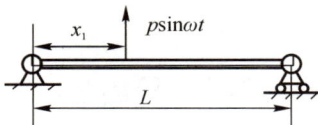

图 4-23　均匀简支梁示意图

解:前面已求得简支梁的固有频率为

$$p_i = \left(\frac{i\pi}{L}\right)^2 \sqrt{EJ/\rho A}$$

相应的主振型函数为

$$Y_i(x) = c_i \sin \frac{i\pi x}{L}$$

将主振型正则化,应用式(4-39),即

$$\rho A \int_0^L \left(c_i \sin \frac{i\pi x}{L}\right)^2 \mathrm{d}x = 1$$

由此得

$$c_i = \sqrt{\frac{2}{\rho AL}}$$

所以正则振型函数为

$$Y_i(x) = \sqrt{\frac{2}{\rho AL}} \sin \frac{i\pi x}{L}$$

正则坐标的广义激扰力可由式(4-52)求出,为

$$Q_i(t) = P(t)Y_i(x_1) = \sqrt{\frac{2}{\rho AL}} p \sin\frac{i\pi x_1}{L}\sin\omega t$$

代入式(4-53),得

$$q_i(t) = \frac{1}{p_i}\int_0^L p(\tau)Y_i(x_1)\sin p_i(t-\tau)d\tau =$$

$$\sqrt{\frac{2}{\rho AL}}\frac{P}{P_i^2[1-(\omega/P_i)^2]}\sin\frac{i\pi x_1}{L}(\sin\omega t - \frac{\omega}{P_i}\sin p_i t)$$

代入式(4-47),即得系统在原广义坐标下的响应为

$$y(x,t) = \frac{2P}{\rho AL}\sum_{i=1}^{\infty}\frac{1}{P_i^2[1-(\omega/P)^2]}\sin\frac{i\pi}{L}x_1\sin\frac{i\pi}{L}x(\sin\omega t - \frac{\omega}{P_i}\sin P_i t)$$

2.例题 2

已知图4-24所示的均匀简支梁上有均布力 $F(t)=F_0\sin\omega t$ 作用,求解该系统的强迫振动响应。

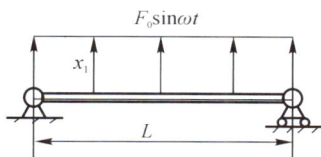

图 4-24　均布力作用在均匀简支梁上示意图

解:由前面的讨论已知简支梁的固有频率为

$$p_i = (\frac{i\pi}{L})^2\sqrt{EJ/\rho A}$$

正则振型函数为

$$Y_i(x) = \sqrt{\frac{2}{\rho AL}}\sin\frac{i\pi x}{L}$$

由式(4-49)求广义力:

$$Q_i(t) = \int_0^L F_0\sin\omega t\sqrt{\frac{2}{\rho AL}}\sin\frac{i\pi x}{L}dx = 2F_0\sqrt{\frac{2}{\rho AL}}\frac{L}{i\pi}\sin\omega t \quad (i=1,3,5,\cdots)$$

代入式(4-50),得

$$q_i(t) = \frac{1}{p_i}\int_0^L Q_i(\tau)\sin p_i(t-\tau)d\tau = \frac{2F_0 L}{i\pi}\sqrt{\frac{2}{\rho AL}}\frac{1}{P_i^2-\omega^2}(\sin\omega t - \frac{\omega}{P_i}\sin p_i t)$$

$$(i=1,3,5,\cdots)$$

将 $q_i(t)$ 代入式(4-47),得

$$y(x,t) = \frac{4F_0 L^4}{EJ\pi^5}\sum_{i=1,3,5,\cdots}^{\infty}\frac{1}{[1-(\omega/P)^2]i^5}\sin\frac{i\pi x}{L}(\sin\omega t - \frac{\omega}{P_i}\sin P_i t)$$

上式表明,均匀简支梁由于受到对称载荷作用,只产生对称振型的振动。

3.例题 3

如图 4-25 所示的均匀简支梁,当 $t=0$ 时,在 $x=x_1$ 处的微小范围 ε 内受到冲击,得到初始速度 V 后作自由振动,试求此系统的响应。

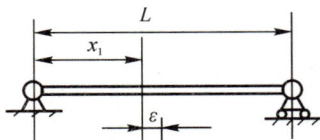

图 4-25　均匀简支梁示意图

解:已知初始条件 $y_0(x)=0, \dot{y}_0(x)=V$(当 $x_1-\dfrac{\varepsilon}{2} \leqslant x \leqslant x_1+\dfrac{\varepsilon}{2}$),其他处为零。

已求得简支梁的固有频率为

$$p_i = \left(\frac{i\pi}{L}\right)^2 \sqrt{EJ/\rho A}$$

正则振型函数为

$$Y_i(x) = \sqrt{\frac{2}{\rho A L}} \sin\frac{i\pi x}{L}$$

代入式(4-55),得

$$q_{i0}=0, \quad \dot{q}_{i0} = \int_0^L qA\dot{y}_0 Y_i \,\mathrm{d}x = V\sqrt{\frac{2\rho A}{L}}\,\frac{2L}{i\pi}\sin\frac{i\pi x_1}{L}\sin\frac{i\pi\varepsilon}{2L}$$

因 ε 很小,所以 $\sin\dfrac{i\pi\varepsilon}{2L} \approx \dfrac{i\pi\varepsilon}{2L}$,故

$$\dot{q}_{i0} = V\varepsilon\sqrt{\frac{2\rho A}{L}}\sin\frac{i\pi x_1}{L}$$

代入式(4-54),由于 $Q_i=0$,得系统的响应为

$$y(x,t) = \sum_{i=1}^{\infty} Y_i\left(q_{i0}\cos p_i t + \frac{\dot{q}_{i0}}{P_i}\sin P_i t\right) = \frac{2V\varepsilon}{L}\sum_{i=1}^{\infty}\frac{1}{P_i}\sin\frac{i\pi x_1}{L}\sin\frac{i\pi x}{L}\sin p_i t$$

如梁在中部受到冲击,即 $x_1=L/2$,则

$$y(x,t) = \frac{2V\varepsilon}{L}\left[\frac{1}{p_1}\sin\frac{\pi x}{L}\sin p_1 t - \frac{1}{p_3}\sin\frac{3\pi x}{L}\sin p_3 t + \frac{1}{p_5}\sin\frac{5\pi x}{L}\sin p_5 t \cdots\right]$$

由于 $p_i = \left(\dfrac{i\pi}{L}\right)^2\sqrt{EJ/\rho A}$,所以 $\dfrac{1}{p_i} = \dfrac{L^2}{(i\pi)^2}\sqrt{\rho A/EJ}$,代入上式,可写成

$$y(x,t) = \frac{2V\varepsilon L}{\pi^2}\sqrt{\frac{\rho A}{EJ}}\left[\sin\frac{\pi x}{L}\sin p_1 t - \frac{1}{9}\sin\frac{3\pi x}{L}\sin p_3 t + \frac{1}{25}\sin\frac{5\pi x}{L}\sin p_5 t \cdots\right]$$

上式表明,由于均匀简支梁受到的初始冲击是对称的,所以只产生对称性振动,同时由于各阶振型的幅值按与 i^2 成反比下降,因此低阶振型起主要作用,高阶主振型所占比很小。

思 考 题

1.简述梁横向自由振动物理模型的内容。

2.写出梁的横向自由振动微分方程。

3.列举三种常见等截面梁的边界条件及其横向自由振动固有频率与主振型。

4.简述弦横向振动物理模型的内容。

5.写出弦横向振动的微分方程、固有频率和对应主振型公式。

6.简述杆纵向振动的物理模型的内容。

7.写出杆纵向振动的微分方程。

8.根据不同的约束情况写出杆纵向自由振动的固有频率与主振型公式。

9.简述圆轴扭转自由振动物理模型的内容。

10.写出圆轴扭转自由振动的微分方程及其解的公式。

11.简述主振型正交性的定义。

第 5 章　随机振动分析

"随机"一词的含义是指事物依照情势进行的自由组合。例如把一个硬币扔到天空,谁也不知道它落地时朝上的是正面还是反面,这种现象就叫做随机。随机现象是概率论研究的主要对象,随机现象的背后往往存在着深刻的规律。

客观世界是运动的,运动是有规律的。客观世界作用于事物各个个体的因素可分为基本因素和次要因素两大类。其中,基本因素决定事物的必然规律,是指事物本质的规律,它毫无例外地适用于事物所有个体;次要因素使事物呈现统计规律,是指通过对随机现象的大量观察,所呈现出来的事物的集体性规律。

人们所能认识而且能够控制的因素是基本因素,而大量的次要因素未能为人们所认识或未能完全被人们所控制,但只要存在次要因素的影响,就必然会有所表现。机械系统中随机振动的研究始于 20 世纪 50 年代,当时主要出于航空科学的需要。后来这一理论在土木建筑工程、交通运输工程和海洋工程等方面也得到了广泛应用。自 60 年代以来,振动测试技术和计算技术飞速发展,为解决复杂的振动问题提供了强有力的手段。

本章主要介绍随机振动中最基本的理论,并阐述随机过程的基本概念及其统计特征,以及这类振动中的物理量的描述方法。

5.1　随机振动的基本概念

物体结构振动是自然界普遍存在的一种现象。这些振动将直接影响包括无人机结构在内的工程结构的安全性、耐久性和使用性能,在工程设计阶段必须予以充分考虑,并对其进行有效控制。振动理论所研究的内容就是在激励和体系特性已知的前提下,计算体系反应的方法。科学研究随机振动的目的,就是要发现反映其本质的客观规律,即排除偶然性的掩盖与干扰。为此必须首先认识其偶然性,通过随机振动现象来发现事物的统计规律,并把它应用于对客观规律的认识和把握。

5.1.1　随机振动的定义和问题分类

1.随机振动的定义

振动是自然界普遍存在的一种现象,可分为定则(确定性)振动和随机振动两大类,其中定则振动是指振动有一定规律性,可以用一个确定的函数来描述,或者可以用若干离散的数值来描述,而且这个规律是可以重复的,具有确定性的数学关系式,是可以预先估计的,如本书前 4 章所介绍和讨论的振动问题都属于定则振动的范畴。定则振动系统重要的物理量诸如固有频率、周期、振幅、初相位等，都是确定性的。定则振动是传统的振动理论所研究的内容，已有 200 余年的历史，许多问题已研究得相当系统、深入，研究成果也在实际工程中得到了广泛的应用。

本章介绍的随机振动与正则振动不一样，它是指那些无法用确定性函数来描述，但又有一定统计规律的振动，例如，无人机飞行中的颠簸、阵风作用下结构的响应、湍流引起的无人机机体舱壁颤动等都属于随机振动。简言之，随机振动是从另一个角度看待工程的振动问题的，它认为工程振动过程没有确定的变化形式，也没有必然的变化规律，因而不能用时间的确定函数来加以描述。

随机振动一般指的不是单个现象，而是大量现象的集合。这些现象似乎是杂乱的，但从总体上看仍有一定的统计规律。因此，随机振动虽然不能用确定性函数描述，却能用统计特性来描述。在定则振动问题中可以考察系统的输出和输入之间的确定关系；而在随机振动问题中就只能确定输出和输入之间的统计特性关系。像无人机飞行降落过程中突然遇到的低空风切变引起的激烈振动即为随机振动，虽然无法进行精确预测（即使观测条件完全相同，观测结果也不会重复），但在大量重复试验中又具有统计规律性的现象，被称为随机性。随机性是自然界和人为现象所固有的。当随机性的程度较低时，每次试验结果之间的离散度不高，可以以平均试验结果为依据在确定性范畴内处理问题，而忽略平均值附近的变化。从这个意义上讲，确定性振动问题可以被认为是随机振动的一个特例。当随机性程度不是较低，或对体系振动性态的描述要求较高，或体系工作的机理尚不清楚的振动问题，则不宜采用确定性振动理论而必须采用随机振动理论进行分析和处理。

2.随机振动问题的分类

实际工程中，随机振动现象是十分普遍的，严格地说，人们在生活中所遇到的一切实际系统的振动都是随机的，只不过有些振动随机的成分很小，可以忽略，当作确定性系统来研究。但是对于像湍流引起的无人机、火箭的振动等都必须考虑振动的随机性，用随机振动的研究方法进行研究，才能得出更符合实际情况的结论。

1)随机问题主要分为两大类

(1)系统是确定性的，激励是随机的。确定性的系统在随机的激励作用下，系统的响应也是随机的。在这类问题中，主要研究激励以及由其引起的随机振动响应的统计规律，研究这些规律与系统特性之间的关系。通常的随机振动研究主要属于这一类。

(2)系统是随机的，激励或是确定的，或是随机的。自然界和工程中也有这样的问题，例如，雨天输电线的振动问题，输电线的质量是随机变化的，也就是系统的特性是随机的。这类问题同样也是研究随机现象的统计规律以及它们之间的相互关系。

2)随机振动其他的分类方法

(1)按系统自由度分类，分为单自由度随机振动、多自由度随机振动、无限多自由度随机振动。

(2)按振动微分方程的特点分类，分为线性随机振动、非线性随机振动。

(3)按随机振动频带宽窄分类，分为宽带随机振动、窄带随机振动。

(4)按振动的特性随时间变化情况分类，分为平稳随机振动、非平稳随机振动。

根据体系和随机过程的性质,随机振动可以分为不同类型的问题,如图 5-1 所示。从理论上讲,在输入、体系和反应三者之间已知其中两者,就可以求解出第三者。其中线性体系平稳随机振动问题研究得最为成熟,在工程中也应用得最为广泛,是经典理论。

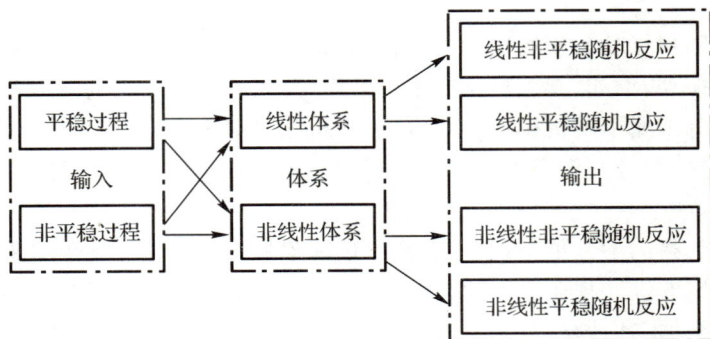

图 5-1　随机振动问题的分类

5.1.2　随机过程及其数学描述

由于确定性的结构系统在随机变化的激励力作用下,系统的振动响应也是随机变化的,所以随机振动主要研究激励以及由其引起的随机振动响应的统计规律,以及这些规律与系统特性之间的关系。对这些规律我们可以利用概率论的知识进行定量或定性的研究,所以,首先要对随机激励或者随机响应进行赋值,也就是用一个变量来表示,以及对随机振动的各个量进行数学描述。

1.随机过程的概念

所谓过程,是指物理量随时间(或其他单调函数)变化的情况。如果在某一种过程中,无法准确预知随时间改变的物理量的变化,但其变化规律服从统计规律,这样的过程就是随机过程。从数学上讲,随机振动中涉及的随时间改变的物理量的变化过程就是随机过程。随机振动是随机过程理论在振动领域里的应用。

以在同一架无人机上的同一测量点,在相同条件下(相同航线、高度、速度)使用相同测量设备进行若干次飞行试验为例。如果每次飞行试验在该点测量所得的振动时间历程 $x_i(t)$(下标 i 表示试飞的次数)各不相同,那么,各次试验测得的各条振动时间历程曲线的总体集合就是一个随机过程,用 $X(t)$ 表示。若取相同时刻[例如同为起飞后 t_1(秒)]来观察,在各次的试验中,振动量 $x_i(t_i)$ 的数值各不相同,则称 $x(t_i)$ 是一个随机变量。显然,对于每一个给定的时刻 t_i,$x(t_i)$ 是一个随机变量。随机变量的单个试验记录(时间历程曲线)$x_i(t)$ 称为样本函数(或称为子样),同一过程的多个试验记录的集合称为样本集合(或称为总体)。由各次试验可能产生的全部样本集合所代表的过程就是一个随机过程,如图 5-2 所示。

从理论上讲,随机过程应包含无穷多个样本,而且每个样本在时间域上还是无穷长的,显然,给定时刻的随机过程的统计特性要由这个时刻各子样的取值规律来决定。因此,如果想完整地描述随机振动过程,需要研究它非常多个子样记录,才能找出它的有关统计分布规律。例如,最简单的统计特性是均值,它要把各子样记录中相应时刻的取值全部拿来平均,平均的子样数越多,统计估计就越准确。显然统计分析又是研究随机过程的基础。

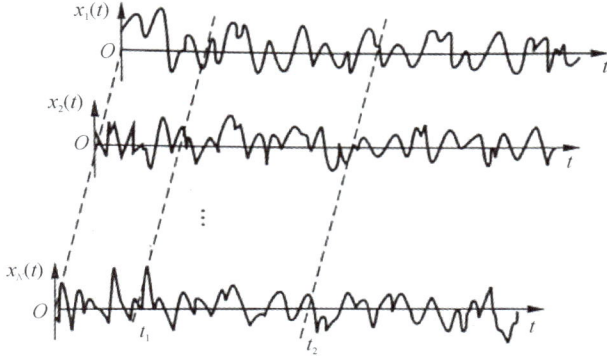

图 5 - 2　随机振动记录

　　由于在实践中只能得到有限长的样本记录,而不可能得到无限长的样本函数,所以在随机振动研究工作中并不严格区分样本记录和样本函数,即有时也称样本记录为样本函数。一个随机过程的每一个样本记录的时间区间一般是相同的。这个时间区间可以是很长的时间,也可以是相对较短的时间,这要根据所研究问题及数据处理的特点和需要而定。例如,河水流量随机过程的样本长度为一年,高大建筑物脉动随机过程的样本记录长度也许为数小时,而在起飞阶段无人机振动随机过程的样本记录可能只有几分钟。

　　随机过程的具体获得方法是同一架固定翼无人机,在飞行条件不变的情况下,在同一条跑道上行驶 N 次进行测量。一般来讲,要完整地描述一个随机过程 $X(t)$,需要大量的样本函数,需要进行大量的试验。也就是说,随机过程的特征参数由无限多个样本函数来确定。该图表示同一个过程的 N 个记录样本函数 $x_1(t),x_2(t),\cdots,x_N(t)$,各自的时间起点是任意选定的。

　　显然,对于某一时刻 t_1,$x_i(t)$ 到底等于多少是不确定的,它是随次数 i 而变化的,因此一个随机过程包含了随机现象可能产生的全部样本函数的集合,而一个样本函数是随机过程的一个物理现实。然而,在工程实践中记录的样本函数往往是有限的。幸好在实践中有一类随机过程,其统计特性可以根据少数甚至一次试验的振动时间历程(单个样本记录)就能确定,这就是所谓的各态历经的随机振动过程。

　　随机过程是对在空间和时间上高度不规则,事先无法预估,其变化也无法重复,其统计规律随时间演化的物理现象的一种数学描述。工程中存在着很多这种物理现象,这些物理现象无法用确定性的理论来描述,但可以用随机过程来描述。

　　随机振动的数学抽象即为随机过程。随机过程的分类如图 5-3 所示。随机过程的每一次测量所得结果都可看作一次实现,或叫样本函数。所有可能的样本函数的集合构成一个随机过程。随机过程的每次实现是一个确定的非随机函数,但各个实现各不相同,因此为了得到随机过程的统计特性也必须做大量的独立测量。随机过程是由时间上无限长、样本的无限多个的样本函数构成的,可以写为

$$X(t) = [x_j(t), t \in T, j = 1, 2, \cdots] \tag{5-1}$$

随机过程是对随机现象的完全描述,严格的随机过程应包含随机现象的无穷多个独立测量样本,而且每个样本应该在时间上无限长。实际分析中,只能用样本长度有限,样本数目有限的样本集合来代替随机过程,所得结果仅是随机现象统计特征的一个近似。

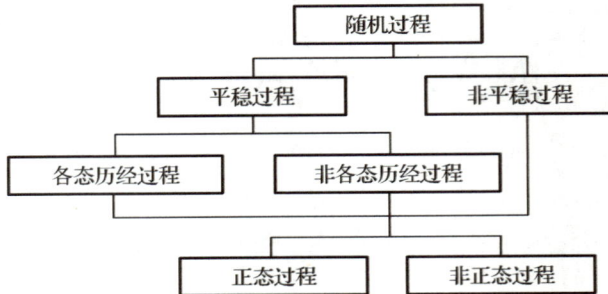

```
                    ┌──────────┐
                    │  随机过程  │
                    └──────────┘
              ┌───────────┴───────────┐
        ┌──────────┐           ┌──────────┐
        │  平稳过程  │           │ 非平稳过程 │
        └──────────┘           └──────────┘
       ┌──────┴───────────────────┐
 ┌────────────┐           ┌────────────┐
 │ 各态历经过程 │           │ 非各态历经过程 │
 └────────────┘           └────────────┘
              ┌───────────┴───────────┐
        ┌──────────┐           ┌──────────┐
        │  正态过程  │           │ 非正态过程 │
        └──────────┘           └──────────┘
```

图 5-3   随机过程的分类

2.随机过程的数学描述

随机过程,一方面定义为无穷多个样本函数的集合,另一方面可以看作无穷多个随机变量的集合,即

$$X(t_i), \quad i = 1, 2, \cdots, \infty \tag{5-2}$$

式中,$X(t_i)$ 是由随机过程 X 在 t_i 时刻所有可能的取值 $x_j(t_i)$ 构成的随机变量,j 是样本函数的编号,$j = 1, 2, \cdots, \infty$。正因为它可以被认为是由无穷多个随机变量构成的,所以我们首先从随机变量的概率描述角度来对随机过程进行描述。

在相同随机激励的多次作用下,结构系统在某一固定时刻振动响应可能的取值,都属于随机变量,即对所研究的随机现象赋值便得到一个随机变量。随机试验的一种结果也就是随机变量的一个可能取值,这些所有可能的取值的集合用集合符号表示为

$$X = \{x_j\}, \quad j = 1, 2, 3, \cdots n \tag{5-3}$$

式中,x_j 为随机变量 X 的一种可能取值。n 取有限值就是离散随机变量,n 取无穷大就是连续随机变量。研究一个随机变量,不但要知道它在每次试验时的取值,更重要的是要知道它取这个数值的概率。综上所述,随机变量的基本特征,用数学的语言来给出定义为:定义于某样本空间 Ω 上的实变量 $X(n), n \varepsilon \Omega$,如果对于每一个实数 $x, X(n) \leqslant x$ 的概率 $\text{Prob}\{X(n) \leqslant x\}$ 都存在,那么就称 $X(n)$ 为随机变量。通常主要考虑随机变量 $X(n)$ 的值取在整个实数轴 $(-\infty, +\infty)$ 上的问题。以下为行文方便将 $X(n)$ 简写为 X。

对某一随机过程,通常用下列四个方面的信息来描述它:

(1)幅值域。幅值域简称幅域,幅值的概率密度表示随机振动瞬时幅值落在某一区间内的概率。在随机振动试验中,幅值的概率密度曲线为正态分布曲线,并且平均值为零。幅值域有概率分布、概率密度等。

(2)时域。时域给出频率成分和时间历程之间的信息。时域有平均值、均方值、均方根值、方差等。

(3)时差域。时域的平均值、方均值、方均根值、幅值的概率分布、幅值的概率密度等充

分描述了随机振动在时域和幅值域中的各种信息,但没有给出频率含量与时间历程之间的信息。这些信息是在自相关函数和互相关函数中给出的。时差域有自相关函数、互相关函数。

（4）频率域。随机振动由于振动的时间历程具有明显的非周期性,所以必须用功率谱密度（均方谱密度）来计算。频率域有自功率谱密度、互功率谱密度、频率响应函数以及相干函数。

3．随机变量的数字特征

随机变量的统计特征可以用概率分布函数或概率密度函数作完整描述,但要确定这些函数一般不大容易,通常也不是总有这个必要,实际问题是只需主要的统计特征即可,这些主要的数字特征称为随机变量的矩。随机变量 X 是样本空间 Ω 上的函数,即 $X:\Omega \rightarrow R$,X 表示一个随机变量,但是要知道它的本质是样本空间上的一个实值函数,其实换成其他类型的值域,比如复数域或者一般的拓扑阿贝尔群也是可以的,随机变量的高阶矩类似于矩阵的高阶 trace。随机变量的一阶矩是数学期望 $E(X)=\int \Omega X \mathrm{d}\sigma$,二阶矩定义为 $E(X_2)=\int \Omega X_2 \mathrm{d}\sigma$,同样道理,n 阶矩定义为 $E(X_n)=\int \Omega X_n \mathrm{d}\sigma$,其意义和二阶矩是一样的。知道了 X 所有的高阶矩,就知道了任何一个多项式 $f(X)$ 的数学期望。

1）原点矩

随机变量 X 的 n 阶矩定义为 X^n 的集合平均,也称 n 阶原点矩,即有

$$E[X^n]=\int_{-\infty}^{\infty} x^n p(x)\mathrm{d}x \tag{5-4}$$

其中最常用的是一阶原点矩、二阶原点矩。

一阶原点矩为

$$E[X]=\int_{-\infty}^{\infty} x p(x)\mathrm{d}x \tag{5-5}$$

随机变量的均值也称数学期望,常记为 μ_x 。对离散随机变量有 $\mu_x = E[x] = \sum_{i=1}^{n} x_i p(x_i)$,如果随机试验得到一系列独立的观测值 $x_i(i=1,2,3,\cdots,n)$,那么其样本均值为

$$\bar{x} = \frac{1}{n}\sum_{i=1}^{n} x_i$$

2）中心矩

上面讨论的都是相对于坐标原点的矩,也称为原点矩。除此之外,还有一种常见的矩是相对于均值的,称为中心矩。n 阶中心矩定义为

$$E[(X-\mu_x)^n]=\int_{-\infty}^{+\infty} (x-\mu_x)^n p(x)\mathrm{d}x \tag{5-6}$$

（1）一阶中心矩。

$$E[X-\mu_x]=\int_{-\infty}^{+\infty} (x-\mu_x)p(x)\mathrm{d}x = \int_{-\infty}^{+\infty} x p(x)\mathrm{d}x - \mu_x \int_{-\infty}^{+\infty} p(x)\mathrm{d}x = \mu_x - \mu_x = 0$$

$$\tag{5-7}$$

（2）二阶中心矩。

$$E[(X - E[X])^2] = \int_{-\infty}^{+\infty} (x - \mu_x)^2 p(x) \mathrm{d}x = D[x] \tag{5-8}$$

二阶中心矩也称为 X 的方差。

3）方差

方差是一个常用来体现随机变量 X 取值分散程度的量，即方差描述随机变量对于数学期望的偏离程度。单个偏离是消除符号影响方差即偏离二次方的均值，记为 $D(X)$。如果 $D(X)$ 值大，表示 X 取值分散程度大，$E(X)$ 的代表性差；而如果 $D(X)$ 值小，则表示 X 的取值比较集中。对离散随机变量，有

$$D[X] = \sigma_x^2 = E[(X - \mu_x)^2] = \sum_{i=1}^{n} (x_i - \mu_x)^2 p(x_i) \tag{5-9}$$

样本方差（sample variance）

$$D[X] = \sigma_x^2 = \frac{1}{n} \sum_{i=1}^{n} (x_i - \mu_x)^2 \tag{5-10}$$

4）均值、均方值和方差

均值、均方值（均方根值）、方差（标准差）是随机变量最重要的三个数字特征量，它们之间有如下关系：

$$\sigma_x^2 = E[(x - \mu_x)^2] = E[X^2 - 2X\mu_x + \mu_x^2] = E[X^2] - 2\mu_x E[X] + \mu_x^2 = \psi_x^2 - \mu_x^2 \tag{5-11}$$

5）联合矩

多个随机变量的矩的关系是联合矩，以两个随机变量 X, Y 为例，其 (n, m) 阶的联合原点矩定义为

$$E[X^n Y^m] = \int_{-\infty}^{+\infty} \int_{-\infty}^{+\infty} x^n y^m p(x, y) \mathrm{d}x \, \mathrm{d}y \tag{5-12}$$

（1）当 $n = m = 1$ 时，联合矩也称为相关矩。有

$$E[XY] = \int_{-\infty}^{+\infty} \int_{-\infty}^{+\infty} x y p(x, y) \mathrm{d}x \, \mathrm{d}y \tag{5-13}$$

（2）有 (n, m) 阶的联合中心矩定义为

$$E[(X - \mu_x)^n (Y - \mu_y)^m] = \int_{-\infty}^{+\infty} \int_{-\infty}^{+\infty} (x - \mu_x)^n (y - \mu_y)^m p(x, y) \mathrm{d}x \, \mathrm{d}y \tag{5-14}$$

4.随机变量的分布以及运算

随机变量的特定概率密度函数对应着特定的取值分布，常见的分布有均匀分布、高斯分布（正态分布）等。

均匀分布的概率密度函数为

$$p(x) = \begin{cases} \dfrac{1}{b-a}, & a < x < b \\ 0, & \text{其他} \end{cases} \tag{5-15}$$

高斯分布的概率密度函数为

$$p(x) = \frac{1}{2\pi\sigma_x} \mathrm{e}^{-\frac{(x - \mu_x)^2}{2\sigma_x^2}} \tag{5-16}$$

随机变量的初等函数仍然是随机变量,后者的分布由前者确定,且若已知 X 的 $p(x)$,$Y=g(X)$,则有

$$E[Y]=\int_{-\infty}^{+\infty}yp(y)\mathrm{d}y=\int_{-\infty}^{+\infty}p(x)\cdot g(x)\mathrm{d}x \qquad (5-17)$$

5.2　随机过程的幅域描述

幅值的概率密度表示随机振动瞬时幅值落在某一区间内的概率,幅值的概率分布是描述随机振动瞬时幅值低于某一特定值的概率。幅值概率密度及其概率分布两者一道描述了随机振动瞬时幅值大小的分布规律。

5.2.1　随机过程概率统计特征量

1.幅值的概率密度

在随机振动试验中,幅值的概率密度曲线为正态分布曲线,并且平均值为零。为了分析方便,通常还将标准偏差 σ 规范化为 1。幅值的概率密度曲线如图 5-4 所示。

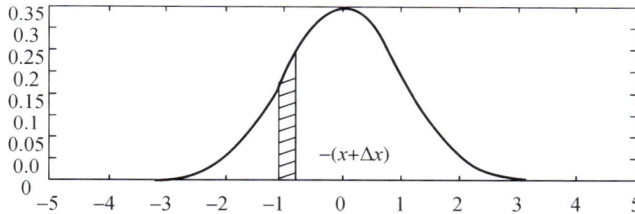

图 5-4　正态分布概率密度曲线

概率密度曲线下的面积为 1,所以通过概率密度曲线就很容易知道某瞬时幅值出现的概率,例如瞬间幅值为图 5-4 中的 $-(X+\Delta X)$ 的概率,就是概率密度曲线下那个长方条的面积。同时还可以看出,随机振动的瞬间值大于 3 倍方均根值($+3$ rms)和小于 3 倍方均根值(-3 rms)出现的概率非常小,约占 0.26%。在 $+3$ rms 和 -3 rms 之间出现的概率十分大,约占 99.74%。这就是通常把 3 rms 值作为随机振动试验最大幅值的原因。当用磁记录仪和数据采集器记录随机振动信号时,要保证 3rms 的瞬间幅值不削波。另外,随机疲劳计算时的最大加速度量级也是以 3 rms 值为依据的。rms 值就是标准偏差 σ 值,当将标准偏差 σ 规范化为 1 时,则这里的 3rms 均表达为 3σ。

2.概率密度函数

上述对随机变量的成熟的概率描述手段,可以直接用于描述随机过程,只不过为了表示随机过程是一个动态的、随时间变化的过程,需要加一个时间变量,如 $p(x,t_i)$ 表示随机过程在 t_i 时刻的随机变量 $X(t_i)$ 的概率密度函数。一维概率分布函数定义为

$$F(x,t)=\mathrm{Prob}[X(t)<x,x\in\mathbf{R},t\in T]=\int_{-\infty}^{x}p(x,t)\mathrm{d}x \qquad (5-18)$$

对应的数字统计特征为

$$\mu_x(t)=E[X(t)]=\int_{-\infty}^{+\infty}xp(x,t)\mathrm{d}x \qquad (5-19)$$

$$\psi_x^2(t) = E[X^2(t)] = \int_{-\infty}^{+\infty} x^2 p(x,t) \mathrm{d}x \tag{5-20}$$

$$\sigma_x^2(t) = E[(X(t) - \mu_x(t))^2] = \psi_x^2(t) - \mu_x^2(t) \tag{5-21}$$

表明随机过程在每一时间截口的分布中心、能量水平和偏离分布中心的程度。这些一维的概率分布只能描述各个独立时刻单个随机变量的概率特性,无法揭示随机过程不同时刻之间的相互关系,为此必须使用二维以上的概率分布描述。随机过程的二维概率分布函数定义为

$$F(x_1,t_1,x_2,t_2) = \mathrm{Prob}[X(t_1) < x_1, X(t_2) < x_2] = \int_{-\infty}^{x_1} \int_{-\infty}^{x_2} p(x_1,t_1,x_2,t_2) \mathrm{d}x_1 \mathrm{d}x_2$$

$$\tag{5-22}$$

其性质也和前述二维概率分布函数和二维概率密度函数性质类似。对随机过程不同时刻之间的相关性也可以用该量来描述。同样定义

$$\mathrm{Cov}[X(t_1), X(t_2)] = E\{[X(t_1) - \mu_x(t_1)][X(t_2) - \mu_x(t_2)]\} \tag{5-23}$$

为随机变量的自协方差,通常用 $C_x(t_1,t_2)$ 表示。有

$$C_x(t_1,t_2) = \mathrm{Cov}[X(t_1), X(t_2)] = E[(X(t_1) - \mu_x(t_1))(X(t_2) - \mu_x(t_2))]$$
$$= E[(X(t_1)X(t_2)) - \mu_x(t_1)\mu_x(t_2)]$$

$$\tag{5-24}$$

式(5-24)右边第一项是 $X(t_1)$, $X(t_2)$ 的相关矩,一阶联合原点矩也称随机过程 $X(t)$ 的自相关函数,通常记为

$$R_x(t_1,t_2) = E[X(t_1)X(t_2)] = \int_{-\infty}^{+\infty} \int_{-\infty}^{+\infty} x_1 x_2 p(x_1,t_1,x_2,t_2) \mathrm{d}x_1 \mathrm{d}x_2 \tag{5-25}$$

式(5-24)表明若随机过程的均值 $\mu_x(t) = 0$,那么有

$$C_x(t_1,t_2) = R_x(t_1,t_2) \tag{5-26}$$

$R_x(t_1,t_2)$ 表示了随机过程不同时刻随机变量之间的相关程度。由于多数随机过程,例如海浪符合这个条件,所以将二者统称为相关函数。用 R_x 代替 C_x,很显然,有

$$R_x(t,t) = E[X(t)X(t)] = \psi_x^2(t) \tag{5-27}$$

$$C_x(t,t) = E[(X(t) - \mu_x(t))^2] = \sigma_x^2(t) \tag{5-28}$$

以上考虑的是单一随机过程的概率描述。对不同的随机过程 $X(t)$, $Y(t)$,可分别派生出两族随机变量 $X(t_i)$, $Y(t_k)$, $i,k = 1,2,3,\cdots$。因而,有需要考虑它们之间的联合概率分布或联合矩。此时联合概率密度函数可以写为 $p(x_1,t_1,y_2,t_2)$。它们之间的二阶联合原点矩和中心矩分别为

$$R_{xy}(t_1,t_2) = E[X(t_1)Y(t_2)] = \int_{-\infty}^{+\infty} \int_{-\infty}^{+\infty} xy p(x_1,t_1,y_2,t_2) \mathrm{d}x \mathrm{d}y \tag{5-29}$$

$$C_{xy}(t_1,t_2) = E\{[X(t_1) - \mu_x(t_1)][Y(t_2) - \mu_y(t_2)]\} = R_{xy}(t_1,t_2) - \mu_x(t_1)\mu_y(t_2)$$

$$\tag{5-30}$$

R_{xy}, C_{xy} 分别称为互相关函数和互协方差函数,表示它们来自于不同的随机过程。对应地,若来自于同一随机过程都在名称前冠以"自"。

均方差、方差、自相关、协方差统称为二阶矩。

若 $E[X^2(t)] < \infty$，则均方差存在，由 Schwarz 不等式

$$E[\,|\,X(t_1)X(t_2)\,|\,] \leqslant \{E[X^2(t_1)]E[X^2(t_2)]\}^{\frac{1}{2}}$$

可以推知自相关函数必定存在。即可认为随机过程的二阶矩函数存在，$X(t)$ 表示二阶矩过程。

与相关系数对应规范化的互协方差函数为

$$\rho_{xy}(t_1,t_2) = \frac{C_{xy}(t_1,t_2)}{\sigma_x(t_1)\sigma_y(t_2)} \tag{5-31}$$

5.2.2　平稳和非平稳随机过程

1.平稳随机过程

1）一般平稳随机过程

在实际中经常遇到这样一类随机过程，它们随时间变化是在一平均值周围连续地随机波动，其统计特征基本上都不随时间变化，称该过程为平稳随机过程（stationary random process）。

一般平稳随机过程的定义是：若一个随机过程的概率特征量在时间参数做任意平移时保持不变，则称此过程为平稳随机过程。

2）严格平稳随机过程

若随机过程的 n 维联合概率密度函数对任意实数 τ 都有

$$p(x_1,t_1,x_2,t_2,\cdots x_n,t_n) = p(x_1,t_1+\tau,x_2,t_2+\tau,\cdots x_n,t_n+\tau) \tag{5-32}$$

则称此过程是 n 阶平稳的，且低于 n 的各阶也都是平稳的，如

$$p(x_1,t_1) = p(x_1,t_1+\tau)$$

$$p(x_1,t_1;x_2,t_2) = p(x_1,t_1+\tau;x_2,t_2+\tau)$$

注意：由上述平稳随机过程定义可知，满足这个定义的随机过程的样本函数无限长，实际的随机过程通常很难满足这个条件，因此在实际工程问题处理中，只要一个随机过程在一个较长的区间上呈现上述均匀性，就可以将其近似看作平稳随机过程。例如，无人机在起飞和降落阶段就不满足均匀性的假设，但在长距离稳定巡航飞行中较长一段时间内是基本匀速行驶的，因此可看作广义平稳过程。

2.非平稳随机过程

如果一个过程的统计性质、趋势与时间有关，随时间的改变而改变，这种随机过程就称为非平稳随机过程，也就是说过程的平均值、相关函数是随时间变化的。例如，无人机作变速爬高飞行中受到的气流扰动或固定翼无人机着陆滑跑都应视作非平稳过程来处理。对于非平稳随机过程，统计特性只能用组成随机过程的各个样本函数的总体平均确定。实际中，不容易得到足够数量的样本记录来精确地测量总体平均性质，这就妨碍了非平稳随机过程实用测量和分析技术的发展。

如果振动记录是典型的非平稳随机过程，振动的统计特性是随时间变化的，就只能对每个时刻沿总集取平均值。

5.3 随机过程的时域描述

时域(time domain)是描述数学函数或物理信号对时间的关系。例如,一个信号的时域波形可以表达信号随着时间的变化。若考虑离散时间,时域中的函数或信号在各个离散时间点的数值均为已知。若考虑连续时间,则函数或信号在任意时间的数值均为已知。随机振动的时域描述主要指时差域描述,用随机过程不同时刻之间的相关情况来描述随机振动。这里主要指平稳随机过程,而且通常还假设均值为零。

5.3.1 随机过程的样本函数和基本统计特性

1.随机振动过程的样本函数

随机振动试验可以用其所有可能的试验结果所构成的样本空间来描述。例如可以用观测得到的加速度-时间函数来描述无人机飞行过程中机翼的振动过程。振动加速度与时间变化所构成的函数关系即为随机过程样本函数,如图5-5所示。

对于一个特定的随机振动试验结果,一个确定的样本函数可以理解为随机过程的一次物理实现。随机过程既然是样本函数的集合,就可以从另外一个角度考察它 —— 随机过程是依赖于时间的一族随机变量。

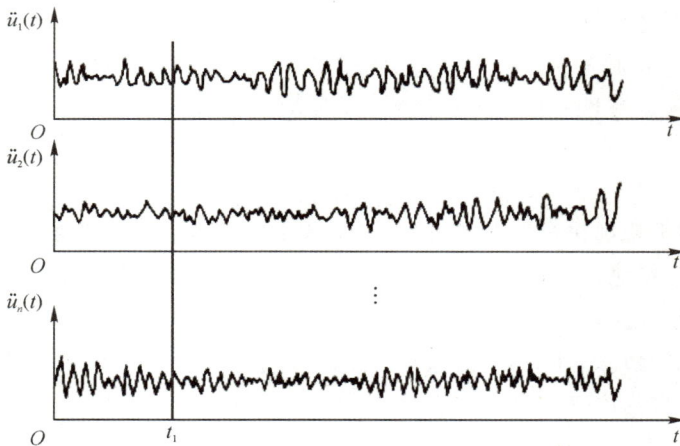

图5-5 随机过程样本函数

2.随机振动过程的基本统计特性

随机振动过程是一个不规则、不确定的复杂过程。针对随机振动过程的非周期性特点 —— 虽然瞬时值无法预测,但是它表现出统计规律性,对随机振动的研究、处理和分析必须用统计的方法来进行。要全面了解它的统计规律,需要从不同的角度进行描述。

一般情况下,在处理随机振动的过程中,习惯上常用统计函数描述随机数据的基本特性,例如,用"均方值"提供振动过程强度方面的统计特性,用"概率度函数"提供振动过程幅域的统计特性,用"自相关函数"提供振动过程时域的统计特性,用"功率谱密度函数"提供振动过程频域的统计特性等。注意,这里的幅值不同于简谐振中的振幅,而是指任一瞬时振动量的瞬时值。

如果有两个或更多的振动随机变量,就需要用一些联合的统计函数来描述,诸如联合概率密度函数、互相关函数、互功率谱密度函数等。

本节只讨论各态历经的随机振动过程的基本统计特性,其中对某一随机过程,通常采用时域信息来描述它。

5.3.2　随机振动过程的时域描述

1.均值、均方值和均方根值

平稳随机过程的均值和方差不依赖于时间,均值可由任意时刻的多个样本的集合平均求得,协方差也仅取决于作相关的时差,但仍需对随机过程进行大量观测,取得足够多的样本函数,尽管样本函数可能不需要很长,但工作量仍然是很大的。因此就猜想能否仅用一个足够长的样本来代替大量样本构成的总体,用该样本的时间平均特性代替样本空间的集合平均特性呢。为此引入样本函数时间平均概念。

1) 均值

均值描述一随机变量或一组数据的平均状态。在数理统计和概率论中,此值称为数学期望,表示随机变量的位置特性。设平稳随机过程 $X(t)$ 任一样本函数为 $X_i(t)$ (下文为书写简便用 $X_i(t)$ 代替任一无限长样本函数),其时间均值定义为

$$\mu_x = \langle X(t) \rangle = \lim_{T \to \infty} \frac{1}{T} \int_0^T x(t) \cdot \mathrm{d}t \tag{5-33}$$

在随机振动理论中,通常平均值取为零,所以在随机振动试验中此值不常用。

2) 均方值和方差

在随机振动试验中,均方值表示试验能量的大小,由于均值取为零,故均方值就是方差,它描述一随机变量或一组数据在平均值周围的分散性,即在平均值上下的波动大小。

(1) 时间平均意义下的自相关函数定义为

$$R_x(\tau) = \langle X(t)X(t+\tau) \rangle = \lim_{T \to \infty} \frac{1}{T} \int_0^T x(t)x(t+\tau)\mathrm{d}t \tag{5-34}$$

(2) 时间平均意义下的均方值:当 $\tau = 0$ 时,有

$$R_x(0) = \langle X(t)X(t) \rangle = \psi_x^2 = \lim_{T \to \infty} \frac{1}{T} \int_0^T x^2(t)\mathrm{d}t \tag{5-35}$$

(3) 时间平均意义下的方差定义为

$$\sigma_x^2 = \langle (X(t) - \mu_x)^2 \rangle = \lim_{T \to \infty} \frac{1}{T} \int_0^T (x(t) - \mu_x)^2 \mathrm{d}t \tag{5-36}$$

2.各态历经随机过程

对一个平稳随机过程,若有

$$E[X(t)] = \langle X(t) \rangle = \mu_x \tag{5-37}$$

则称该平稳随机过程关于均值遍历。若有

$$\langle X(t)X(t+\tau) \rangle = E[X(t)X(t+\tau)] = R_x(\tau) \tag{5-38}$$

则称该过程关于相关函数具有遍历性。具有一定遍历性的随机过程称为遍历过程,或称各

态历经随机过程。也可以写成如下形式：

$$\langle X_i(t) \rangle = E[X(t_j)] \qquad \text{（均值遍历）} \qquad (5-39)$$

$$\langle X_i(t) X_i(t+\tau) \rangle = E[X(t_j) X(t_j+\tau)] \quad \text{（相关函数遍历）} \qquad (5-40)$$

式中，i 为样本函数编号，j 为时间采样点编号。

平稳随机过程遍历的基本含义就是样本函数的总体统计特征等于单个样本在较长时间段内的时间统计特征。

5.4　随机过程的频域描述

频域（domain of frequency）是描述随机过程频率特性时用到的一种坐标系，自变量是时间（横轴是时间），变量是随机振动（信号）幅度在不同时刻取值的函数，也就是通常说的频谱图。频域图显示了在一个频率范围内每个给定频带内的信号量。频域表示还可以包括每个正弦曲线的相移的信息，以便能够重新组合频率分量以恢复原始时间信号。

5.4.1　随机过程频域信息

任何一个周期信号都可以分解为以不同振幅和频率或相位的正弦波为分量的级数，所有分量的频率的总合叫该信号的频域，频域和时域都是对非正弦信号的分析方法。时域（信号对时间的函数）和频域（信号对频率的函数）的变换在数学上通过积分变换实现，对周期信号可以直接使用傅里叶变换，对非周期信号则要进行周期扩展，使用拉普拉斯变换。傅里叶变换（Fourier transform）将原来难以处理的时域信号（波形）转换成了易于分析的频域信号（信号的频谱）。相关函数的傅里叶变换称为功率谱密度函数（power spectral density function），自相关函数的傅里叶变换称为自功率谱密度函数，互相关函数的傅里叶变换称为互功率谱密度函数。

1.自功率谱密度

功率谱密度是描述随机振动信号各频率分量所包含的功率在频率域是如何分布的，是随机振动在频率域上的一种统计特性。

在正弦振动试验中，振动的频率和幅值都是确定的，所以振动的功率（能量）是很清楚的，也是很好计算的。而随机振动由于振动的时间历程具有明显的非周期性，所以必须用功率谱密度（方均谱密度）来计算。

随机振动信号可以看作由无限多个简谐运动组成，因此随机振动信号的功率谱便是在给定频率范围内简谐振动功率之和。

1）自功率谱密度函数

自相关函数的傅里叶变换为

$$S_x(\omega) = \int_{-\infty}^{\infty} R_x(\tau) e^{-j\omega\tau} \, d\tau \qquad (5-41)$$

或

$$S_x(f) = \int_{-\infty}^{\infty} R_x(\tau) e^{-j2\pi f\tau} \, d\tau \qquad (5-42)$$

也可以说自相关函数是自功率谱密度函数的逆傅里叶变换，即

$$R_x(\tau) = \frac{1}{2\pi} \int_{-\infty}^{+\infty} S_x(\omega) \mathrm{e}^{\mathrm{j}\omega\tau} \mathrm{d}\omega \qquad (5-43)$$

或

$$R_x(\tau) = \int_{-\infty}^{+\infty} S_x(f) \mathrm{e}^{\mathrm{j}2\pi f\tau} \mathrm{d}f \qquad (5-44)$$

由于 $R_x(0)$ 表示均方值,因此式 $(5-44)$ 当 $\tau=0$ 时,有

$$R_x(0) = \psi_x^2 = \int_{-\infty}^{+\infty} S_x(f) \mathrm{d}f \qquad (5-45)$$

所以 $S_x(f)$ 在整个频带上的积分等于它的均方值,可以说 $S_x(f)$ 表示 $x(t)$ 在单位带宽内具有的能量,具有能量(或功率)的密度的概念,所以称为功率谱密度。

所以也有如下的定义:

$$S_x(f) = \lim_{T \to \infty} \frac{1}{T} \left| x(f) \right|^2 \qquad (5-46)$$

可以证明这两个定义是等价的。

2)自功率谱性质

(1)表示振动功率按频率的分布,即

$$S_x(\omega) \geqslant 0 \qquad (5-47)$$

$$R_x(0) = \frac{1}{2\pi} \int_{-\infty}^{+\infty} S_x(\omega) \mathrm{d}\omega = \frac{\psi_x^2}{2\pi} \qquad (5-48)$$

所以 S_t 表示单位频带上信号的能量。

(2)自功率谱密度频谱

$$S_x(-\omega) = S_x(\omega) = 2 \int_0^{+\infty} R_x(\tau) \cos\omega\tau \mathrm{d}\tau \qquad (5-49)$$

功率谱密度在频率范围内的变化形式,即功率谱密度对频率的图形,称功率谱密度的频谱。功率谱密度的频谱还可以这样理解:如果将随机振动信号分割成许多小频带 Δf,并在每个频带上测出方均加速度值,然后除以 Δf,并令 $\Delta f \to 0$,这时所得的函数称功率谱密度的频谱。由于功率谱密度的单位有 g^2/Hz,即每单位频率上的加速度值的二次方,所以在随机振动试验中又称加速度谱密度,功率谱密度的频谱又称加速度谱密度的频谱。功率谱密度(加速度谱密度)的单位有 g^2/Hz 和 $\mathrm{m}^2 \cdot \mathrm{s}^{-4}/\mathrm{Hz}$ 两种表达形式,它们之间的关系为 100 倍的关系,即 $1\ g^2/\mathrm{Hz} = 100\mathrm{m}^2 \cdot \mathrm{s}^{-4}/\mathrm{Hz}$。

功率谱密度除用作提供频率域的信息外,还可以用来分析产品的动态特性,研究疲劳损伤、判别共振等,例如通过功率谱密度可以判明安装在运载工具上使用的产品所经受到的诸振动中,哪一种是主要的,哪一种是可以忽略的,且易于对产品进行设计改进。

2.互功率谱密度

互功率谱密度描述两随机振动过程之间的频率信息,它不仅能提供按频率分布的能量大小,还能提供两信号的相互关系。从互功率谱密度中可以得到系统的频响函数,确定振动响应与对其激励的时间关系。

在模拟现场随机振动试验中,重现的主要是现场随机振动的有效频率成分(频率范围)、功率谱密度(加速度谱密度)、总均方根加速度,即保证这三个参数来自现场振动。但在具体

进行随机振动时,振动台面的运动仍是随机振动的时间历程。该时间历程应该是现场随机振动时间历程的典型代表等。

1)互功率谱密度函数

对应的互功率谱也有两个等价定义,即

$$S_{xy}(\omega) = \int_{-\infty}^{+\infty} R_{xy}(\tau) \mathrm{e}^{-\mathrm{j}\omega\tau} \cdot \mathrm{d}\tau \tag{5-50}$$

或

$$S_{xy}(f) = \int_{-\infty}^{+\infty} R_{xy}(\tau) \mathrm{e}^{-\mathrm{j}2\pi f\tau} \cdot \mathrm{d}\tau \tag{5-51}$$

$$S_{xy}(f) = \lim_{T \to \infty} \frac{1}{T} X(f) Y(f) \tag{5-52}$$

2)互功率谱密度函数性质

互功率谱密度函数一般是复数,不对称,且有

$$S_{xy}(\omega) = S_{yx}(-\omega) = S_{yx}^{*}(\omega) \tag{5-53}$$

对于实际的信号,一般没有负频率的概念,前述的意义是在$(-\infty, +\infty)$上,这仅仅是理论上的定义。为了工程上便于应用,把负频率的谱密度折算到正的频率上去,由$S_x(\omega)$是偶函数,定义

$$G_x(\omega) = \begin{bmatrix} 2S_x(\omega), & 0 \leqslant \omega \leqslant +\infty \\ 0, & \omega < 0 \end{bmatrix} \tag{5-54}$$

单边自谱密度函数,对应的$S_x(\omega)$称为双边自谱密度函数。

$$G_x(\omega) = 2S_x(\omega) = 4\int_0^{\infty} R_x(\tau) \cos\omega\tau \, \mathrm{d}\tau \quad (\omega \geqslant 0) \tag{5-55}$$

单边自谱下的面积同样等于均方值,因为

$$\psi_x^2 = \frac{1}{2\pi} \int_{-\infty}^{+\infty} S_x(\omega) \mathrm{d}\omega = \frac{1}{2\pi} \int_0^{+\infty} 2S_x(\omega) \mathrm{d}\omega = \frac{1}{2\pi} \int_0^{+\infty} G_x(\omega) \mathrm{d}\omega \tag{5-56}$$

类似地,定义单边上的互谱密函数为

$$G_{xy}(\omega) = \begin{bmatrix} 2S_{xy}(\omega) & \omega \geqslant 0 \\ 0 & \omega < 0 \end{bmatrix} \tag{5-57}$$

对应的$S_{xy}(\omega)$称为双边互谱密度函数。

3)相干函数

在时域内用相关系数表示两个随机变量的相关程度,同样在频域内也定义一个类似的无量纲数来表示随机函数的相关程度:

$$\gamma_{xy}^2(\omega) = \frac{|S_{xy}(\omega)|^2}{S_x(\omega)S_y(\omega)} \tag{5-58}$$

可以证明

$$\gamma_{xy}^2(\omega) \leqslant 1 \tag{5-59}$$

相干函数可以用来检查系统是否有随机干扰和非线性干扰,即如果γ_{xy}^2接近1,则表示所经过的系统非线性程度很小,噪声干扰也很小,反之干扰比较大,得到的谱密度函数不可信,因为输出y不完全是由输入x引起的。一般要求:$\gamma_{xy}^2 \geqslant 0.9$。

5.4.2　宽带与窄带随机过程

1.宽带与窄带随机过程的定义

平稳过程的谱密度是分布在整个频率域($-\infty < \omega < +\infty$)上的,但在工程中,人们更为关心的是实际信号中强度大的那部分频分量主要集中于哪些频率。信号频谱的主要成分所处的频率范围常用带宽表示,带宽以外的频谱分量的强度较小,实际应用时可以将它们忽略不计。这样,根据带宽的"窄"和"宽",可以把平稳过程划分为窄带平稳过程和宽带平稳过程。窄带平稳过程的功率谱密度具有尖峰特性,并且只有在该尖峰附近的一个狭窄的频带内 $S_x(\omega)$ 才取有意义的量级。宽带平稳过程的功率谱密度在相当宽的频带上取有意义的量级。

典型窄带平稳过程和宽带平稳过程的谱密度与样本函数分别如图5-6和图5-7所示。把平稳过程划分为窄带过程和宽带过程在工程上具有重要的实际意义。因为窄带过程的能量主要集中在非常有限的频率范围内,如果引起结构振动的激励源所发出的信号为窄带过程,则在结构设计时应使结构的自振频率尽量远离这个频率范围,即可能使结构避免产生剧烈的振动反应。而宽带过程的能量分布于较宽的频率范围内,它所影响的结构种类比窄带过程要宽广得多。

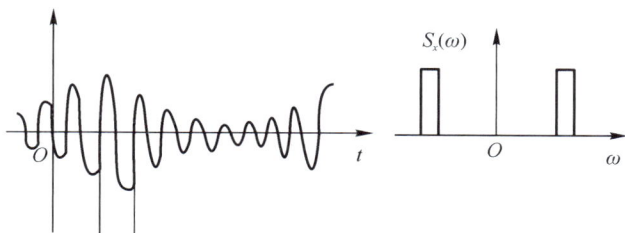

图 5-6　窄带平稳过程的谱密度与样本函数

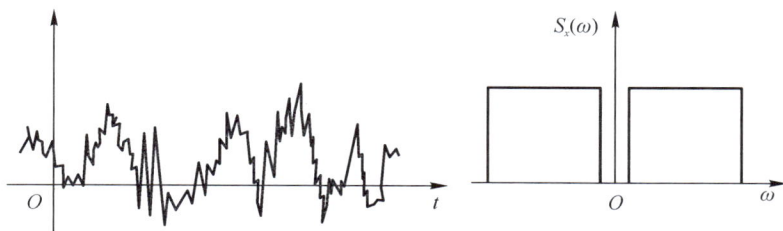

图 5-7　宽带平稳过程的谱密度与样本函数

2.宽带随机过程

一个平稳随机过程根据它的功率谱密度函数的性质可分为宽带或窄带随机过程。若随机过程的功率谱密度函数在较宽的范围有意义的值,称为宽带随机过程。

理想地,就是在整个频率范围内都有值,一个极端情况就是

$$S_x(\omega) = S_0(一个固定的常数) \tag{5-60}$$

这样的过程称为白噪声,即谱密度函数是无限宽且均匀的,其自相关函数为

$$R_x(\tau) = \frac{1}{2\pi}\int_{-\infty}^{+\infty} S_0 e^{i\omega\tau} d\omega = \frac{S_0}{2\pi}\int_{-\infty}^{+\infty} e^{i\omega\tau} d\omega = S_0\delta(\tau)$$

$$(5-61)$$

这意味着均方值无穷大,物理上是无法实现的。但是在某些条件下可以近似地用白噪声来模拟 —— 如果该过程覆盖了系统全部频带。

另一个理想模型就是有限带宽白噪声,称为带限白噪声,有

$$S(\omega) = \begin{bmatrix} S_0 & \omega_a \leqslant |\omega| \leqslant \omega_b \\ 0 & 其它 \end{bmatrix} \qquad (5-62)$$

$$R_x(\tau) = \frac{1}{2\pi}\int_{-\infty}^{+\infty} S_x(\omega) e^{i\omega\tau} d\omega = \frac{1}{2\pi} \cdot 2\int_{0}^{+\infty} S_0\cos\omega\tau d\omega$$

$$= \frac{S_0}{\pi}\int_{\omega_a}^{\omega_b}\cos\omega\tau d\omega = \frac{S_0}{\pi\tau}(\sin\omega_b\tau - \sin\omega_a\tau) \qquad (5-63)$$

在物理上可以实现这种有限带宽过程,例如无人机飞行过程中遇见湍流时机体表面的压力波动。

3.窄带随机过程

一个随机过程,若它的功率谱密度仅在某一个中心频率附近取有意义的值,就称为窄带随机过程。其功率谱密度函数以及自相关函数示意图如图 5-8 所示。

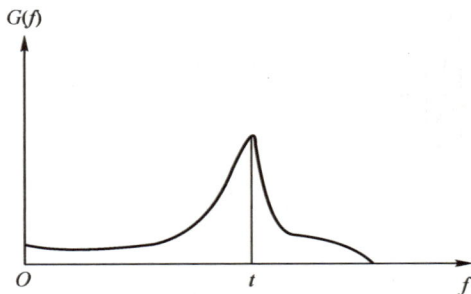

图 5-8   窄带随机信号功率谱密度

5.5   单自由度线性系统的随机响应

由于随机振动理论是在确定性振动理论的基础上发展起来的,因此,在分析随机振动响应时,要注意与确定性振动理论的对比,这对从中获取分析处理问题的思路是十分有益的。在注意到它们的内在联系时,也要注意到它们的区别。

本书第 2 章已经讨论了单自由度线性结构体系在确定性荷载作用下反应的解法。对于单自由度线性结构体系在非确定性荷载作用下的随机响应,可以把作用在结构上的外荷载 $P(t)$ 看作一系列脉冲荷载的连续作用。每个脉冲荷载都将使结构产生一个动力反应的增量,利用叠加原理,把所有的反应增量按时间顺序累加起来就得到了结构体系的动力反应,其动态特性可以用脉冲反应函数或复频反应函数表示。因此,单自由度体系在单位脉冲荷载作用下的反应,即脉冲反应函数的计算是非常关键的一个步骤。

5.5.1 单自由度系统脉冲和频率响应函数

一个单自由度(Single Degree Of Freedom,SDOF)系统如图 5-9 所示,其中 m 是集中质量,c 是黏性阻尼,k 是线性刚度,$x(t)$ 是在外力 $F(t)$ 作用下所引起的位移。

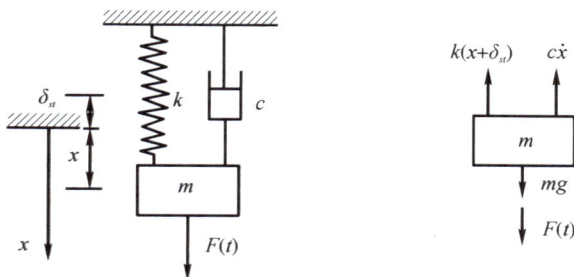

图 5-9 单自由度系统力学模型

对于单自由度系统,其脉冲响应函数为

$$h(t) = \begin{cases} \dfrac{1}{m\omega_d} e^{-\xi\omega_n t} \sin\omega_d t & t \geqslant 0 \\ 0 & t < 0 \end{cases} \tag{5-64}$$

其傅里叶变换定义为频率响应函数

$$H(\omega) = \frac{1}{m(\omega_n^2 - \omega^2 + j2\xi\omega_n\omega)} = \frac{1}{k + j\omega c - m\omega^2} \tag{5-65}$$

它们分别描述了系统在时域和频域的动态特性,注意这里的系统是指线性(叠加原理适用)时不变(系统本身的特征如质量 m、刚度 k、阻尼 c 为常数,不随时间而变化)系统。另外,从振动理论中可知,对任意的外激励 $f(t)$ 的响应可以看作在脉冲元 $f(\tau)d\tau$ 作用下的响应的和。$f(\tau)d\tau$ 表示一个脉冲的冲量的大小,由它引起的响应即为 $h(t-\tau)f(\tau)d\tau$,然后在 $[0,t]$ 上求和,即

$$x(t) = \int_0^t h(t-\tau)f(\tau)d\tau \tag{5-66}$$

在式(5-66)我们假设 $f(\tau)$ 定义在 $[0,t]$ 上,若 $f(\tau)$ 是定义在 $[-\infty,0]$ 上的,那么式(5-66)又可以写为

$$x(t) = \int_{-\infty}^t h(t-\tau)f(\tau)d\tau \tag{5-67}$$

在振动理论中,这个积分称为杜哈梅(Duhamel)积分。另外,由于 $h(t-\tau)$ 是 τ 时刻系统在单位脉冲作用下产生的响应,那么在大于 τ 的时刻,该脉冲尚未作用,自然响应就为零,即 $h(t-\tau) = 0(\tau > t)$。所以响应还可以写为

$$x(t) = \int_{-\infty}^{+\infty} h(t-\tau)f(\tau)d\tau \tag{5-68}$$

这在数学上显然是一个卷积积分,即系统的响应等于系统单位脉冲响应函数与输入的

卷积。另外,在式(5-68)中,令 $t-\tau=\theta$,则有

$$\tau=t-\theta,\quad \mathrm{d}\theta=-\mathrm{d}\tau$$

所以

$$x(t)=-\int_{+\infty}^{-\infty}h(\theta)f(t-\theta)\mathrm{d}\theta$$

$$=\int_{-\infty}^{+\infty}h(\theta)f(t-\theta)\mathrm{d}\theta$$

$$=f(t)*h(t)$$

即卷积可以互相交换:

$$x(t)=h(t)*f(t) \tag{5-69}$$

频域是从另一个角度来分析系统信息的特性,从式(5-69)很容易看出,若对其两边分别作傅里叶变换,则有

$$X(\omega)=H(\omega)F(\omega) \tag{5-70}$$

显然,在频域它们之间的关系更为简单,其中 $H(\omega)$ 即为 $h(t)$ 的傅里叶变换。另外,方程的原始形式经傅里叶变换也可得到 $H(\omega)$ 的表达式(5-65)。

5.5.2　单自由度系统随机响应分析

在零初始条件下,平稳随机激励 $f(t)$ 作用在单自由度(SDOF)结构系统上,有

$$\begin{cases}m\ddot{x}+c\dot{x}+kx=f(t)\\ x(0)=\dot{x}(0)=0\end{cases}$$

已知: $f(t)$ 的 $\mu_f,R_f(\tau),S_f(\omega)$ 。

求: $\mu_x,R_x(\tau),R_{xf}(R_{ft})(\tau),S_x(\omega),S_{xf}(\omega),S_ft(\omega)$ 。

(1)响应均值

$$\mu_x=E[x(t)]=E\left[\int_{-\infty}^{+\infty}f(t-\tau)h(\tau)\mathrm{d}\tau\right]$$

$$=\int_{-\infty}^{+\infty}h(\tau)E[f(t-\tau)]\mathrm{d}\tau$$

$$=\mu_f\int_{-\infty}^{+\infty}h(\tau)\mathrm{d}\tau=\mu_fH(0)=\frac{1}{k}\mu_f \tag{5-71}$$

(2)响应自相关函数

$$R_x(\tau)=E[x(t)x(t+\tau)]$$

$$=E\left[\int_{-\infty}^{+\infty}f(t-\tau_1)h(\tau_1)\mathrm{d}\tau_1\int_{-\infty}^{+\infty}f(t+\tau-\tau_2)h(\tau_2)\mathrm{d}\tau_2\right]$$

$$=E\left[\int_{-\infty}^{+\infty}\int_{-\infty}^{+\infty}f(t-\tau_1)f(t+\tau-\tau_2)h(\tau_1)h(\tau_2)\mathrm{d}\tau_1\mathrm{d}\tau_2\right]$$

$$=\int_{-\infty}^{+\infty}\int_{-\infty}^{+\infty}E[f(t-\tau_1)f(t-\tau_1+\tau+\tau_1-\tau_2)]h(\tau_1)h(\tau_2)\mathrm{d}\tau_1\mathrm{d}\tau_2$$

$$=\int_{-\infty}^{+\infty}\int_{-\infty}^{+\infty}R_f(\tau+\tau_1-\tau_2)h(\tau_1)h(\tau_2)\mathrm{d}\tau_1\mathrm{d}\tau_2 \tag{5-72}$$

（3）激励与响应的互相关函数

$$R_{fx}(\tau) = E[f(t)x(t+\tau)]$$

$$= E\left[f(t)\int_{-\infty}^{+\infty}f(t+\tau-\tau_1)h(\tau_1)\mathrm{d}\tau_1\right]$$

$$= E\left[\int_{-\infty}^{+\infty}f(t)f(t+\tau-\tau_1)h(\tau_1)\mathrm{d}\tau_1\right]$$

$$= \int_{-\infty}^{+\infty}E[f(t)f(t+\tau-\tau_1)]h(\tau_1)\mathrm{d}\tau_1$$

$$= \int_{-\infty}^{+\infty}R_f(\tau-\tau_1)h(\tau_1)\mathrm{d}\tau_1$$

$$= R_f(\tau)*h(\tau) \tag{5-73}$$

激励与响应的互相关函数等于激励的自相关与单位脉冲响应函数的卷积。

（4）响应的自功率谱密度函数

$$S_x(\omega) = \int_{-\infty}^{+\infty}R_x(\tau)\mathrm{e}^{-\mathrm{j}\omega\tau}\mathrm{d}\tau$$

$$= \int_{-\infty}^{+\infty}\int_{-\infty}^{+\infty}\int_{-\infty}^{+\infty}R_f(\tau+\tau_1-\tau_2)h(\tau_1)h(\tau_2)\mathrm{d}\tau_1\mathrm{d}\tau_2\mathrm{e}^{-\mathrm{j}\omega\tau}\mathrm{d}\tau$$

$$= \int_{-\infty}^{+\infty}\int_{-\infty}^{+\infty}\int_{-\infty}^{+\infty}R_f(\tau+\tau_1-\tau_2)\mathrm{e}^{-\mathrm{j}\omega(\tau+\tau_1-\tau_2)}\mathrm{e}^{\mathrm{j}\omega(\tau_1-\tau_2)}h(\tau_1)h(\tau_2)\mathrm{d}\tau_1\mathrm{d}\tau_2\mathrm{d}\tau$$

$$= S_f(\omega)\int_{-\infty}^{+\infty}\left(\int_{-\infty}^{+\infty}h(\tau_1)\mathrm{e}^{-\mathrm{j}(-\omega)\tau_1}\mathrm{d}\tau_1\right)h(\tau_2)\mathrm{e}^{-\mathrm{j}\omega\tau_2}\mathrm{d}\tau_2$$

$$= S_f(\omega)H(-\omega)H(\omega)$$

$$= S_f(\omega)H^*(\omega)H(\omega) = |H(\omega)|^2 S_f(\omega) \tag{5-74}$$

（5）响应的均方值的激励力相关函数表示：

$$\psi_x^2 = R_x(0) = \int_{-\infty}^{+\infty}\int_{-\infty}^{+\infty}R_f(\tau_1-\tau_2)h(\tau_1)h(\tau_2)\mathrm{d}\tau_1\mathrm{d}\tau_2 \tag{5-75}$$

（6）激励与响应的互谱

$$S_{fx}(\omega) = F[R_{fx}(\tau)]$$

$$= F[R_f(\tau)*h(\tau)] = S_f(\omega)H(\omega) \tag{5-76}$$

注意，通过激励与响应互谱以及激励的自谱的测量，通过式（5-76）可以用实验的方法估计 $H(\omega)$，通过式（5-74）也可估计 $|H(\omega)|^2$，但仅仅幅频特性，所以式（5-76）更有用。

（7）响应的均方值的激励力功率谱表示：

$$\psi_x^2 = R_x(0) = \frac{1}{2\pi}\int_{-\infty}^{+\infty}S_x(\omega)\mathrm{d}\omega$$

$$= \frac{1}{2\pi}\int_{-\infty}^{+\infty}|H(\omega)|^2 S_f(\omega)\mathrm{d}\omega$$

对小阻尼线性结构系统 $|H(\omega)|$ 在共振点有一尖峰，对能量的贡献只在尖峰左右的带宽内是主要的，可认为该系统是个窄带滤波器，响应谱变成一个窄带过程，主要集中在 $\omega = \omega_n$ 附近，有时工程上可近似地以 $S_f(\omega_n)$ 代替 $S_f(\omega)$ 简化计算。

（8）激励和响应的谱相干函数

$$\gamma_{fx}(\omega) = \frac{|S_{fx}(\omega)|^2}{S_f(\omega)S_x(\omega)} = \frac{|S_f(\omega)H(\omega)|^2}{S_f(\omega)|H(\omega)|^2 S_f(\omega)} = 1$$

若 $\gamma_{fx}(\omega) \neq 1$，则可能是系统非线性，或者是受到了测量数据的噪声影响。

随机激励力虽然不像白噪声那样理想地在整个频率轴上都有有意义的值，但通常都有较宽的频带，所以要避开系统的共振频率很难，但可以增大阻尼减小振动。另外，为激励起结构的各阶振动，选用随机激励是一个好的选择。

响应的自谱

$$S_x(\omega) = |H(\omega)|^2 S_f(\omega)$$

$$= \frac{S_0}{|k - m\omega^2 + \mathrm{j}\omega c|^2}$$

$$= \frac{S_0}{(k - m\omega^2)^2 + \omega^2 c^2} = \frac{S_0}{m^2(\omega^2 - \omega_n^2)^2 + \omega^2 c^2}$$

对于小阻尼系统，$f(t)$ 为理想宽带，而 $x(t)$ 变为窄带，所以系统相当于一个滤波器，只将 $f(t)$ 在固有频率处的谱留下，其余的过滤掉。当输入的功率谱在系统固有频率处有较大的值时，则振动加剧，反之较平稳。激励与响应的相互关系为

$$R_{fx}(\tau) = \int_{-\infty}^{+\infty} R_f(\tau - \tau_1)h(\tau_1)\mathrm{d}\tau_1$$

$$= \int_{-\infty}^{+\infty} S_0\delta(\tau - \tau_1)h(\tau_1)\mathrm{d}\tau_1$$

$$= S_0\int_{-\infty}^{+\infty} \delta(\tau - \tau_1)h(\tau_1)\mathrm{d}\tau_1$$

$$= S_0 h(\tau) = \frac{S_0}{m\omega_d}\mathrm{e}^{-nt}\sin\omega_d t$$

在随机振动试验中，可以利用上式估计系统的脉冲响应函数，用分析仪发出一理想随机信号（S_0 已知）给激振器，然后将通过传感器测到的振动信号与该随机激励力作相关，所得相关函数曲线除上 S_0 即得 $h(t)$。

激励与响应的互谱为

$$S_{fx}(\omega) = H(\omega)S_f(\omega) = \frac{S_0}{k - m\omega^2 + \mathrm{j}\omega c}$$

思 考 题

1.什么是定则振动和随机振动？简述随机振动的分类方法。

2.什么是随机过程？通常用哪四个方面的信息来描述它？

3.简述随机过程样本函数和基本统计特性的内容。

4.简述随机振动过程时域描述的内容。

5.随机过程频域信息包含哪些内容？

6.什么是单自由度系统脉冲和频率响应函数？

7.简述单自由度系统随机响应分析方法。

第6章 连续体动力模型的离散化

所有实际工程结构都有无限多个自由度,也就是说要完全确定结构在任一瞬时的位置,就必须有无数个坐标。质点、刚体是抽象的力学模型,只有在对实际工程结构进行了一定简化的基础上,才能够获得包含质点、刚体概念的简化力学模型,从而将具有无限多个自由度的实际工程结构简化为有限自由度的离散模型。通常称这一过程为连续体动力模型的离散化,也称为数据离散化。

结构在每一个自振频率下,都有其特定的振动形态(振型)。由于作用载荷的原因,结构的很多自振频率不会被激起,相应的振动形态将不会对结构的反应有所贡献。通常结构的高阶频率是不参与到结构的反应中的,或者说由结构的高阶频率引起的振动形态幅值相对于低阶频率引起的振动形态幅值,在绝对值意义上是可以忽略的小量,其原因是除了作用载荷的影响外,还有阻尼的影响,而阻尼可以使高频率振动分量更快地衰减。由于这些原因,实际工程结构动力分析中并不需要计算结构的所有自振频率和振型。这就是连续体动力模型离散化的基础。

6.1 离散数学与连续物体离散化的基本概念

离散数学(discrete mathematics)是研究离散量的结构及其相互关系的数学学科,是现代数学的一个重要分支。离散的含义是指不同的连接在一起的元素,主要是研究基于离散量的结构和相互间的关系,其对象一般是有限个或可数个元素。

离散数学在各学科领域,特别在计算机科学与技术领域有着广泛的应用,通过离散数学的学习,不但可以掌握处理离散结构的描述工具和方法,为后续课程的学习创造条件,而且可以提高思维水平和逻辑推理能力,为参与创新性的研究和开发工作打下坚实的基础。

6.1.1 离散数学与数据离散化

1. 离散数学的基本概念

随着信息时代的到来,工业革命时代以微积分为代表的连续数学占主导地位的情况已经发生了变化,离散数学的重要性逐渐被人们认识。离散数学的思想和方法,广泛地体现在计算机科学技术及相关专业的诸领域,从科学计算到信息处理,从理论计算机科学到计算机应用技术,从计算机软件到计算机硬件,从人工智能到认知系统,无不与离散数学密切相关。

由于数字电子计算机是一个离散结构，它只能处理离散的或离散化了的数量关系，因此，无论是计算机科学本身，还是与计算机科学及其应用密切相关的现代科学研究领域，都面临着如何对离散结构建立相应的数学模型，及如何将已用连续数量关系建立起来的数学模型离散化，从而由计算机加以处理的问题。

离散数学是传统的逻辑学、集合论、数论基础、算法设计、组合分析、离散概率、关系理论、图论与树、抽象代数（包括代数系统、群、环、域等）、布尔代数、计算模型（语言与自动机）等汇集起来的一门综合学科。

离散数学的应用遍及现代科学技术的诸多领域，离散数学也可以说是计算机科学的基础核心学科。在离散数学中有一个著名的典型例子——四色定理，又称四色猜想，是世界近代三大数学难题之一。它是在1852年由英国的绘图员弗南西斯·格思里提出的。他在进行地图着色时，发现了一个现象，"每幅地图都可以仅用四种颜色着色，并且共同边界的国家都可以被着上不同的颜色"。那么这能否从数学上进行证明呢？100多年后的1976年，肯尼斯·阿佩尔（Kenneth Appel）和沃尔夫冈·哈肯（Wolfgang Haken）使用计算机辅助计算，用了1 200 h和100亿次的判断，终于证明了四色定理，轰动世界。这就是离散数学与计算机科学相互协作的结果。离散数学可以看成是构筑在数学和计算机科学之间的桥梁，因为离散数学既离不开集合论、图论等数学知识，又和计算机科学中的数据库理论、数据结构等相关，它可以引导人们进入计算机科学的思维领域，促进了计算机科学的发展。

2.数据离散化的定义

所谓连续体动力模型离散化，就是根据离散数学方法的要求，把无限空间中的有限个体映射到一个有限的空间中。从实际工程出发，人们已提出了连续体动力模型离散化的多种途径，但基本做法可以分为两步：第一步是从模型上对结构进行简化，第二步是从数学处理上对动力学偏微分方程进行简化。其目的都是将无限自由度体系变为有限自由度体系，将偏微分方程的求解化为近似的常微分方程的求解，以最终适应在电子计算机上进行数值求解。简单来说，就是将连续体动力模型和连续型数据转化为离散型数据，因此又称为数据离散化。数据离散化作为数据预处理的手段之一，主要是指将连续型的数据进行分段。例如，我们常见的将成绩划分为不同的等级（优秀、良好、中等、及格、不及格），就是数据离散化。

3.数据离散化的目的

在人们的实际工作中，很多时候都需要进行数据离散化，主要可能原因有以下几点：

（1）算法模型的计算需要。虽然很多模型（例如决策树）都可以支持输入连续型数据，但是决策树本身会先将连续型数据转化为离散型数据，因此离散化转换是一个必要步骤。

（2）增强模型的稳定性和准确度。数据离散化之后，处于异常状态的数据不会明显地突出异常特征，而是会被划分为一个子集中的一部分，从而使异常数据对模型的影响会大大降低，尤其是基于距离计算的模型效果更明显。

（3）模型结果应用和部署的需要。如果原始数据的值域分布过多，或者值域划分不符合业务逻辑，则模型结果将很难被业务理解并应用。

6.1.2　数据离散化步骤和优点

1.数据离散化的步骤

用等宽不同的数据离散化方法会产生不同的离散化结果。优良的离散化应使划分尽可能简约，又尽可能多地保留由样本数据代表的对象的固有特性。数据离散化的一般步骤如下：

（1）对实际工程结构特征进行排序。特别是对于大数据集的情况，排序算法的选择有助于节省时间，提高效率，减少离散化整个过程的时间开支及复杂度。

（2）选择某个点作为候选断点，用所选取的具体离散化方法的尺度，衡量此候选断点是否满足要求。

（3）如果候选断点满足离散化的衡量尺度，则对数据集进行分裂或合并，再选择下一个候选断点。

（4）当离散算法存在停止准则时，一旦满足停止准则，则不再进行离散化过程，从而得到最终的离散结果。

2.数据离散化的优点

（1）数据离散特征的增加和减少较为容易，易于模型的快速迭代。

（2）数据离散化后的特征对于异常数据有较强的鲁棒性。

（3）特征离散化后的模型会更稳定。

6.2　集中质量法

集中质量法也称作凝聚参数法或集中质量-弹簧法，是连续体动力模型离散常用的方法之一。其主要做法是应用离散思想对细长的杆件或缆索等对象进行分段，段与段之间通过有质量的节点连接，段是没有质量的且被看作刚体或有弹性的弹性体。外部载荷，如重力与分布力，均被集中作用在节点上。通过列出各个节点的动力平衡方程与边界条件，形成非线性微分方程组，在给定的初始条件下，采用牛顿-拉夫逊（Newton - Raphson）迭代法进行近似求解，得到各个节点处的位移、速度与加速度等物理量。该方法主要应用于细长物体的动力学模型的建立与分析。

6.2.1　集中质量法的定义和质量集中化

1.集中质量法的定义

集中质量法是通过把分布质量向有限点集中的直观手段，将连续体化为多自由度体系的方法。这是一种物理近似，是一种古典的近似方法。由于集中质量法概念直观，方法简单，在工程界的实际工作中被广泛采用。

早期，集中质量法主要应用于那些物理参数分布很不均匀或相对集中的实际工程结构分析中，例如建筑物、构筑物等。这一方法的原则是把那些惯性相对大而弹性极微弱的构件看作集中质量，而把那些惯性相对小而弹性极为显著的构件看作无质量的弹簧。后来这种方法也被推广应用于均匀连续体结构。

集中质量法将连续系统的质量集中到有限个点或截面上,假设模态法是用有限个函数的线性组合来构造连续系统的解。图 6-1 为简支梁的集中质量模型,用三个离散质点来描述其惯性特征,将两个节点间的质量均匀分布在两个节点上。

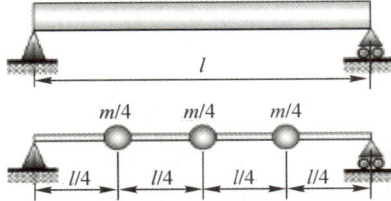

图 6-1　简支梁的集中质量模型

2.质量的集中化

典型的旋翼无人机(多旋翼无人机和无人直升机)的总体结构,主要由机体、旋翼系统、传动系统以及动力装置组成。与固定翼无人机相比,旋翼无人机具有结构复杂、旋转动部件多等特点,因此振动激励源比较多。虽然旋翼无人机飞行过程中以特定频率激励为主,但是由于激励源多,各激励源激励频率各不相同,且激励频率跨度较大,无人机机体动力学设计就显得尤为重要。良好的机体动力学设计可以最大限度地降低直升机机体的振动水平,同时也是保证全机低振动水平的先决条件。

旋翼无人机是由许多复杂构件组成的大型结构,是具有无限多自由度的连续弹性体。常用的全机固有频率计算方法是根据全机的真实结构,采用集中质量法进行数据离散,建立动力学计算分析模型。将无人机的机体结构离散化为一种长直筒状连续结构,主要关心它垂向和侧向的弯曲模态频率,即简化为集中质量模型,对其进行离散化,将机体无穷多自由度降阶为有限自由度。根据无人机的结构特点,按照机体结构截面变化情况将机体离散为有限的部段,部段两端的节点即为集中质量点,如图 6-2 所示。集中质量点间用等效的刚性杆连接,$m_i(i=1,2,\cdots,n)$ 表示第 i 个节点的集中质量;$k_i(i=1,2,\cdots,n)$ 表示第 i 段刚性杆的抗弯刚度。

图 6-2　集中质量模型

6.2.2　集中质量法的特点和算例

1.集中质量法的特点

无人机在飞行过程中,其结构物的重量是由恒载荷和活载荷两部分组成的。其中恒载荷构成无人机的受力系统,是指能承受和传递载荷,并能保持足够强度和刚度的零、部件总称。无人机结构是能够承受和传递载荷的受力系统,如图 6-3 所示。

外载荷在结构中以内力的形式进行传递,并最终实现相互平衡。它是构成无人机系统的基础,其主要功能是承受和传递作用在它上面的各种载荷,维持一定的外部和内部形状,以满足无人机空气动力学、动力装置安装、结构静强度和疲劳强度、结构动力学、气动弹性力学、任务装载、飞行控制、生产工艺、使用维护和安全等方面的要求。活载荷是指无人机机体承受的各种可拆卸或消耗性任务载荷的重量,通常它们不参与以内力形式进行的力和力矩传递。

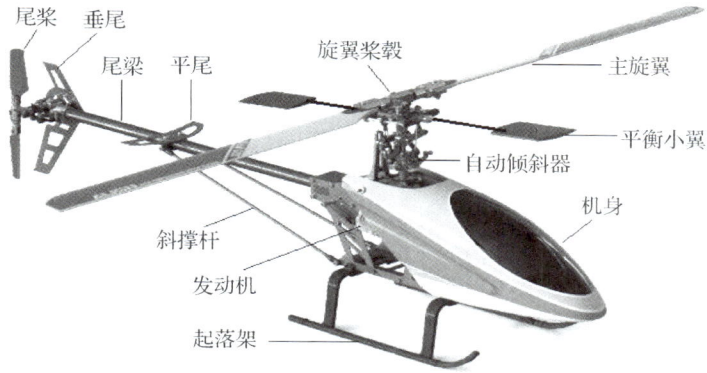

图 6-3　无人机总体结构系统

从图 6-3 中可以看出,无人机总体结构系统的物理参数分布不均匀,采用集中质量离散方法时有以下特点:

(1)惯性和刚性较大的部件可看作质量集中的质点和刚体,惯性小和弹性强的部件可抽象为无质量的弹簧,它们的质量可以不计或折合到集中质量上。

(2)物理参数分布均匀的系统,也可近似地分解为有限个集中质量,集中质量的数量取决于所要求的计算精度。

(3)连续系统离散为有限自由度系统后,可以采用多自由度系统分析方法进行分析。

2.集中质量法的算例

良好的机体动力学设计可以有效地降低无人机机体的振动水平。无人机机体动力学设计的前提是准确计算无人机机体主模态的固有频率,为此采用集中质量离散方法能够突出无人机全机的主要动力学特征,同时避免局部模态对主模态产生干扰,其计算精度既能满足工程实际应用的需要,又比复杂的有限元方法简单,计算速度更快。现以某型无人机为例,采用基于集中质量模型计算全机固有频率。

1)集中质量模型

首先将无人机按其主框的框站位划分为 10 个部段,并按照杠杆原理,将各段的质量 $m_i(i=1,2,\cdots,10)$ 分配至各部段两端的集中质量点,得到系统的质量矩阵 $\boldsymbol{M}$。通过建立静力学模型,将各部段离散后,分别在各集中质量点沿垂向和侧向施加单位力,然后分别计算在集中质量点产生的静挠度,得到各部段的垂向和侧向连接刚度,进一步得到系统的垂向刚度矩阵 $\boldsymbol{K}_1$ 和侧向刚度矩阵 $\boldsymbol{K}_2$。

2)计算简化假设

为了简化计算,认为无人机垂向弯曲模态和侧向弯曲模态不耦合,分别计算直升机垂向弯曲频率和侧向弯曲频率。基于振动分析的机械阻抗基本方法,10 个自由度无阻尼系统的位移阻抗为

$$[z] = K - \omega^2 M = \begin{bmatrix} k_1 - \omega^2 m_1 & -k_1 & \cdots \\ -k_1 & k_1 + k_2 - \omega^2 m_2 & \cdots \\ 0 & -k_2 & \cdots \\ \vdots & \vdots & \\ & & -k_8 & 0 \\ & & k_8 + k_9 - \omega^2 m_9 & -k_9 \\ & & -k_9 & k_9 - \omega^2 m_{10} \end{bmatrix}$$

(6-1)

由系统的固有频率满足阻抗的行列式为 0,即可求得系统的自身圆频率 ω,如下式:

$$|z| = |K - \omega^2| = 0 \qquad (6-2)$$

3)计算结果

根据式(6-1)、式(6-2)分别求得系统的垂向和侧向固有频率,根据圆频率 ω 与系统固有频率 f 的关系,整理后得到系统的前 3 阶频率,结果见表 6-1。

表 6-1　集中质量模型计算得到垂向和侧向前三阶固有频率

单位:Hz

阶　数	垂　向	侧　向
f_1	12.375	10.755
f_2	26.665	27.129
f_3	32.148	30.326

4)结果分析

将基于集中质量模型计算得到的全机垂向和侧向前三阶固有频率与有限元计算结果以及实测结果相比较,如表 6-2 与表 6-3 所示。

表 6-2　不同计算方法计算垂向和侧向前三阶固有频率结果比较

单位:Hz

阶　数	集中模型计算结果	有限元模型计算	实测结果
垂向 f_1	12.375	9.8	10.88
垂向 f_2	26.665	18.1	23.53
垂向 f_3	32.148	32.2	—
侧向 f_1	10.755	8.9	9.41
侧向 f_2	27.129	17.8	26.74
侧向 f_3	30.326	30.5	—

根据表 6-2 和表 6-3 所示结果,用静力等效集中质量模型进行全机固有频率计算时,计算得到的固有频率结果比实测结果偏大,误差在 15% 以内。频率比相比有限元方法误差较小,侧向计算误差在 11% 以内,垂向计算结果在 0.4% 以内。

集中质量模型计算结果偏大主要有以下三方面原因：

（1）集中质量模型将各段的质量分配到部段的两个端点处，在机体振动时，集中的质量要保持相同的速度和加速度，相当于给这部分质量施加了一定的约束，给结构提高了刚度。

（2）取部段连接刚度时是将各部段单独取出来，固定一端，再在另一端施加单位载荷进行刚度计算，固定端面内所有节点的位移均为零，相当于对固定内面施加了约束，提高了固定端的刚度。

（3）在进行集中质量模型计算时未考虑集中质量的转动惯量，而集中质量的转动惯量会对固有频率计算产生影响。

表 6 – 3　不同方法固有频率计算误差

阶　　数	集中质量模型	有限元模型	频率比	集中质量模型	有限元模型	实测结果
垂向 f_1	13.74%	−9.92%	f_1/f_1	1	1	1
垂向 f_2	13.32%	−23.07%	f_2/f_1	2.15	1.84	2.16
垂向 f_3	—	—	f_3/f_1	2.59	1.84	
侧向 f_1	14.29%	−5.42%	f_1/f_1	1	1	1
侧向 f_2	1.45%	−33.43	f_2/f_1	2.52	2.00	2.84
侧向 f_3	—	—	f_3/f_1	2.81	3.42	

5）结论

固有频率计算方法作为一种简化、快速的计算方法，可以在设计前期对无人机全机的主要固有频率进行快速计算评估，也可作为有限元方法的一种补充，计算精度基本可以满足工程实际应用的需要。

6.3　模态分析法

模态分析（modal analysis）是研究结构动力学特性的一种近代方法，是系统辨别方法在工程振动领域中的应用。模态是机械结构系统的固有振动特性，每一个模态具有特定的固有频率、阻尼和模态振型。这些模态参数可以由计算或试验分析取得，这样一个计算或试验分析过程称为模态分析。这个分析过程如果是由有限元计算的方法取得的，则称为计算模态分析；如果是通过试验将采集的系统输入与输出信号经过参数识别而获得模态参数的，则称为试验模态分析。通常，模态分析都是指试验模态分析。

6.3.1　定义和术语

振动模态是包括无人机在内的弹性结构固有的、整体的特性。通过模态分析方法搞清楚结构物在某一易受影响的频率范围内的各阶主要模态的特性，就可以预言结构在此频段内在外部或内部各种振源作用下产生的实际振动响应。因此，模态分析是结构动态设计及设备故障诊断的重要方法。

1.模态的定义

结构在受到外界激励产生运动时,将按特定频率发生自然振动,这个特定的频率被称为结构的固有频率,通常一个结构有很多个固有频率。固有频率与外界激励没有关系,是结构的一种固有属性。不管外界有没有对结构进行激励,结构的固有频率都是存在的,只是当外界有激励时,结构会按固有频率产生振动响应。

结构按照某一阶固有频率振动时,它的各个点偏离平衡位置的位移满足一定的比例关系,可以用一个向量表示,这个向量就称为模态。模态这个概念一般在振动领域使用,可以初步理解为振动状态。每个物体都具有自己的固有频率,在外力的激励作用下,物体会表现出不同的振动特性。

模态是在外力的激励频率与物体固有频率相等的时候出现的,此时物体的振动形态叫做一阶振型或主振型。二阶模态在外力的激励频率是物体固有频率的两倍时出现,此时的振动外形叫做二阶振型,并依此类推。一般来讲,外界激励的频率非常复杂,物体在这种复杂的外界激励下的振动反应是各阶振型的复合。

2.模态分析法的定义

结构每一个模态都具有特定的固有频率、阻尼比和振型。这些模态参数可以由计算或试验分析取得,这样一个计算或试验分析过程称为模态分析。具体来说,模态分析(modal analysis)是将线性定常系统振动微分方程组中的物理坐标变换为模态坐标,使方程组解耦,成为一组以模态坐标及模态参数描述的独立方程,以便求出系统的模态参数。坐标变换的变换矩阵为模态矩阵,其每列为模态振型。

无人机与其他航空器、建筑物、船舶、机器、汽车等一样,实际振动千姿百态、瞬息万变。模态分析提供了研究各类振动特性的一条有效途径。首先,将结构物在静止状态下进行人为激振,通过测量激振力与响应并进行双通道快速傅里叶变换(FFT)分析,得到任意两点之间的机械导纳函数(传递函数)。用模态分析理论,并对试验导纳函数的曲线拟合,识别出结构物的模态参数,从而建立起结构物的模态模型。根据模态叠加原理,在已知各种载荷时间历程的情况下,就可以预言结构物的实际振动的响应历程或响应谱。

近十多年来,由于计算机技术、FFT分析仪、高速数据采集系统以及振动传感器、激励器等技术的发展,试验模态分析得到了很快的发展,受到了航空、航天、机械、电力、建筑、水利等许多产业部门的高度重视。目前已有多种档次、各种原理的模态分析硬件与软件问世。

3.模态参数及术语

(1)模态参数。模态参数主要有模态频率、模态质量、模态向量、模态刚度和模态阻尼等。

(2)主模态、主空间、主坐标。无阻尼系统的各阶模态称为主模态,各阶模态向量所张成的空间称为主空间,其相应的模态坐标称为主坐标。

(3)模态截断。理想的情况下,人们希望得到一个结构完整的模态集,实际应用中这既不可能也不必要。实际上并非所有的模态对响应的贡献都是相同的。对低频响应来说,高阶模态的影响较小。对实际结构而言,我们感兴趣的往往是它的前几阶或前十几阶模态,更高的模态常常被舍弃。这样做尽管会造成一点误差,但频响函数的矩阵阶数会大大减小,使工作量大为减小。这种处理方法称为模态截断。

（4）实模态和复模态。按照模态参数（主要指模态频率及模态向量）是实数还是复数，模态可以分为实模态和复模态。对于无阻尼或比例阻尼振动系统，其各点的振动相位差为 $0°$ 或 $180°$，其模态系数是实数，此时为实模态；对于非比例阻尼振动系统，各点除了振幅不同外相位差也不一定为 $0°$ 或 $180°$，这样模态系数就是复数，即形成复模态。

6.3.2　模态分析法的意义和基本过程

1. 模态分析法的意义

模态分析是最简单的动力学分析，有着非常广泛的实用价值。模态分析的最终目标是识别出结构系统的模态参数，为结构系统的振动特性分析、振动故障诊断和预报以及结构动力特性的优化设计提供依据，从而使结构避免共振，并指导工程师预测在不同载荷作用下的振动形式。模态分析的意义有以下两方面：

（1）振动模态是弹性结构的固有的、整体的特性。如果通过模态分析方法搞清楚了结构物在某一易受影响的频率范围内各阶主要模态的特性，就可能预言结构在此频段内在外部或内部各种振源作用下的实际振动响应。因此，模态分析是结构动态设计及设备故障诊断的重要方法。

（2）模态分析提供了研究各种实际结构振动的一条有效途径。

2. 模态分析的基本过程

模态分析的基本过程包括以下几个步骤：

1）动态数据的采集及频响函数或脉冲响应函数分析

（1）激励方法。试验模态分析是人为地对结构施加一定动态激励，采集各点的振动响应信号及激振力信号，并根据力及响应信号，用各种参数识别方法获取模态参数。激励方法不同，相应的识别方法也不同。目前主要有单输入单输出（SISO）、单输入多输出（SIMO）、多输入多输出（MIMO）三种方法。按输入力的信号特征还可分为正弦慢扫描、正弦快扫描、稳态随机（包括白噪声、宽带噪声或伪随机）、瞬态激励（包括随机脉冲激励）等。

（2）数据采集。单输入单输出（SISO）方法要求同时高速采集输入与输出两个点的信号，用不断移动激励点位置或响应点位置的办法取得振型数据。单输入多输出（SIMO）及多输入多输出（MIMO）方法则要求对大量通道数据高速并行采集，因此需要大量的振动测量传感器或激振器，试验成本较高。

（3）时域或频域信号处理。此方面例如谱分析、传递函数估计、脉冲响应测量以及滤波、相关分析等。

2）建立结构数学模型

根据已知条件，建立一种描述结构状态及特性的模型，作为计算及识别参数的依据。目前一般假定系统为线性的。由于采用的识别方法不同，也分为频域建模和时域建模。根据阻尼特性及频率耦合程度，模型可分为实模态或复模态模型等。

3）参数识别

按识别域的不同可分为频域法、时域法和混合域法，后者是指在时域识别复特征值，再回到频域中识别振型，激励方式（SISO、SIMO、MIMO）不同，相应的参数识别方法也不尽相同。并非越复杂的方法识别的结果越可靠。对于目前能够进行的大多数不是十分复杂的结构,只要取得了可靠的频响数据,即使用较简单的识别方法也可能获得良好的模态参数;反之,即使用最复杂的数学模型、最高级的拟合方法,如果频响测量数据不可靠,则识别的结果也一定不会理想。

4)振型动画

通过参数识别的结果得到了结构的模态参数模型,即一组固有频率、模态阻尼以及相应各阶模态的振型。由于结构复杂,由许多自由度组成的振型也相当复杂,必须采用动画的方法,将放大了的振型叠加到原始的几何形状上。

以上四个步骤是模态试验及分析的主要过程。而支持这个过程的除了激振拾振装置、双通道 FFT 分析仪、台式或便携式计算机等硬件外,还要有一个完善的模态分析软件包。通用的模态分析软件包必须适合各种结构物的几何物征,设置多种坐标系,划分多个子结构,具有多种拟合方法,并能将结构的模态振动在屏幕上进行三维实时动画显示。

5)结构动力修改与灵敏度分析

结构动力修改(Structure Dynamic Modify,SDM)有以下两个含义:

(1)如果结构作了某种设计上的修改,它的动力学特性将会有何种变化? 这个问题被称为 SDM 的正问题。

(2)如果要求结构动力学参数作某种改变,应对设计作何种修改? 这是 SDM 的反问题。

上述两个问题,如果局限在有限元计算模型内解决,其正问题是比较简单的,即只要改变参数重新计算一次就可以。其反问题就是特征值的反问题,由于结构的复杂性和数学处理的难度较大,目前在理论上还不完善。只有涉及雅可比矩阵的问题得到了比较完善的解决,相应的力学模型是弹簧质量单向串联系统或杆件经过有限元或差分法离散的系统。此外,特征值及问题的解决要求未修改系统计算的特征值及特征向量是精确的。因此,现在通常所指的 SDM 是指在试验模态分析基础上的。

不论是结构动力修改的正问题还是反问题,都要涉及针对结构进行修改。为了避免修改的盲目性,人们自然要问,如何修改才是最见成效的? 换而言之,对一个机械系统,是进行质量修改,还是进行刚度修改? 质量或刚度修改时,在机械结构上何处进行修改才是最灵敏部位,使得以较少的修改量得到较大的收获? 由此,引出了结构动力修改中的灵敏度分析技术。目前较为常见的是基于摄动的灵敏度分析。

模态分析技术从 20 世纪 60 年代后期发展至今已趋成熟,它和有限元分析技术一起成为结构动力学的两大支柱。模态分析作为一种"逆问题"分析方法,是建立在实验基础上的,采用实验与理论相结合的方法来处理工程中的振动问题。

3.模态分析和有限元分析结合使用

在进行模态分析时,还需要选择合适的求解方法。比较常用的求解方法包括拉格朗日方程求解法、瑞利法、伽辽金法和有限元法等,其中模态分析和有限元分析结合使用,在预研设计阶段代替实验测试,可以节省成本,提高分析精度。

(1)利用有限元分析模型确定模态试验的测量点、激励点、支持点(悬挂点),参照计算振型对测试模态参数进行辨识命名,尤其是对于复杂结构很重要。

（2）利用试验结果对有限元分析模型进行修改，以达到行业标准或国家标准要求。

（3）利用有限元模型对试验条件所产生的误差进行仿真分析，如边界条件模拟，附加质量、附加刚度所带来的误差分析及其消除。

（4）两套模型频谱一致性和振型相关性分析。

（5）利用有限元模型仿真分析解决实验中出现的问题。

6.4　有　限　元　法

有限元法是一种高效能、常用的数值计算方法。科学计算领域，常常需要求解各类微分方程，而许多微分方程的解析解一般很难得到，使用有限元法将微分方程离散化后，可以编写程序，使用计算机辅助求解。有限元法是以变分原理为基础发展起来的，所以它广泛地应用于以拉普拉斯方程和泊松方程所描述的各类物理场（这类场与泛函的极值问题有着紧密的联系）中。自从 1969 年以来，某些学者在流体力学中应用加权余数法中的迦辽金法（Galerkin）或最小二乘法等同样获得了有限元方程，因而有限元法可应用于以任何微分方程所描述的各类物理场中，而不再要求这类物理场和泛函的极值问题有所联系。其基本思想是，由解给定的泊松方程化为求解泛函的极值问题。

6.4.1　有限元法的定义和解题步骤

1.有限元法的定义

有限元分析（Finite Element Analysis，FEA）法简称为有限元法，将连续的求解域离散为一组单元的组合体，用在每个单元内假设的近似函数来分片地表示求解域上待求的未知场函数，近似函数通常由未知场函数及其导数在单元各节点的数值插值函数来表达。从而使一个连续的无限自由度问题变成离散的有限自由度问题。

有限元分析是使用有限元法来分析静态或动态的物理物体或物理系统。在这种方法中一个物体或系统被分解为由多个相互连接的、简单、独立的点组成的几何模型。这些独立的点的数量是有限的，因此被称为有限元。由实际的物理模型中推导出来的平衡方程式被使用到每个点上，由此产生了一个方程组。这个方程组可以用线性代数的方法来求解。有限元分析的精确度无法无限提高。元的数目到达一定高度后解的精确度不再提高，只有计算时间不断提高。有限元分析（FEA）法已应用得非常广泛，即使是很复杂的应力问题的数值解，用有限元分析的常规方法也能得到。

2.有限元法的解题步骤

在实践中，有限元法解题通常由以下主要步骤组成：

（1）问题及求解域定义。根据实际问题近似确定求解域的物理性质和几何区域。

（2）求解域离散化。将待求解域近似分割为具有不同有限大小和形状，并且彼此相连的有限个单元组成的离散域。这些离散的子区域称为"单元"，各单元在一些被称为"结点"的离散点上相互连接。这些结点中有的有固定的位移，而其余的有给定的载荷。元素（单元）的形状原则上是任意的。二维问题一般采用三角形单元或矩形单元，三维空间可采用四面体或多面体等。每个单元的顶点称为结点。单元越小(网络越细)则离散域的近似程度越好,计算结果也越精确,但计算量及误差都将增大,因此求解域的离散化是有限元法的核心技术之一。

准备这样的离散域模型可能极其耗费时间,所以商用程序之间的竞争就在于:如何用最友好的图形化界面的"预处理模块",来帮助用户完成这项烦琐乏味的工作。有些预处理模块作为计算机化的画图和设计过程的组成部分,可在先前存在的 CAD 文件中覆盖网格,因而可以方便地完成有限元分析。

(3)确定状态变量及控制方法。一个具体的物理问题通常可以用一组包含问题状态变量边界条件的微分方程式表示,为适合有限元求解,通常将微分方程化为等价的泛函形式。

(4)单元分析。进行分片插值,把预处理模块准备好的数据输入有限元程序中,即将分割单元中任意点的未知函数用该分割单元中形状函数及离散网格点上的函数值展开,建立一个线性插值函数,从而构成并求解用线性或非线性代数方程表示的系统。

为保证问题求解的收敛性,单元推导有许多原则要遵循。对工程应用而言,重要的是应注意每一种单元的解题性能与约束。例如,单元形状应以规则为好,畸形时不仅精度低,而且有缺秩的危险,将导致无法求解。

(5)总装求解。将单元总装形成离散域的总矩阵方程(联合方程组),反映对近似求解域的离散域的要求,即单元函数要满足一定的连续条件。总装是在相邻单元结点进行,状态变量及其导数连续性建立在结点处。

(6)联立方程组求解。有限元法最终形成联立方程组。联立方程组的求解可用直接法、迭代法和随机法。求解结果是单元结点处状态变量的近似值。对于计算结果的质量,将通过与设计准则提供的允许值比较来评价并确定是否需要重复计算。有限元法的主要优点之一就是许多不同类型的问题都可用相同的程序来处理,区别仅在于从单元库中指定适合于不同问题的单元类型。

6.4.2 结构动力学有限元分析的特点和基本步骤

1.结构动力学有限元分析的特点

结构动力学领域研究的问题,主要包括弹性结构(系统)的自由振动特性(频率和振型)分析、频率响应分析、瞬态响应分析、响应谱分析等。结构动力学中这类问题的特点是:载荷作用前沿时间与构件的自振基频周期相近,远大于应力波在构件中的传播时间,或者构件上长时间作用的随时间剧烈变化的载荷。

结构动力学有限元分析的基本思想是人为地将连续体结构划分为有限个单元,规定每个单元所共有的一组变形形式,称之为单元位移模式或插值函数。然后以单元各结点的位移作为描述结构变形的广义坐标。整个连续体结构的位移曲线就可由这些广义坐标和插值函数表示出来,再由变分原理直接法或伽辽金法就可以列出以结点位移为广义坐标的离散体结构的有限元运动方程。一旦各结点的位移确定,则可以通过单元位移模式求出单元内部的位移值,进而求得应变和应力。因此,从实质上讲有限元法是变分直接法或加权残值法中的一种特殊形式。这样一种函数的主要特点如下:

（1）由于同类单元位移模式是相同的，故计算程序十分简单。

（2）每个结点位移仅影响其邻近的单元，所以这个方法所得的方程大部分是非耦合的，易于计算机数值求解。

（3）广义坐标具有明确的物理意义，这是不同于一般广义坐标法的地方，直接给出了结点的位移或力。

（4）解的精度可以通过在结构离散化时增加有限单元的数目来提高。

（5）分片多项式插值试函数的收敛性有保证。

2.结构动力学有限元分析基本步骤

对于一个动力结构，采用有限元法建立体系运动方程的基本步骤如下：

（1）采用有限元法将结构离散化，即将结构理想化为有限单元的集合。有限元模型中，不同单元之间的连接点称为有限元的结点，不同单元通过结点相连接。而节点的位移（可以包括转角）定义为体系的自由度。

（2）对于每个单元，可以建立单元的刚度矩阵 $\bar{K}_e$，质量矩阵 $\bar{M}_e$ 和单元的外力向量 $\bar{P}(t)_e$（相应于单元自由度的外力向量），其中"－"代表在单元局部坐标系下的刚度矩阵、质量矩阵和外力向量。

（3）将局部坐标系中的 $\bar{K}_e$，$\bar{M}_e$ 和 $\bar{P}(t)_e$ 通过单元局部坐标和体系整体坐标之间的坐标转换矩阵 T_e，转换成整体坐标系下的单元刚度矩阵 K_e、质量矩阵 M_e 和外力向量 $P(t)_e$。

$$\left.\begin{aligned} K_e &= T_e^{\mathrm{T}} \bar{K}_e T_e \\ M_e &= T_e^{\mathrm{T}} \bar{M}_e T_e \\ P(t)_e &= T_e^{\mathrm{T}} \bar{P}(t)_e T_e \end{aligned}\right\} \tag{6-3}$$

（4）将总体坐标下的单元刚度矩阵、质量矩阵和外力向量进行总装，集成结构体系的总体刚度矩阵 K、质量矩阵 M 和外力载荷向量 $P(t)$。

（5）形成总体结构有限元模型的运动方程

$$M\ddot{u} + C\dot{u} + Ku = P(t) \tag{6-4}$$

式中，u 为单元节点系位移向量。而阻尼矩阵 C 可以按瑞利（Rayleigh）阻尼假设形成。结构动力方程式（6-4）可用振型叠加法求解。

6.4.3　有限元单元位移模式及插值函数

1.有限元单元位移模式

在有限元方法中，单元的位移模式或位移函数一般采用多项式作为近似函数。理由是多项式运算简便，并且随着项数的增多，可以以任意精度逼近任何一段光滑的函数曲线。当然，多项式的选取应由低阶次到高阶次。

考虑长为 L、截面抗弯刚度为 $EI(x)$、抗拉刚度为 $EA(x)$、质量线密度为 $m(x)$ 的一有限元梁单元，单元的两个结点位于两端，仅考虑平面内变形和忽略轴向变形，则由结构力学知识可知：此单元每一个结点有两个自由度，即横向位移和转角，如图 6-4 所示。如果还要考虑梁的轴向变形，则在单元的两个端点还需各增加一个沿梁轴向位移的自由度。

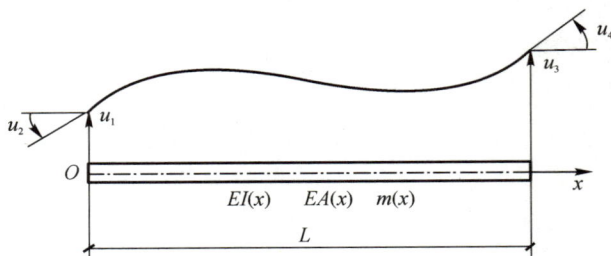

图 6-4　梁单元的节点自由度

梁单元的挠曲线可表示为

$$u(x,t) = [\psi_1(x)\ \psi_2(x)\ \psi_3(x)\ \psi_4(x)]\begin{bmatrix} u_1 \\ u_2 \\ u_3 \\ u_4 \end{bmatrix} = \boldsymbol{N}\boldsymbol{u}_e \qquad (6-5)$$

式中，$u_i(t)$ $(i=1,2,3,4)$ 表示两结点的横向位移和转角，即广义坐标。$\psi_i(x)$ 为相应于 $u_i(t)$ 的形函数或称插值函数。$\boldsymbol{N} = [\psi_1(x)\quad \psi_2(x)\quad \psi_3(x)\quad \psi_4(x)]$ 为形函数矩阵。$\boldsymbol{u}_e = \{u_1\quad u_2\quad u_3\quad u_4\}^\mathrm{T}$ 为单元节点位移向量。所定义的 $\psi_i(x)$ 应满足如下边界条件：

$$\left. \begin{aligned} i=1: \psi_1(0)=1, \psi_1'(0)=\psi_1(L)=\psi_1'(L)=0 \\ i=2: \psi_2'(0)=1, \psi_2(0)=\psi_2(L)=\psi_2'(L)=0 \\ i=3: \psi_3(L)=1, \psi_3(0)=\psi_3'(0)=\psi_3'(L)=0 \\ i=4: \psi_4'(L)=1, \psi_4(0)=\psi_4'(0)=\psi_4(L)=0 \end{aligned} \right\} \qquad (6-6)$$

　　插值函数 $\psi_i(x)$ $(i=1,2,3,4)$ 可以是满足式(6-6)的任意函数。一种选择是用满足以上边界条件的精确解，比如对于 $\psi_1(x)$，应用给出的相应4个边界条件就可以完全确定其（静力）解析解。当梁单元的刚度沿梁长变化时，可导致求解精确解的困难，但如果梁的刚度(EI)是均匀的，则容易求得分别满足不同边界条件的精确解作为插值函数。用精确解作为插值函数，可使问题的有限元解具有更高的模拟精度，但有时求这样的精确解本身可能是困难的。下面介绍推导单元插值函数的一般方法。

　　2.有限元单元插值函数

　　对于一个插值函数,有4个边界条件可用来确定4个未知系数,把插值函数设为多项式,如果选用三次多项式,则未知系数的个数正好为4个,因此可以选

$$\psi_i(x) = a_i + b_i(x/L) + c_i(x/L)^2 + d_i(x/L)^3 \quad (i=1,2,3,4) \qquad (6-7)$$

其中，a_i, b_i, c_i, d_i 分别为待定的未知系数。为方便起见，将以上多项式写成无量纲形式。将式(6-7)给出的各插值函数分别代入式(6-6)给出的相应边界条件，可求得各插值函数的待定系数，最后得到满足式(6-6)的插值函数为

$$\left. \begin{aligned} \psi_1(x) &= 1 - 3(x/L)^2 + 2(x/L)^3 \\ \psi_2(x) &= L(x/L) - 2L(x/L)^2 + L(x/L)^3 \\ \psi_3(x) &= 3(x/L)^2 - 2(x/L)^3 \\ \psi_4(x) &= -L(x/L)^2 + L(x/L)^3 \end{aligned} \right\} \qquad (6-8)$$

式(6-8)给出了梁单元的插值函数,如图 6-5 所示。

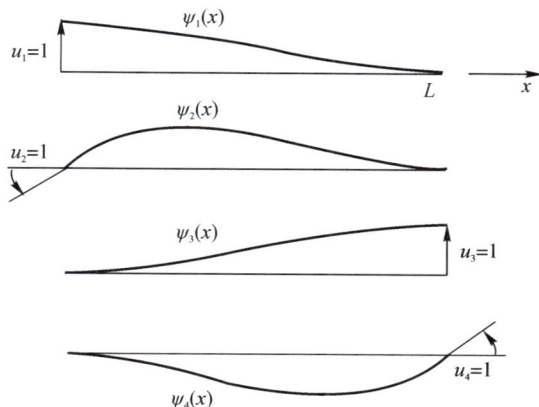

图 6-5　梁单元的插值函数

由此可见,在确定以上插值函数时,采用了一般广义坐标法中选择形函数的条件,即由式(6-8)给出的插值函数仅由边界条件确定,而与梁的偏微分控制方程,即与梁的力学性质和梁上的横向载荷无关。因此,这些插值函数可以用于表示均匀和非均匀梁单元的位移。对于均匀梁单元,不考虑剪切变形影响时,以上给出的插值函数是一个精确解,因为此时梁单元的控制微分方程(无横向载荷)为

$$EI\frac{\mathrm{d}^4u}{\mathrm{d}x^4}=0$$

而式(6-8)给出的插值函数为三次多项式,它们满足运动控制方程和给定的边界条件,因此是精确解。精确解的含义是与结构力学中的弯曲梁理论解相比较而言的。对于非均匀梁,控制方程为

$$[EI(x)u'']''=EI''(x)u''+EI(x)u''''=0$$

三次多项式不一定总能满足控制方程,因此对于非均匀梁,式(6-8)给出的插值函数是近似的。

把以上方法用于二维或三维问题时,即使结构是均匀的,得到的插值函数也可能不是精确解,因为对于二维和三维问题,构造的插值函数一般很难满足单元边界线(二维)或边界面(三维)上的位移和应力边界条件。此时,这种构造插值函数的方法可使问题简化,但结果是近似的。

6.4.4　有限元分析中的基本要素

为进行结构体系的有限元分析,需要建立体系有限元模型的运动方程。这涉及体系的刚度矩阵、质量矩阵和外载荷引起的节点力向量,一旦这些构成运动方程的基本要素确定,则建立了体系的运动方程。

1.单元刚度矩阵

设 $\boldsymbol{f}_e=[f_1\quad f_2\quad f_3\quad f_4]^{\mathrm{T}}$ 为梁单元广义坐标 $\boldsymbol{u}=[u_1\quad u_2\quad u_3\quad u_4]^{\mathrm{T}}$ 对应的结点力向量,则单元刚度矩阵为

$$\begin{bmatrix} f_1 \\ f_2 \\ f_3 \\ f_4 \end{bmatrix} = \begin{bmatrix} k_{11}^{e} & k_{12}^{e} & k_{13}^{e} & k_{14}^{e} \\ k_{21}^{e} & k_{22}^{e} & k_{23}^{e} & k_{24}^{e} \\ k_{31}^{e} & k_{32}^{e} & k_{33}^{e} & k_{34}^{e} \\ k_{41}^{e} & k_{42}^{e} & k_{43}^{e} & k_{44}^{e} \end{bmatrix} \begin{bmatrix} u_1 \\ u_2 \\ u_3 \\ u_4 \end{bmatrix} \tag{6-9}$$

刚度影响系数 k_{ij}^{e} 利用虚功原理便可容易地计算出。

当单元结点产生一虚位移 δu 时,梁的内力虚功可表示为

$$WI = \int_0^1 \delta \left[\frac{\partial^2 u}{\partial x^2} \right] EI(x) \frac{\partial^2 u}{\partial x^2} \mathrm{d}x \tag{6-10}$$

曲率 $\dfrac{\partial^2 u}{\partial x^2}$ 可表示为

$$\frac{\partial^2 u}{\partial x^2} = [\psi_1''(x) \ \psi_2''(x) \ \psi_3''(x) \ \psi_4''(x)] u = \boldsymbol{B} u_e \tag{6-11}$$

式中,$\boldsymbol{B} = [\psi_1''(x) \quad \psi_2''(x) \quad \psi_3''(x) \quad \psi_4''(x)]$。将式(6-11)代入式(6-10),可得出梁的内力虚功 W_I 表达式。

梁单元结点的外力虚功 W_E 可表示为

$$W_E = \delta \boldsymbol{u}_e^{\mathrm{T}} \boldsymbol{f}_e \tag{6-12}$$

由虚功原理可知

$$W_E = W_I \tag{6-13}$$

由式(6-13)可得单元节点力和节点位移的关系式为

$$\boldsymbol{f}_e = \left(\int_0^l \boldsymbol{B}^{\mathrm{T}} k_{ij}^{e} EI(x) \boldsymbol{B} \mathrm{d}x \right) \boldsymbol{u}_e = \boldsymbol{K}_e \boldsymbol{u}_e \tag{6-14}$$

式中,刚度矩阵 $\boldsymbol{K}_e$ 中的元素为

$$k_{ij}^{e} = \int_0^l EI(x) \psi_i''(x) \psi_j''(x) \mathrm{d}x \tag{6-15}$$

当梁是等截面直梁时,由式(6-8)可得弯曲梁单元的刚度矩阵为

$$\boldsymbol{K}_e = \frac{2EI}{L^3} \begin{bmatrix} 6 & -6 & 3l & 3l \\ -6 & 6 & -3l & -3l \\ 3l & -3l & 2l^2 & l^2 \\ 3l & -3l & l^2 & 2l^2 \end{bmatrix} \tag{6-16}$$

以上给出的梁单元刚度矩阵与用初等梁理论给出的解析解是完全相同的。即对于均匀弯曲梁,采用插值函数得到的梁的刚度矩阵是精确的。这一点也很容易理解,对于均匀梁,前面定义的插值函数是精确的。

式(6-16)给出的刚度矩阵 $\boldsymbol{K}_e$ 是在局部坐标下的 4×4 阶单元刚度矩阵,仅反映了梁单元横向线位移和转角自由度的影响,没有考虑轴向变形的影响。如果把两个梁端与轴向相应的刚度考虑在内,则局部坐标系下的单元刚度矩阵成为 6×6 阶的矩阵,相应于两个端点的轴向位移自由度的刚度为

$$\boldsymbol{K}_{Ne} = \begin{bmatrix} \dfrac{EA}{L} & -\dfrac{EA}{L} \\ -\dfrac{EA}{L} & \dfrac{EA}{L} \end{bmatrix} \tag{6-17}$$

在得到扩展的局部坐标系下的单元刚度矩阵后,可以通过坐标转换矩阵 T_e 将局部坐标系下的单元刚度矩阵转换成整体坐标下的单元刚度矩阵,这里的坐标转换矩阵仅与梁单元的方向角 θ_e 有关,如图 6-6 所示。

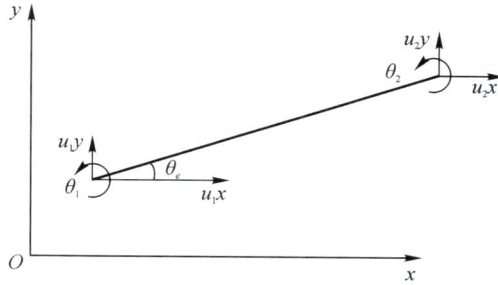

图 6-6　梁单元的整体和局部坐标系

坐标转换矩阵 T_e 为

$$
T_e = \begin{bmatrix}
\cos\theta_e & \sin\theta_e & 0 & 0 & 0 & 0 \\
-\sin\theta_e & \cos\theta_e & 0 & 0 & 0 & 0 \\
0 & 0 & 1 & 0 & 0 & 0 \\
0 & 0 & 0 & \cos\theta_e & \sin\theta_e & 0 \\
0 & 0 & 0 & -\sin\theta_e & \cos\theta_e & 0 \\
0 & 0 & 0 & 0 & 0 & 1
\end{bmatrix} \tag{6-18}
$$

在整体坐标系中,单元自由度的顺序为 u_{1x}、u_{1y}、θ_1、u_{2x}、u_{2y}、θ_2 ,下标中 1 和 2 代表梁单元的两个结点。

2.单元质量矩阵

1)一致质量矩阵

质量影响系数 m_{ij} 是在体系处于平衡位置时,单位加速度 $\ddot{u}_j = 1$ 的惯性力在 u_i 方向上引起的约束反力。人们可以用分析单元刚度矩阵的类似方法来计算质量影响系数 m_{ij}。

如图 6-7 所示,单位加速度 $\ddot{u}_3 = 1$ 引起的惯性力为

$$
f_1(x) = -m(x)\ddot{u}(x,t) = -m(x)\psi_3(x) \tag{6-19}
$$

引入一个竖向虚位移 δu_1,对应的杆内虚位移和结点约束反力分别为 $\delta u(x) = \psi_1(x)\delta u_1$ 和 m_{13}。由于杆处于平衡位置,同时不考虑自重引起的弹性力,则杆的弹性内力 $M = 0$。由虚功原理得

$$
m_{13}\,\delta u_1 - \int_0^L f_1(x)\delta u(x)\mathrm{d}x = 0 \tag{6-20}
$$

于是可导出

$$
m_{13} = \int_0^L m(x)\,\psi_3(x)\,\psi_1(x)\mathrm{d}x = 0 \tag{6-21}
$$

同理可得一般公式

$$
m_{ij} = \int_0^L m(x)\,\psi_i(x)\,\psi_j(x)\mathrm{d}x = 0 \tag{6-22}
$$

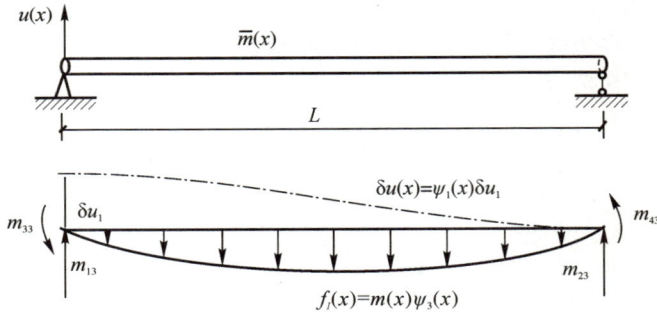

图 6 - 7　一致质量矩阵求解示意图

对于均布质量 $m(x)=m$ 时,单元质量矩阵为

$$\bar{\boldsymbol{M}}_e^C = \frac{mL}{420} \begin{bmatrix} 156 & 22L & 54 & -13L \\ 22L & 4L^2 & 13L & -3L^2 \\ 54 & 13L & 156 & -22L \\ -13L & -3L^2 & -22L & 4L^2 \end{bmatrix} \tag{6-23}$$

当单元质量矩阵按计算单元刚度矩阵的同样插值函数计算时,所得到的质量矩阵称为"一致质量矩阵",式(6-23)中的上标 C 代表一致质量矩阵。

2)集中质量矩阵

单元集中质量矩阵是把单元分布的质量集中成质量块放在梁单元的两个端点上。质量块的体积等于零,质量之和等于梁单元的总质量 mL,此时再按质量阵元素 m_{ij} 的定义,可得到梁单元的集中质量矩阵为

$$\bar{\boldsymbol{M}}_e^L = mL \begin{bmatrix} 05 & 0 & 0 & 0 \\ 0 & 0 & 0 & 0 \\ 0 & 0 & 0.5 & 0 \\ 0 & 0 & 0 & 0 \end{bmatrix} \tag{6-24}$$

式中,上标 L 代表集中质量。对于集中质量模型,仅相应于两端点的线位移自由度上有质量(非零值),其他均为零。

集中质量矩阵是对角阵,即矩阵的对角线上有非零值,而非对角线上的值均为零。因为集中质量法是把质量集中到一个点上,而相应于一个质点的平动惯性力就作用在质点本身,质点的转动惯性力等于零。

一致质量法从数学上讲是严格的,是一种数学方法。集中质量法是一种工程处理方法,可出自于结构工程师的直观判断。但如果我们在定义计算质量矩阵时所采用的插值函数不同于计算刚度矩阵的插值函数,则同样可以用式(6-22)计算出集中质量矩阵。例如定义与线位移自由度相应的 ϕ 为阶梯函数,与转角相应的 $\phi=0$,也可以得到集中质量矩阵式(6-24),但此时是非一致的,即计算质量矩阵和计算刚度矩阵时的插值函数不一致。

结构动力分析和静力学分析的不同之处是考虑了惯性力,即考虑了质量,因为质量矩阵的形成及性质是动力问题中一个有较大影响的因素。

在结构动力反应分析中,集中质量法与一致质量法两者相比较,各有优点,具体如下:

（1）集中质量法的主要优点是节省计算量和计算时间。原因有两个：

①集中质量矩阵是对角阵，而一致质量矩阵是非对角阵，因此无论是形成质量矩阵还是求解方程，前者均省时省力。

②集中质量法中与转动自由度相应的转动惯量等于零，因此在动力分析中，转动自由度可以通过前面介绍的静力凝聚法消去，使结构体系的动力自由度降低一半，而一致质量法中所有的转动自由度都属于动力自由度。

（2）一致质量法的优点，主要体现在以下两点：

①在采用同样的单元数目时，一致质量法比集中质量法的计算精度高。当单元数目增加时，即结构被细分时，一致质量法可以更快地收敛于精确解。但在解决工程实际问题时，这种改进常常是有限的，因为对于很多工程结构的结点，扭转惯性力的影响一般是不显著的。

②在一致质量法中，势能和动能值的计算采用了一致的方法，这样就可以知道计算的自振频率与相应的精确自振频率的关系了。

综合起来看，由于一致质量法的优点很少能超过为增加一点精度而付出的额外工作量，因此在解决工程实际问题中，集中质量法仍得到广泛的应用。

3）混合质量矩阵

大量的工程实际应用情况表明：应用集中质量法与一致质量法进行结构模态分析时，集中质量模型的自振频率略低于实际结构，而一致质量模型的自振频率略高于实际结构，因此也有采用混合质量法的。

混合质量有限元模型中质量矩阵为集中质量和一致质量的加权叠加，即

$$\boldsymbol{M}_{e}^{H} = (1-\beta)\boldsymbol{M}_{e}^{L} + \beta\boldsymbol{M}_{e}^{C} \qquad (6-25)$$

式中，β 为加权系数，在 $[0,1]$ 之间取值。当 $\beta=0$ 时，为集中质量；当 $\beta=1$ 时，为一致质量。

从不同的角度出发，研究 β 的取值对有限元动力模拟精度的影响，发现在一般情况下，取 $\beta=0.5$ 时，混合质量模型具有较理想的模拟精度，因此通常取

$$\boldsymbol{M}_{e}^{H} = 0.5\boldsymbol{M}_{e}^{L} + 0.5\boldsymbol{M}_{e}^{C} \qquad (6-26)$$

对于质量矩阵也可以像处理刚度矩阵一样，考虑单元端点两轴向自由度后，将单元 4×4 阶质量矩阵扩展成 6×6 阶质量矩阵，再通过坐标转换矩阵 $\boldsymbol{T}_e$，把相应于局部坐标系下的单元质量矩阵转换成总体坐标系下的单元质量矩阵 $\boldsymbol{M}_e$。

$$\boldsymbol{M}_e = \boldsymbol{T}_e^{\top} \bar{\boldsymbol{M}}_e \boldsymbol{T}_e$$

3.等效节点载荷

如果外载荷 $P_i(t)\ (i=1,2,3,4)$ 直接施加在单元两个结点的四个自由度之上，则可以直接写出单元外载荷向量

$$\boldsymbol{P}(t)_e = \begin{bmatrix} P_1(t) \\ P_2(t) \\ P_3(t) \\ P_4(t) \end{bmatrix} \qquad (6-27)$$

式中，P_2 和 P_4 为作用于转动自由度上的弯矩。

如果外载荷是作用于梁中的分布载荷 $P(x,t)$ 和集中载荷 $P_j{}'(t)$（作用在 x_j 点上），则

由之产生的作用于第 i 个自由度的节点载荷为

$$P_i(t) = \int_0^L P(x,t)\,\psi_i(x)\mathrm{d}x + \sum_j P'_j\psi_i(x_j) \qquad (6-28)$$

如果式(6-28)中插值函数的选取与用于推导刚度矩阵时的插值函数相同,得到的节点载荷称为一致节点载荷(力)。也可以采用精度稍低但简单的插值函数,如线性插值函数

$$\psi_1(x) = 1 - \frac{x}{L}$$

$$\psi_3(x) = \frac{x}{L}$$

用于形成节点载荷,这样给出的是与梁单元两端节点的线位移自由度相应的节点力,而节点弯矩等于零。4×1 的单元节点力向量扩展为 6×1 的节点力向量,最后通过坐标转换矩阵,形成整体坐标系下的单元节点力向量。

在完成以上工作后,通过总装,可以形成体系的总体刚度矩阵、质量矩阵、外载荷向量,再采用阻尼理论假设得到体系的总体阻尼矩阵,最后得到体系的运动方程式。

6.4.5　市面上流行的有限元分析软件

有限元分析(FEA)是结构力学分析迅速发展起来的一种现代计算方法。它是 20 世纪 50 年代首先在连续流体力学领域(主要是在飞机结构静、动态特性分析中)应用的一种有效的数值分析方法,随后很快广泛地应用于求解热传导、电磁场、流体力学等问题,现在有限元法已经应用于水工、土建、桥梁、机械、电机、冶金、造船、飞机、导弹、宇航、核能、地震、物探、气象、渗流、水声、力学、物理学等几乎所有的科学研究和工程技术领域。基于有限元分析(FEA)算法编制的软件,即为有限元分析软件。根据软件的适用范围,可以将之区分为专业有限元软件和大型通用有限元软件。实际上,经过了几十年的发展和完善,各种专用的和通用的有限元软件已经使有限元法转化为社会生产力。

目前,市面上流行的有限元分析软件有许多种,其中比较具代表性的十大有限元分析软件如下:

1)Ansys

Ansys 是有限元分析常用软件,是美国 Ansys 公司研制的大型 FEA 软件,也是全球范围内增长最快的计算机辅助工程(CAE)软件,能与多数计算机辅助设计软件接口连接,实现数据的共享和交换。Ansys 功能强大,操作方便,已成为国际最流行的有限元分析软件,应用于数个关键领域。中国 100 多所理工院校也采用 Ansys 进行有限元分析或者将其作为标准教学软件。

2)Abaqus

Abaqus 是享誉全球的有限元分析常用软件,被广泛应用在航空航天、轨道交通、汽车制造、石油化工、能源电力等众多重要领域。在发展过程中,Abaqus 始终保持着对最新科技和算法的敏锐洞察,通过不断的技术创新和升级,逐渐成为世界范围内被广泛应用的高端有限元分析软件。Abaqus 的全球市场占有率虽然一直处于领军地位,但和许多其他软件一样,在中国的市场占有率相对较低。

3）Hyperworks

Hyperworks 位居有限元分析软件排名榜前十，以卓越的仿真技术和产品，为全球客户提供从产品概念设计到制造和验证过程中的全面仿真解决方案。Hyperworks 具备强大的建模、网格划分、求解以及数据管理等功能，能够帮助工程师和科学家快速有效地进行各种领域的有限元分析。现阶段，其全球用户超过 3 000 家，主要客户群中包含财富 500 强制造企业。

4）LS‑dyna

LS‑dyna 是先进的通用有限元程序，是显式动力学软件的鼻祖和理论先导，能够模拟真实世界中的复杂问题，被广泛应用于汽车、航空航天、船舶、土木工程、电子、制造和生物工程等领域。特别是在汽车领域，LS‑dyna 被誉为汽车行业广泛使用的黄金标准解决方案。

5）Optistruct

Optistruct 是业内公认的、先进的结构分析求解器，可用来分析静态和动态载荷条件下的线性和非线性结构问题。作为结构设计和优化的市场领军者，Optistruct 的优化方法多种多样，能够应用在设计的各个阶段，可以帮助设计者和工程师分析和优化结构的强度、耐久性和 NVH（噪声、振动和舒适度）的特性，并快速研发创新、轻量化的、高效的结构。

6）Radioss

Radioss 是美国知名工业软件上市公司 Altair 旗下的知名商用显式动力学求解器，具有超过 30 年的历史。Radioss 经过大量行业的工业企业验证，能够模拟动态载荷下呈现高度非线性的工业产品的性能，现已推出开源版本 OpenRadioss。OpenRadioss 依托开源平台 Github，允许全球的研究者、软件开发者和用户开放使用。

7）COMSOL Multiphysics

COMSOL Multiphysics 是业界领先的多物理场仿真平台，是 COMSOL 公司的旗舰产品，能提供仿真单一物理场以及灵活耦合多个物理场的功能，供工程师和科研人员来精确分析各个工程领域的设备、工艺和流程。软件内置的模型开发器包含完整的建模工作流程，支持从几何建模、材料参数和物理场设置、求解到结果处理的所有仿真步骤。

8）Algor

Algor 具有强大的线性、非线性分析功能，在结构、热、流场、电场等均有专业的分析模块（流场模块已经移除），在汽车、电子、医学、军事、电力系统、航空航天、土木工程、微机电系统等诸多领域中得到广泛应用。Algor 核心代码起源于 1970 年开发的 SAP 程序，其由美国加州大学伯克利分校的 K. J. Bathe、E. L. Wilson 和 F. E. Peterson 等人共同研制。Algor 最初在中国出现时被称作 SUPER SAP。

9）OpenFOAM

OpenFOAM 是一个完全由 C＋＋编写，在 linux 下运行，面向对象的计算流体力学（CFD）类库。OpenFOAM 可以模拟复杂流体流动、湍流流动、换热分析、化学反应等现象，还能进行结构动力学分析、电磁场分析。产品特点：全面支持 C＋＋库；用途广泛，例如已被用在金融等方面；具有各种各样的工具箱，包括各种 ODE 求解器、ChemKIN 接口等；支持多种网格接口。

10）Autodesk CFD

Autodesk CFD 是一款计算流体动力学仿真软件，可以模拟并分析流体力学、热传递、化学反应和旋转机械等领域，帮助工程师们更好地设计优化流体系统、优化产品性能和减少设计成本。使用 Autodesk CFD 可模拟如汽车、空调等的内部流体系统，能量信号传输、场效应晶体管等电路中的液态发热规律，为设计者提供一定的参考值，用以优化设计。

思　考　题

1.简述离散数学的思想和方法。数据离散化的目的是什么？

2.简述数据离散化的步骤和优点。

3.什么是集中质量法和质量的集中化？

4.举例说明集中质量法的特点。

5.简述模态和模态分析法的定义。主要的模态参数及术语有哪些？

6.简述模态分析法的应用和基本过程。

7.什么是有限元法？有限元法解题通常由哪些主要步骤组成？

8.简述结构动力学有限元分析的特点和步骤。

9.简述有限元单元位移模式及插值函数的内容。

10.有限元分析中的基本要素有哪些？简单说明各基本要素的内容。

11.市面上流行的有限元分析软件有哪些？简单对比、说明它们的内容。

第 7 章　无人机旋翼结构动力学

在本书第 1 章已经介绍和讨论过,无人机按总体结构划分,包括固定翼无人机、旋翼无人机和复合无人机三大类,其中旋翼无人机又包含了无人直升机和多旋翼无人机两种类型。下面以旋翼无人机和复合无人机为例,进一步介绍和讨论无人机的结构动力学问题。

旋翼系统是旋翼无人机和复合无人机能够垂直起降升空飞行最重要的结构系统之一,主要由桨毂和数片桨叶构成。桨毂安装在旋翼轴上,形如细长机翼的桨叶则连在桨毂上。一副旋翼最少有两片桨叶,最多可达 8 片。桨叶旋转时与周围空气相互作用,产生沿旋翼轴向上的拉力(升力)。如果相对气流的方向或各片桨叶的桨距不对称于旋翼轴,还会产生垂直于旋翼轴的分力。因此旋翼具有产生升力的功能,具有类似于固定翼无人机推进装置的功能,以产生向前的力,同时还具有类似于固定翼无人机操纵面的功能,以产生改变机体姿态的俯仰力矩或滚转力矩。

旋翼结构动力学特性主要指其模态特性——固有频率及振型等,这些特性对于旋翼无人机动力学问题往往起着重要的甚至是决定性的作用。某些结构动力学特性对旋翼无人机和复合无人机飞行品质也有重要的影响,而结构动力学特性在一定程度上又取决于其构造形式。

7.1　旋翼系统的基本概念

旋翼构造形式是指旋翼桨叶与桨毂的连接方式,即旋翼桨毂的结构形式。不同构造形式的旋翼,其动力学特性有非常明显的差别。在旋翼航空器发展史上,进入实际应用而且目前仍然广泛应用或正在投入使用的旋翼构造形式,主要有铰接式、无铰式及无轴承式等几种。除此以外,可称为半铰接式的一些形式也应用较多。旋翼构造形式决定了桨叶根部的约束条件,从而对桨叶挥舞、摆振和扭转方向的固有特性产生重要影响。桨叶的固有特性不同,其动力特性也不一样,从而对旋翼的振动响应和气动弹性稳定性产生重大影响。

7.1.1　旋翼系统的基本结构、结构参数和结构形式

1.旋翼系统的基本结构

为了实现垂直飞行和良好的旋翼气动效率,无人机旋翼系统的桨叶具有较大的展弦比、

旋转直径和较大的柔性。从功能上可以把旋翼无人机的桨叶看成是一个一面旋转一面前进的机翼,其主要作用是为旋翼无人机平台提供向上的升力和前/后飞、左/右侧飞的拉力。

1)旋翼系统结构要求

(1)结构动力学要求。要能避免共振和过度的振动。

(2)气动弹性稳定性要求。在各种使用状态下不发生经典颤振、挥/摆/扭耦合气弹不稳定性及与其他部件耦合的动力不稳定性。

(3)疲劳寿命要求。降低旋翼桨叶交变应力水平,提高桨叶疲劳寿命。

(4)静强度、静刚度要求达到设计规范标准。

2)旋翼桨叶的结构材料

(1)金属桨叶。在 20 世纪 50—60 年代,有人驾驶的直升机旋翼系统采用金属桨叶,使用寿命大约为 1 000 h。

(2)复合材料桨叶。20 世纪 70 年代以后,不论是有人驾驶的直升机旋翼,还是无人机旋翼系统都采用了复合材料桨叶,其优点是具有高的比强度和疲劳许用应变,使用寿命大幅度提高,甚至达到无限寿命。

3)旋翼系统的控制方式

以无人直升机为例,旋翼系统的控制是主要通过各种组合方式改变旋翼工作时的迎角(桨距)来实现的。无人机上安装有自动驾驶仪和飞行控制计算机,计算机产生飞行控制指令,再由控制驱动器对控制指令进行放大,并驱动执行伺服机构完成旋翼桨距操纵控制。

无人直升机使用最为普遍的旋翼结构形式是铰接式,如图 7-1 所示。铰接式旋翼系统的桨叶通过挥舞铰、摆振铰和变距铰与桨毂相连接,挥舞铰使得桨叶能够做垂直于桨盘平面的上下自由挥舞运动,摆振铰使得桨叶能够在旋转平面内做前后自由摆动,因而能够有效降低桨叶根部载荷。变距铰通过变距拉杆将桨叶及变距摇臂与自动倾斜器相连接,使得桨叶能够绕变距轴做变距运动,如图 7-2 所示。

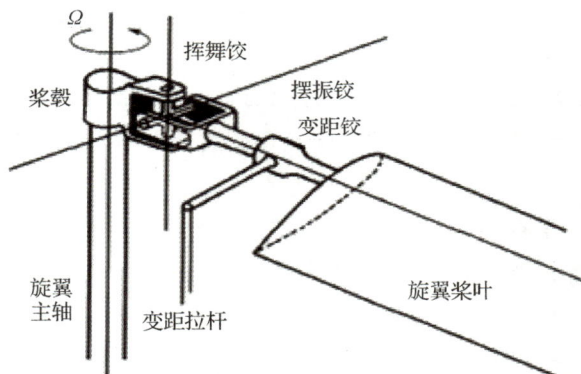

图 7-1　铰接式旋翼系统基本结构示意图

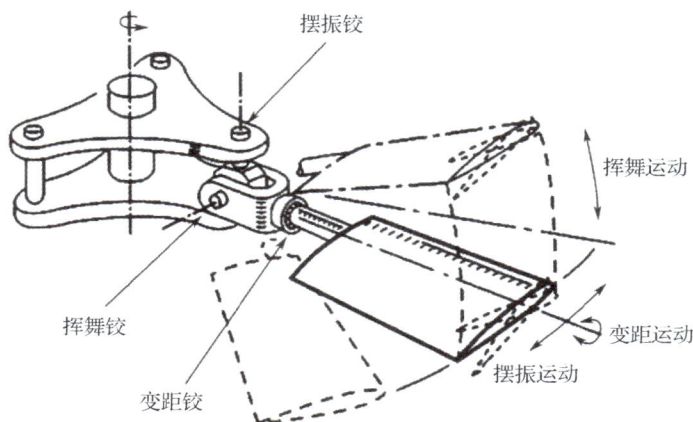

图 7-2　铰接式旋翼桨叶运动自由度示意图

2.旋翼系统的结构参数

旋翼无人机的旋翼系统绕主轴旋转时,每个桨叶工作起来都类同于一个机翼。旋翼桨叶的剖面形状是一个翼型,如图 7-3 所示。翼型弦线与垂直于桨毂旋转轴平面(称为旋转平面)的夹角称为桨叶的安装角,简称桨距。各片桨叶的桨距的平均值称为旋翼的总距,根据不同的飞行状态,总距的变化范围约为 2°~14°。空气来流速度 V 与翼弦之间的夹角即为该剖面的迎角。显然,沿半径方向每段叶片上产生的空气动力在桨轴方向上的分量将提供悬停时需要的升力;在旋转平面上的分量产生的阻力将由发动机所提供的功率来克服。

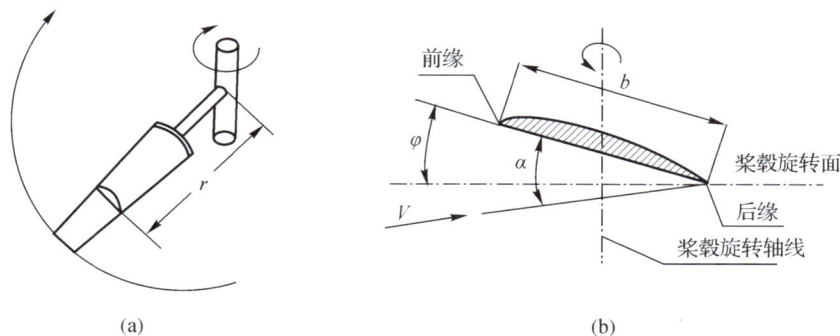

图 7-3　旋翼桨叶结构和翼型剖面
(a)旋翼系统桨叶结构示意图;　(b)旋翼系统桨叶剖面示意图

无人机旋翼系统的主要结构参数如下:

(1)旋翼直径。旋翼旋转时,叶尖所划圆圈的直径叫做旋翼直径。直径是影响旋翼性能的重要参数之一,旋翼直径增大,拉力随之增大,效率随之提高。所以在结构允许的情况下尽量选直径较大的旋翼。此外,限制桨尖气流速度,避免出现激波,也会导致效率陡然降低。

(2)旋翼桨叶翼型。旋翼桨叶的剖面形状称为翼型,它是旋翼能够产生拉力的关键因素。当旋翼旋转平面与地面平行进行转动时,每片桨叶都会产生升力,所有桨叶产生的升力合成为一个向上的总升力,该总升力克服了无人机本身的重量,从而能够使无人机升空飞行。

（3）旋翼旋转速度。旋翼转速以每分钟转过的圈数为单位，而角速度以每秒钟一个弧长为单位。提高旋翼转速要受到叶尖速度的限制，以避免叶尖出现过大的空气压缩效应。通常旋翼叶尖速度为 $\Omega R = 180 \sim 220$ m/s（Ω 为转速，R 为半径），大约相当于叶尖马赫数 $M = 0.55 \sim 0.6$。

（4）旋翼实度。旋翼实度是指其所有桨叶实际面积之和与整个桨盘面积的比值（常用希腊字母 σ 表示），通过桨叶剖面弦长和叶片数量可以增加旋翼的实度，高实度会带来高扭矩和高功率的需求。一般桨叶数目最好不要超过 5 片，因为具有 5 片桨叶的旋翼工作效率最高。典型的无人机旋翼实度对比如图 7-4 所示，其中图 7-4（d）所示 5 片桨叶的旋翼系统实度比传统直升机上通常使用的旋翼实度[见图 7-4（a）～（c）]要高很多。

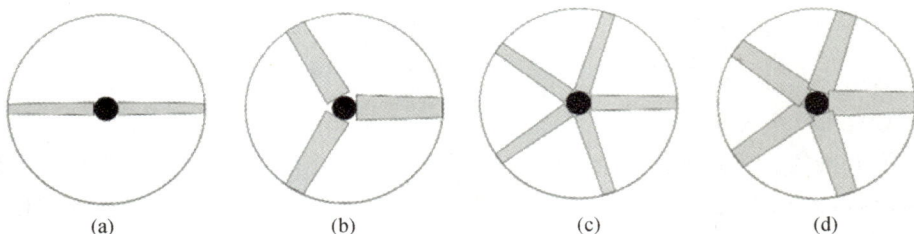

图 7-4　常见旋翼实度对比示意图

（a）实度 1σ（弦长＝c，桨叶数 2）；　（b）实度 3σ（弦长＝$2c$，桨叶数 3）；
（c）实度 3σ（弦长＝$1.2c$，桨叶数 5）；　（d）实度 5σ（弦长＝$2c$，桨叶数 5）

（5）旋翼桨叶的平面形状。旋翼桨叶采用合适的桨尖形状，能有效地改进旋翼的气动特性，可延缓气流分离（前、后行）、改善气动载荷分布及桨涡干扰、降低振动和噪声、提高气动效率等。各种先进的桨尖形状如图 7-5 所示。研究表明，后掠桨尖能够缓解压缩性影响，同时，桨尖翼弦长度变小，使边缘涡流密度减小，又延缓了后行桨叶的气流分离，大大改善了旋翼的气动特性。

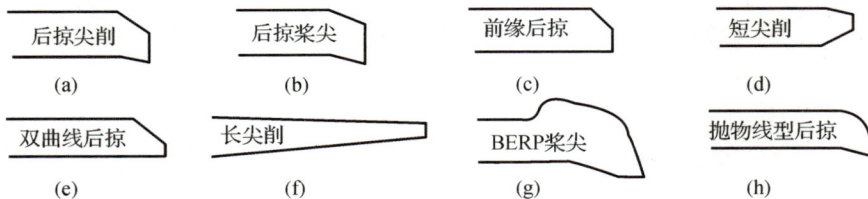

后掠尖削	后掠桨尖	前缘后掠	短尖削
(a)	(b)	(c)	(d)
双曲线后掠	长尖削	BERP桨尖	抛物线型后掠
(e)	(f)	(g)	(h)

图 7-5　先进的桨尖形状示意图

（6）旋翼桨叶展向负扭转

为了提高旋翼无人机的飞行性能，旋翼桨叶沿展向采用分段负扭转方式，以满足在不同前飞速度时旋翼需用功率的需求，如图 7-6 所示。一般按翼型将桨叶沿展向分为内、中、外 3 段，旋翼无人机前飞速度越高，桨叶负扭转的影响越明显。其中，内段负扭转对旋翼性能有负面影响，但影响较小；中段负扭转对桨盘上气流环境的改善起决定性作用，高速前飞时可使旋翼需用功率降低 10% 以上；外段负扭转有利于降低需用功率，作用效果一般。

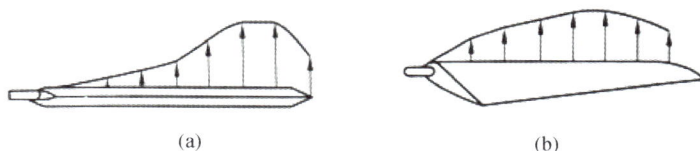

图 7-6　平直桨叶与负扭转桨叶升力分布对比示意图

（a）平直桨叶升力分布；　（b）负扭转桨叶升力分布

（7）旋翼桨叶桨尖扭转

旋翼桨叶受材料、加工工艺等技术条件的限制，早期的有人驾驶直升机旋翼桨叶主要采用矩形桨叶、小线性负扭转等设计方案。现在，随着复合材料、加工工艺等技术的进步，早先的难题得到了不同程度的解决，许多新型气动外形桨叶得到了应用。其中旋翼桨叶进行桨尖扭转的旋翼气动外形设计已成为无人机旋翼系统获得成功的关键技术之一，如图 7-7 所示。

图 7-7　旋翼桨叶桨尖向上和向下扭转对比图

（a）螺旋桨桨尖向下翻一个角度；　（b）螺旋桨桨尖向上翻一个角度

实验结果表明：旋翼桨叶桨尖向上或向下翻一个角度都能提高其气动效率，使电动垂直起降飞行器具有更好的悬停性能，同时能显著降低噪声。至于是向上翻好，还是向下翻好，以及翻多大角度（扭转角）才为最佳，对于不同实度的旋翼不一样，需要通过风洞实验或采用计算流体动力学（Computational Fluid Dynamics，CFD）通过理论计算获得最佳结果。

3．旋翼系统的结构形式

旋翼桨毂结构形式对无人机的气动性能、振动、重量、维修成本、操纵性、稳定性等都有重大影响，设计结构简单、可靠、低成本、高效的桨毂是人们一致关注的关键技术。

1）铰接式

无人直升机大多采用铰接式旋翼系统，它是通过在桨毂上设置挥舞铰、摆振铰和变距铰来实现桨叶的挥舞、摆振和变距运动的。全铰式旋翼包含所有的铰，桨毂铰的布置顺序（从里向外）为挥舞铰、摆振铰、变距铰，如图 7-8 所示。铰链是桨叶和桨毂之间铰接结构的连接部分，类似于人体的关节，桨叶可以绕铰（即连接部位）运动。垂直铰（摆振铰）是垂直的关节，桨叶可以绕垂直铰做横向的摆振运动；水平铰（挥舞铰）是水平的关节，桨叶可以绕水平铰做上下挥舞；轴向铰（变距铰）是轴向的关节，桨叶可以绕轴向铰做桨叶的变距运动。

在轴向铰中除了用推力轴承来负担离心力并实现变距运动外，另一种流行的方式是利用弹性元件拉扭杆来执行这个功能。这样在旋翼桨叶进行变距操纵时必须克服拉扭杆的弹性及扭矩。为了减小操纵力，就必须使拉扭杆有足够低的扭转刚度。铰接式桨毂的缺点是构造复杂,维护检修的工作量大,疲劳寿命低。

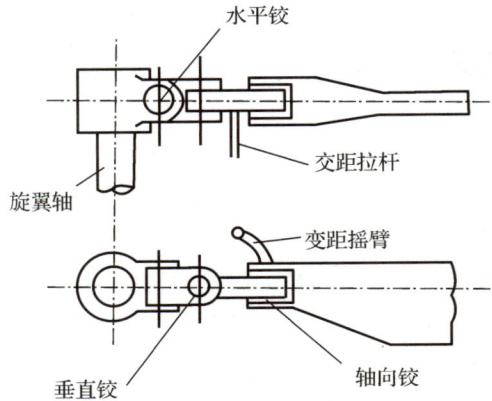

图 7 - 8　铰接式旋翼结构示意图

2)半铰接式

半铰接式旋翼桨毂有万向接头式和跷跷板式两种不同的结构形式。

万向接头式旋翼桨毂是 2 片桨叶通过各自的轴向铰和桨毂壳体互相连接,而桨毂壳体又通过万向接头与旋翼轴相连。挥舞运动通过万向接头实现,改变总距是通过轴向铰实现的。跷跷板式旋翼桨毂和万向接头式旋翼桨毂的主要区别是桨毂壳体只通过一个水平铰与旋翼轴相连,这种桨毂构造比万向接头式简单一些,但是总距也是通过变距铰来实现的,如图 7 - 9 所示。一般变距铰采用拉扭杆来负担离心力。与铰接式相比,这两种桨毂形式的优点是桨毂构造简单,去掉了摆振铰、减摆器,2 片桨叶共同的挥舞铰不负担离心力而只传递拉力及旋翼力矩,轴承负荷比较小,没有"地面共振"问题。无人直升机多为轻小型直升机,因此常采用跷跷板式旋翼结构。

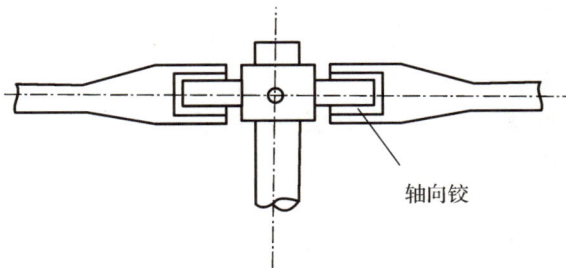

图 7 - 9　半铰接式(跷跷板式)旋翼结构示意图

3)无铰式

无铰式旋翼桨毂无挥舞铰和摆振铰,只保留变距铰,桨叶的挥舞、摆振运动完全通过桨根弹性变形来实现,如图 7 - 10 所示。无铰式旋翼桨叶在挥舞、摆振方向根部是固支的,扭转与铰接式相同。与铰接式旋翼相比,无铰式旋翼结构的力学特性与飞行的力学特性联系更为密切。它主要由中央星形件、球面层压弹性体轴承、黏弹减摆器(也称频率匹配器)、夹板和自润滑关节轴承等组成。

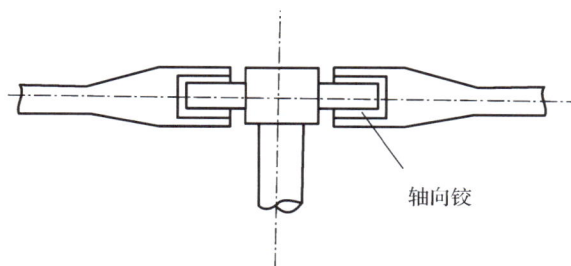

图 7-10　无铰式旋翼结构示意图

4）无轴承式

无轴承式桨毂无挥舞铰、摆振铰、变距铰，挥、摆、扭运动完全通过桨根柔性梁来实现，如图 7-11 所示。桨叶在挥、摆方向根部的支持同无铰式，扭转为弹性约束。

图 7-11　无轴承式旋翼结构示意图

无轴承桨毂的主要结构是由单向复合材料制成的柔性梁，柔性梁外端同桨叶相连接，内端同固定在旋翼轴上的连接盘相连。柔性梁在保证一定的弯曲刚度和强度的情况下，扭转刚度很低，起到了挥舞铰、摆振铰和变距铰的作用。桨毂结构简单，零件数量少，全复合材料结构，破损安全性能好，寿命长；外形尺寸小，阻力小，重量轻。由于无轴承桨毂取消了所有的"铰"，桨叶的挥舞、摆振、变距都要靠柔性梁的挠曲变形来实现。这样，无轴承旋翼的一个突出的特点就是强烈的变距-挥舞-摆振弹性耦合，对旋翼结构动力学特性和气动弹性力学特性影响较大。

5）空气螺旋桨式

旋翼飞行器使用的空气螺旋桨大多是定距式的，桨叶总距固定不变，旋翼通过调节转速来改变升力的大小。空气螺旋桨的结构特点是桨叶扭转角较大，原因是为了提高效率，必须使螺旋桨各剖面在升阻比较大的迎角工作，因此螺旋桨的桨叶角从桨尖到桨根按一定规律逐渐加大。定距螺旋桨一般直径都比较小，优点是构造简单，重量轻（见图 7-12）。

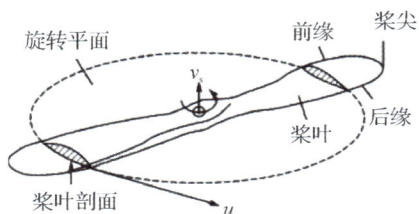

图 7-12　空气螺旋桨式旋翼结构示意图

6)涵道风扇式

以上列举的5类旋翼系统称为开放旋翼系统,除此之外,还有一类旋翼系统外面安装有一个圆桶(涵道),称为涵道风扇(ducted fan),如图7-13所示。

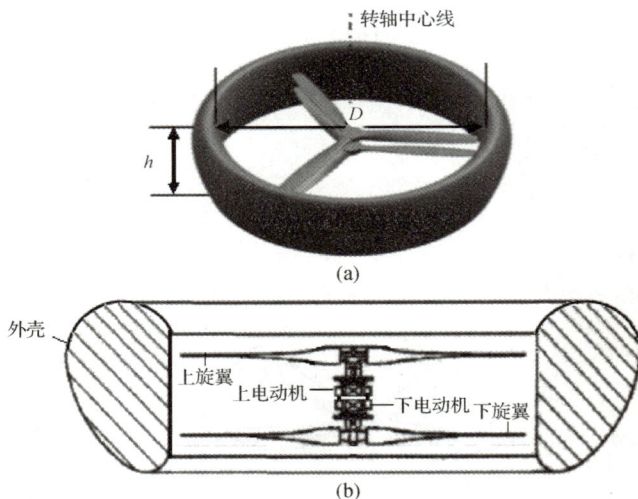

图 7-13　共轴双螺旋桨涵道风扇结构示意图

(a)涵道风扇外部结构图(D—直径;h—高度);　(b)共轴双螺旋桨涵道风扇内部结构剖面示意图

虽然开放旋翼结构简单实用,应用广泛,但是,由于旋翼旋转运动时主要存在的阻力有空气摩擦阻力、压差阻力、诱导阻力和干扰阻力等,桨叶因高速圆周运动使叶尖处速度最高,诱导阻力比较大,不仅对外界气流产生冲击,造成噪声大,而且效率低。涵道风扇内旋翼的桨叶桨尖处空气流动受涵道限制,因而冲击噪声减小,诱导阻力减少,气动效率能提高10%～15%。在同样的功率消耗下,涵道风扇比同样直径的开放旋翼产生的升力更大。

7.1.2　旋翼桨叶的基本结构和主要结构参数

1.旋翼桨叶的基本结构

旋翼无人机和复合无人机大多采用开放式旋翼系统,例如无人直升机旋翼桨叶是一个柔韧的固有频率较低的细长弹性体,在旋翼轴和桨毂带动下旋转工作时,悬停飞行效率最高。高速旋转的桨叶承受着很高的离心力载荷和交变的气动载荷作用,产生很高的交变应力。在这些载荷引起的弯矩和扭矩作用下,桨叶结构会发生变形和振动,并反过来导致气动力发生改变。因此,桨叶在工作过程中会出现复杂的振动和气动弹性问题。特别是当旋翼无人机前飞时,旋翼气动载荷中存在着明显不同谐波的周期变化部分,而细长的、刚度很低的旋翼桨叶本身的固有频率又往往难以做到远离主要阶次气动激振力的频率,这样,旋翼桨叶实际上是在持续的弹性振动下工作。

旋翼桨叶的结构形式,一方面要满足旋翼气动效率和疲劳强度等设计要求,另一方面又要受到材料工艺水平的限制。因此,为了提高旋翼桨叶的气动效率,要求桨叶采用先进翼型,桨叶外形误差小,在局部气动载荷作用下的外形畸变要小;为了提高疲劳强度,要求选用疲劳需用应变高的材料,要求结构避免出现引起应力集中的因素。此外,还要考虑旋翼桨叶弦向重心、扭转刚度以及弯曲振动固有频率范围要求等。复合材料的应用为设计和制造非常规桨叶外形提供了条件,使桨叶外形设计可以做到精细化,实现优化设计。

通常,桨叶结构沿展向可以分为根部段、翼型段和桨尖段 3 个部分,如图 7-14 所示,各部分各有特点和作用,在构型设计中应区别对待。

(1)桨尖段。桨尖段主要安装桨尖罩,用来改善旋翼的气动性能与气动噪声,所受的载荷较小,不是主要结构部分(见图 7-14 中的 A—A)。

(2)根部段。根部段是桨叶与桨毂连接的部位,结构复杂,零组件较多。桨叶所有动载荷和静载荷都要通过它传递到桨毂上,是受力状态最复杂的部位(见图 7-14 中的 C—C)。

(3)翼型段。翼型段是桨叶结构最主要的部分,一般由蒙皮、大梁、内腔填块、后缘条、前缘包片、平衡配重、调整片等元件构成(见图 7-14 中的 B—B)。大梁是桨叶的主承力部件,设计时可以充分利用复合材料的设计剪裁特性,按需要调整大梁的刚度和质量分布,但要避免铺层产生急剧变化引起应力集中。

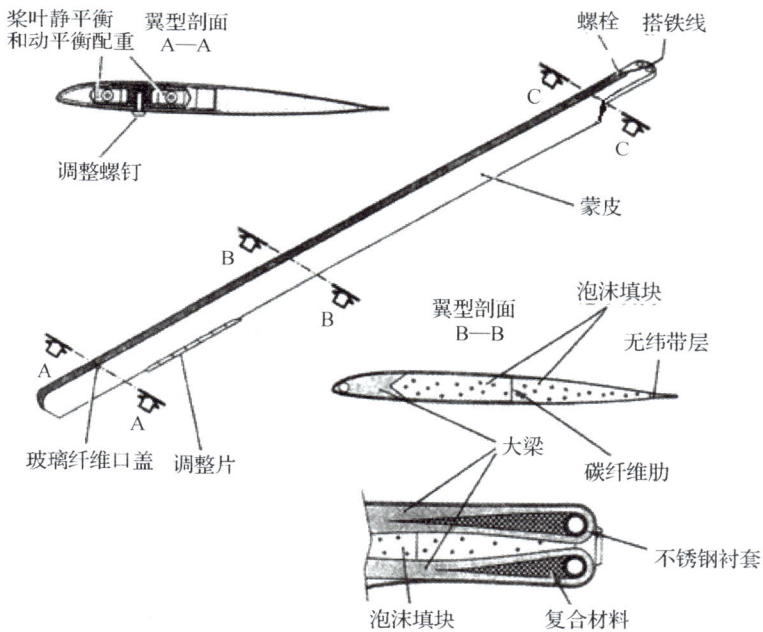

图 7-14　复合材料旋翼桨叶构型示意图

2.旋翼桨叶的主要结构参数

旋翼桨叶结构参数包括整片桨叶结构参数和桨叶剖面特性参数,这些参数将作为桨叶原始结构参数用于旋翼动力学分析、载荷分析、强度分析和性能计算,同时这些分析和计算的结果又作为调整桨叶结构参数的依据。

1)桨叶质量

计算单片桨叶的质量(单位 kg)要从桨叶根部到尖部,包括单片桨叶所有结构、涂层、配重等所有质量。虽然航空器结构设计通常要遵循重量最轻原则,但是旋翼桨叶的结构设计除了满足强度、刚度和动力学要求之外,还要求其能够为一旦失去动力时进入自转下滑状态提供足够的能量,因此,旋翼桨叶不能设计得过轻。桨叶结构设计过程中通常设置多种配重,用于调整桨叶质量和质量分布。常见的配重装置有桨叶前缘配重条、桨尖配重及其他必要的可调配重。

2)桨叶重心

(1)展向重心。整片桨叶重心距旋翼中心的距离定义为展向重心(单位 mm)。桨叶的展向重心主要影响桨叶的静矩和惯性矩。桨叶展向重心外移,桨叶的静矩和惯性矩会增大,同时桨叶的离心力载荷会变大,一般设计在 $50\%\sim55\%$ 桨叶半径的位置。

(2)弦向重心。将整片桨叶重心距桨叶变距轴线的距离定义为弦向重心(单位 mm)。对于前缘平直的桨叶,习惯上用桨叶重心距前缘的距离来表示。桨叶的弦向重心是结构设计的重要参数,这是因为弦向重心直接影响到桨叶的气动弹性稳定性,如颤振特性。通常要求桨叶的弦向重心位置在 25% 弦长之前。在实际的工程应用中,弦向重心要控制在 25% 弦长之前是比较困难的,因此一般要求桨叶的有效重心控制在 25% 弦长之前。

(3)有效重心。用一个当量重心代替沿展向变化的弦向重心,它是分析整片桨叶弦向重心比较合理的参数(单位 mm)。

3)静矩

静矩又称面积矩,截面对某个轴的静矩等于截面内各微面积乘微面积至该轴的距离在整个截面上的积分。静矩的力学意义是:如果截面上作用有均匀分布载荷,其值以单位面积上的量表示,则载荷对于某个轴的合力矩就等于分布载荷乘以截面对该轴的静矩。静矩是求截面形心和计算截面内各点剪应力的必要数据。静矩的控制与桨叶质量和重心控制相关。

(1)绕旋转轴静矩。指单片桨叶绕旋转轴(摆振铰)静矩(单位 kg・m)。

(2)绕水平铰静矩。指单片桨叶绕水平铰(挥舞铰)支点位置的静矩(单位 kg・m)。

4)惯性矩

轴惯性矩是反映截面抗弯特性的物理量,简称惯性矩。截面对某个轴的轴惯性矩等于截面上各微面积乘微面积到轴的距离的二次方在整个截面上的积分轴惯性矩恒为正值,构件的抗弯能力和轴惯性矩成正比。

(1)绕旋转轴惯性矩。指单片桨叶绕旋转轴(摆振铰)的转动惯量(单位 $kg \cdot m^2$)。

(2)绕水平铰惯性矩。指单片桨叶绕水平铰(挥舞铰)支点的转动惯量(单位 $kg \cdot m^2$)。

(3)绕变距轴惯性矩。指单片桨叶绕桨叶变距轴线的转动惯量(单位 $kg \cdot m^2$)。

5)剖面刚度

桨叶的剖面刚度和质量分布是桨叶结构参数设计的核心工作。剖面刚度和质量特性直接影响桨叶的动力学特性、强度和疲劳特性。动力学设计时,调整桨叶剖面刚度和质量分布来改变桨叶动力学特性,也称调频设计,是多次逼近的复杂过程。调频设计的主要措施是改变桨叶的质量和刚度分布。

(1)剖面挥舞刚度。指剖面相对刚心的挥舞刚度(单位 $N \cdot m^2$)。

(2)剖面摆振刚度。指剖面相对刚心的摆振刚度(单位 $N \cdot m^2$)。

（3）剖面扭转刚度。指剖面绕扭转中心的扭转刚度（单位 N·m²）。

6）剖面线质量

剖面线质量指剖面单位长度的质量（单位 kg/m）。

7）静挠度

桨叶设计应保证桨叶静挠度要求。影响桨叶静挠度的主要因素是桨叶挥舞方向的刚度分布和桨叶根部的约束刚度，桨叶结构设计时必须严格控制，确保桨叶在各种状态下与机身其他部位之间有足够的间隙，桨尖静挠度一般都约在 0.05%～0.08% 桨叶半径范围。

（1）挥舞方向静挠度。一般指桨叶根部水平、安装角为零时，桨叶自重在桨尖产生的垂直位移（单位 mm）。

（2）摆振方向挠度。桨叶根部竖直，剖面前缘向上，桨叶自重在桨尖产生的垂直位移。

表 7-1 给出了两种典型机型桨叶（金属桨叶和复合材料）的结构参数。

表 7-1 两种典型机型桨叶的结构参数表

参数名称	单位	金属桨叶	复合材料桨叶
桨叶质量	kg	109.09	34.19
展向重心	mm	4 539.5	2 875.0
弦向重心	mm	135.8	87.5
有效重心	mm	135.0	86.0
绕旋转轴静矩	kg·m	495.22	95.43
绕水平铰静矩	kg·m	452.29	88.32
绕旋转轴惯性矩	kg·m²	3 048.98	364.34
绕水平铰惯性矩	kg·m²	2 674.48	306.19
绕变距轴惯性矩	kg·m²	—	0.209
桨叶静挠度	mm	500	224

7.2 刚体桨叶结构动力学

随着旋翼无人机气动性能的不断提高，旋翼桨叶已经演化成高展弦比的结构。从结构动力学的观点来看，这种结构可以简化处理，把旋翼桨叶处理为一维梁结构，也就是说，桨叶的弹性特性只是径向位置的函数。基于一维简化，只需要利用桨叶的空间弯曲和扭转就可以确定旋翼桨叶的弹性变形，不需要考虑桨叶的轴向拉伸和截面翘曲。

为了阐明有关旋翼桨叶振动特性的基本概念（包括旋转桨叶弯曲及扭转固有频率、振型的分析理论和实用计算方法），首先要了解刚体桨叶宏观运动的类型及其不耦合模态的特性，其中不耦合的模态响应特性表现为所有运动都各自只发生在自身平面内，桨叶挥舞振动、摆振振动及扭转振动三者之间没有产生相互耦合的问题。

7.2.1 旋翼桨叶的工作环境和刚体、弹性体的定义

1.旋翼桨叶的工作环境

以无人直升机为例,其旋翼桨叶旋转工作,作圆周运动,产生向上的升力。当无人机前飞时,旋翼转动的前行桨叶与空气之间的相对速度是转动线速度加前飞速度,高于桨叶旋转本身所带来的线速度。反之,后行桨叶与空气之间的相对速度是转动线速度减前飞速度,低于旋转本身所带来的线速度。这样,旋翼两侧产生的升力不均匀。这个周期性的升力变化不仅使机身向一侧倾斜,而且每片桨叶在圆周中不同方位产生不同的升力和阻力,周期性地对桨叶造成强烈的扭曲,如图7-15所示。为了补偿旋翼左右的升力不均匀和减少桨叶的疲劳,可在翼根安装一个容许桨叶在旋转过程中上下挥舞的铰链(挥舞铰)。

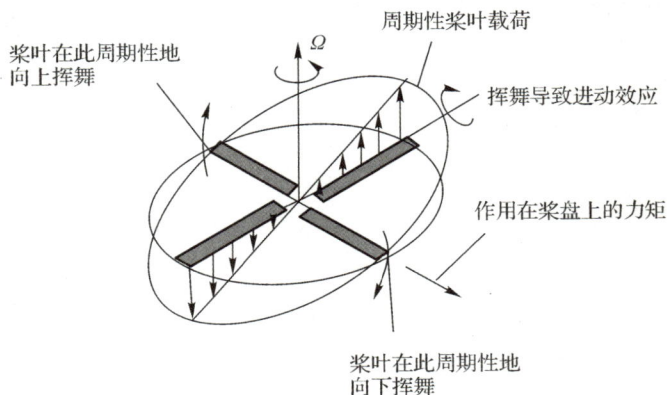

图7-15 无人机前飞时旋翼桨叶的工作环境

桨叶在前行时,升力增大,桨叶自然向上挥舞;桨叶在后行时,升力减小,桨叶自然向下挥舞。由于桨叶在旋转一圈的过程中有时上升有时下降,桨叶的实际运动方向不再是水平的,而是斜线向上的。桨叶和水平面的夹角虽然不因为桨叶向上挥舞而改变,但桨叶和气流的相对运动方向之间的夹角则由这斜线向上的运动而变小,这个夹角即是桨叶真正的迎角。桨叶的迎角在升力作用下下降,降低升力。桨叶在后行时,桨叶的升力不足,自然下垂,造成桨叶和气流相对运动方向之间的夹角增大,迎角增加,增加升力。由于离心力使桨叶有自然拉直的趋势,桨叶不会在升力作用下无限升高或降低,在机械设计上也要采取措施,保证桨叶的挥舞不至于和机体发生碰撞。

桨叶在转动过程中,不断升高、降低,翼尖离圆心的距离不断改变,引起科里奥利效应,以控制旋转速度。桨叶在水平方向也要前后摇摆,以补偿桨叶上下挥舞所造成的科里奥利效应。摆振铰利用前行时阻力的增加,使桨叶自然增加后掠角,即所谓滞后,因为桨叶在旋转方向上的角速度低于圆心的旋转速度,这也变相增加了桨叶在气流方向上剖面的长度,加强了减小迎角的作用;在后行时,阻力减小,阻尼器(相当于弹簧)使桨叶恢复到正常位置。因为桨叶在旋转方向上的角速度高于圆心的旋转速度,当然也加强了增加迎角的作用,所以摆振铰也称滞后铰。

挥舞铰和摆振铰是旋翼升力均匀和飞行平稳的关键。铰接式旋翼的优点是根部载荷

小,结构实现相对容易,但是结构复杂,零部件数量多,维护不便,操纵功效小。为了克服铰接式旋翼的缺点,出现了"无铰式旋翼"(Hingeless Rotor),例如半铰接式、无铰式、无轴承式等类型,其桨叶与桨毂之间没有类似于全铰接式旋翼的铰链,桨叶是通过"半刚性方式"或"全刚性方式"连接到桨毂上的,因为没有铰链的存在,所以每一片桨叶的挥舞和摆振都是通过桨根部位的弹性段来实现的。

从结构上来说,刚性旋翼系统远比全铰接式旋翼系统来得简单,桨叶挥舞和摆振产生的载荷通过旋翼的弯曲来承受,而非传统的铰链。其优点是:刚性旋翼系统能够产生较大的桨毂力矩,该力矩大幅降低了旋翼系统的操纵响应滞后特性。

2.刚体和弹性体的定义

动力学是研究物体运动规律的学科,而刚体和弹性体是动力学研究中常用的模型。

(1)刚体。刚体(rigid body)是指在任何力的作用下,体积和形状都不发生改变的物体。它是力学中的一个科学抽象概念,即理想固体模型。不论是否受到外力的作用,在刚体内部,质点与质点之间的距离都不会改变,刚体的体积和形状也都不会发生改变。

在力学计算过程中,人们虽然不可能精确地追踪物体中每一个质点的运动,但是为了简化运算,可以利用刚体的"刚性",即其内部所有质点彼此之间距离不变的性质,将物体当作刚体来处理而忽略它的体积和形状,这样所得结果仍与实际情况相当符合。例如,物理天平的横梁处于平衡状态,横梁在力的作用下产生的形变很小,各力矩的大小都几乎不变。对于形变,实际是存在的,但可不予考虑。为此在研究横梁平衡的问题时,可将横梁当作刚体。

(2)弹性体。弹性体(elastomer)是指在受力作用下会发生形变,但在去除外力后能够恢复原状的物体。弹性体模型假设物体在受力作用下会发生弹性形变,当外力消失时,物体能够恢复到原来的形状。这种模型适用于研究弹性材料的性质。对弹性体模型的研究可以通过胡克定律和应变能守恒定律来描述物体的形变和恢复过程。

刚体和弹性体模型在动力学研究中有着不同的应用,在机械工程中,刚体模型被广泛应用于机械结构的设计和分析。通过对刚体的运动学和动力学分析,可以确定机械结构的受力情况和运动规律,从而优化设计和提高性能。

而在物理学中,弹性体模型被用于研究物质的力学性质和能量转换。通过对弹性体的形变和恢复过程进行分析,可以推导出物质的弹性模量和应力分布等重要参数。这对于材料科学和工程学的发展具有重要意义。例如,在航空型号研制工程中,对弹性体模型的研究可以帮助设计和分析航空器结构的变形和承载能力,确保航空器飞行的安全性和稳定性。

7.2.2　刚体桨叶结构动力学

由于旋翼桨叶结构动力学是旋翼无人机结构动力学研究中的重点和难点,所以本章将从刚体桨叶动力学入手,然后进一步探讨有关旋翼弹性桨叶的振动问题。

1.刚体桨叶挥舞运动

旋翼桨叶挥舞运动是由它特殊的工作环境引起的,如图 7 – 15 所示。考虑带挥舞铰外伸量 e 的刚体桨叶,如图 7 – 16 所示。刚体桨叶上作用气动力、惯性力和离心力,刚体在这些力的作用下平衡,桨叶挥舞运动方程为

$$\int_e^R (r-e)\mathrm{d}F_I + \int_e^R (r-e)\sin\beta\mathrm{d}F_c = \int_e^R (r-e)\mathrm{d}F_z \tag{7-1}$$

式中：e 为挥舞铰外伸量，m 为桨叶线密度，Ω 为旋翼转速，R 为旋翼半径，β 为桨叶挥舞角。对图 7-16 所示位置 r 处微段进行受力分析，可知该微段所受力有：离心力 $\mathrm{d}F_c$，其对挥舞铰的力臂为 $(r-e)\sin\beta$；惯性力 $\mathrm{d}F_I$，其对挥舞铰的力臂为 $r-e$；气动力 $\mathrm{d}F_z$，其对挥舞铰的力臂为 $r-e$。考虑小角度假设，有 $\sin\beta \approx \beta$，以及

惯性力：$\mathrm{d}F_I = (r-e)\ddot{\beta}m\mathrm{d}r$

离心力：$\mathrm{d}F_c = m\Omega^2 r\mathrm{d}r$

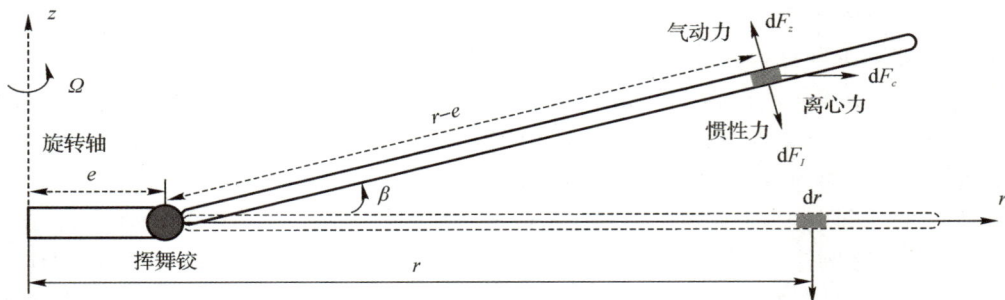

图 7-16　刚体桨叶挥舞运动示意图

桨叶挥舞运动方程可简化为

$$\ddot{\beta}\int_e^R m(r-e)^2\mathrm{d}r + \Omega^2\beta\int_e^R mr(r-e)\mathrm{d}r = \int_e^R (r-e)\mathrm{d}F_z \tag{7-2}$$

桨叶质量惯矩：$I_b = \displaystyle\int_e^R m(r-e)^2\mathrm{d}r$

质量静矩：$S_b = \displaystyle\int_e^R m(r-e)\mathrm{d}r$

(7-2)式可表示为

$$I_b\ddot{\beta} + (I_b + eS_b)\Omega^2\beta = \int_e^R (r-e)\mathrm{d}F_z \tag{7-3}$$

由刚体桨叶挥舞运动方程可知，无阻尼时刚体桨叶挥舞运动的固有频率为

$$\omega_\beta = \sqrt{1+\Omega} \tag{7-4}$$

当采用中心铰接式旋翼结构时，即 $e=0$ 时，刚体桨叶运动的固有频率与旋翼转速恰好相等，即 $\omega_\beta = \Omega$，此时桨叶处于共振状态。

2.刚体桨叶摆振运动

带摆振铰的刚体桨叶摆振运动如图 7-17 所示，定义桨叶后摆为正，不考虑桨叶摆振运动对桨叶旋转速度的影响。

刚体桨叶在摆振平面内，受到气动力、惯性力和离心力的作用，达到平衡状态。桨叶摆振运动方程为

$$\int_e^R (r-e)\mathrm{d}F_I + \int_e^R e(r-e)\zeta/r\mathrm{d}F_c = \int_e^R (r-e)\mathrm{d}F_y \tag{7-5}$$

式中，e 为摆振铰外伸量，m 为桨叶线密度，ζ 为摆振角。

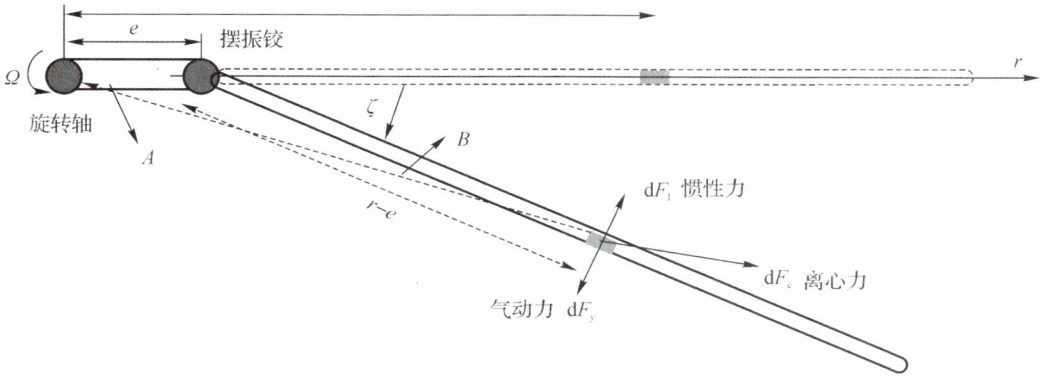

图 7-17　刚性桨叶摆振运动示意图

对图 7-17 所示位置 r 处微段受力分析，可知该微段所受力有：气动力 $\mathrm{d}F_y$，惯性力 $\mathrm{d}F_1$，离心力 $\mathrm{d}F_c$。离心力对摆振铰的力臂为 $e\sin A=(r-e)\sin B$，且有 $A+B=\zeta$，按小角度假设，那么离心力的力臂长为 $e(r-e)\zeta/r$。设定旋翼转速为 Ω，旋翼半径为 R，刚体桨叶微段所受惯性力和离心力为：

惯性力：$\mathrm{d}F_1=(r-e)\ddot{\zeta}m\,\mathrm{d}r$

离心力：$\mathrm{d}F_c=m\,\Omega^2r\,\mathrm{d}r$

将离心力和惯性力代入式(7-5)，得到

$$\ddot{\zeta}\int_e^R(r-e)^2m\,\mathrm{d}r+\zeta\,\Omega^2e\int_e^R(r-e)m\,\mathrm{d}r=\int_e^R(r-e)\mathrm{d}F_y \qquad (7-6)$$

因此，刚体叶摆振运动的固有频率为

$$\omega_\zeta=\sqrt{\dfrac{e\displaystyle\int_e^R(r-e)m\,\mathrm{d}r}{\displaystyle\int_e^R(r-e)^2m\,\mathrm{d}r}}\,\Omega \qquad (7-7)$$

与桨叶挥舞运动不同，气动力对桨叶摆振运动提供的阻尼非常小，为增强旋翼桨叶摆振方向的稳定性，铰接式、无铰式和无轴承式旋翼一般都加装减摆器（摆振阻尼器），给桨叶摆振方向提供机械阻尼。

3.刚体桨叶变距运动

带有变距铰的刚体桨叶，可绕变距铰做刚体转动，桨叶小拉杆、摇臂以及相应的连接和支持系统组成桨叶操纵线系，其对桨叶变距运动提供弹性约束，该约束刚度实际上是非线性的，进行刚体桨叶变距运动分析时，通常将其简化为线性约束。

刚性桨叶摆振运动所给出的变距运动示意图如图 7-18 所示。假定桨叶质量分布于翼型弦线上，考虑距变距轴线为 x 的微元 $\mathrm{d}m$，微元所受离心力在翼剖面内的分量为 $\Omega^2x\cos\theta\,\mathrm{d}m$，该力对变距轴线的扭矩为 $\Omega^2x^2\sin\theta\cos\theta\,\mathrm{d}m$，沿剖面积分可得桨叶单位长度螺旋桨力矩。再沿整片桨叶积分，可得到整片桨叶所受到的螺旋桨力矩为

$$\int_0^R I_\theta\,\Omega^2\theta\,\mathrm{d}r=I_\mathrm{f}\,\Omega^2\theta \qquad (7-8)$$

式中，Ω 为桨叶转速，I_θ 为剖面绕变距轴的质量惯矩，I_f 为桨叶绕变距轴的转动惯量。即

$$I_f = \int_0^R I_\theta \, \mathrm{d}r \tag{7-9}$$

刚体桨叶绕变距轴线的桨叶变距运动方程为

$$I_\theta \ddot{\theta} + I_f \Omega^2 \theta + k_\theta \theta = M_\theta \tag{7-10}$$

式中，$I_\theta \ddot{\theta}$ 为桨叶绕变距轴质量惯矩，$I_f \Omega^2 \theta$ 为离心力产生的螺旋桨力矩，$k_\theta \theta$ 为操纵线系产生的约束力矩，k_θ 为操纵线系提供的线性变距约束刚度，M_θ 为气动扭矩。

根据式（7-10），桨叶绕变距轴线自由振动的固有频率为

$$\omega_\theta = \sqrt{\frac{k_\theta}{I_f} + \Omega^2} \tag{7-11}$$

对应频率比为

$$\nu_\theta = \frac{\omega_\theta}{\Omega} = \sqrt{\frac{k_\theta}{I_f \Omega^2} + 1} \tag{7-12}$$

由式（7-12）可以看出，操纵线系和离心力均对桨叶变距运动提供约束刚度，通常桨叶变距运动约束刚度较大，离心力对变距运动提供的刚度相对较小。

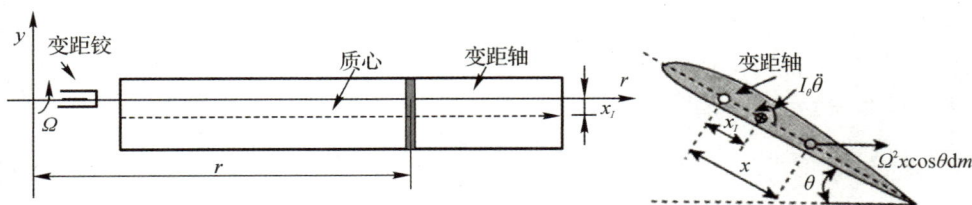

图 7-18   刚体桨叶变距运动示意图

7.3   弹性桨叶结构动力学

真实的旋翼桨叶是具有弹性的，其结构动力学特性主要指弹性桨叶的模态特性，即固有频率及其对应的固有振型，它是研究旋翼动力学问题的基础和出发点，对旋翼无人机或复合无人机的动力学问题往往起着重要的作用，甚至对旋翼无人机的飞行品质也有重要影响。

在对细长的旋翼桨叶进行结构动力学分析时，完全可以将其作为弹性梁来处理，主要内容包括桨叶挥舞弯曲、摆振弯曲和扭转等状态下的自由振动。对于铰接式旋翼，一般可单独分析三方向的振动，即认为各自由度间是相互独立的。对于带弹性约束的铰接式、无铰式和无轴承式旋翼系统，这三方向的运动之间存在着耦合，特别是桨叶的模态特性可以采用有限元法或其他近似方法进行求解，从而得到不同转速时的旋翼桨叶挥舞、摆振和扭转各阶固有频率及其振型，桨叶动力学设计需避免旋转桨叶固有频率与桨叶激振频率（空气动力）接近（以防发生共振），调整桨叶频率可在一定程度上控制桨叶动力学响应，进而影响旋翼无人机或复合无人机的振动水平。无人机旋翼弹性桨叶结构动力学特性是无人机后续动力学响应和动力学稳定性分析的基础。

7.3.1　旋转桨叶在挥舞面内的弯曲振动

对于无人机旋翼桨叶结构动力学的研究来说,目前还没有更多地考虑旋翼桨叶内部的结构问题。假设桨叶为整体刚性体,采用带弹簧约束铰的刚性桨叶模型,类似于在固定翼飞机气动弹性分析中广泛应用的典型剖面方法,把桨叶当成可以进行挥舞弯曲、摆振弯曲、弹性扭转和轴向变形的弹性细长梁。旋翼桨叶结构动力学方程是包含空间和时间微分项的非线性耦合的微分方程,通过计算,可以得到旋翼桨叶挥舞、摆振、扭转各阶固有频率随旋翼转速 Ω 的变化规律以及固有振型。

1.旋转桨叶在挥舞面内的弯曲振动方程

桨叶挥舞面固有特性对旋翼的一些动力学问题有重大影响。旋翼桨叶动力特性分析比较简单,精度较高。因此,在旋翼设计时,可以通过桨叶的结构动力特性设计来控制动力学问题的性质,并为桨叶气动弹性响应和稳定性分析准备条件。

假设旋翼桨叶为绕 y 轴旋转的梁(转速 Ω),该旋转梁剖面 dr 受到离心力 N 和气动力载荷的 T 作用(见图 7 - 19),利用牛顿法(力平衡法)得到桨叶挥舞平面内的弯曲振动方程为

$$(EJ_\beta y'')'' - (Ny')' + m\ddot{y} = T$$

如果桨叶气动力载荷 $T=0$,则由上式得到旋转桨叶的弯曲自由振动方程的

$$(EJ_\beta y'')'' - (Ny')' + m\ddot{y} = 0 \tag{7-13}$$

式中,EJ_β 为桨叶剖面挥舞弯曲刚度,m 为桨叶单位长度质量,y 为桨叶挥舞变形,( )′ 表示对桨叶径向的微分,(˙)表示对时间的微分,$N = \int_r^R \Omega^2 rm\,dr$ 表示桨叶所受到的离心力合力。

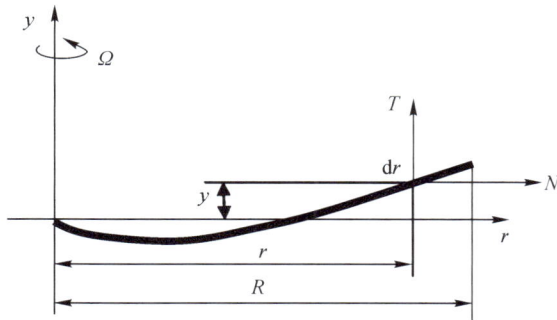

图 7 - 19　旋翼桨叶的弯曲振动

式(7 - 13)有各种不同的解法。为了研究桨叶结构特性对固有频率的影响,采用能量法比较方便。应用分离变量法及固有振型的正交性,对式(7 - 13)作变换后可得积分表达式:

$$\int_0^R EJ_\beta (y_i'')^2\,dr + \int_0^R N (y_i')^2\,dr - \omega_{\beta i}^2 \int_0^R my_i^2\,dr = 0 \tag{7-14}$$

式中:y_i 为 i 阶振型函数;$\omega_{\beta i}$ 为 i 阶振动固有频率。

式(7 - 14)中,第一项代表振动位移最大时的系统弹性变形位能,第二项代表这时的离心力位能,第三项代表系统速度最大(位移为零)时的动能,这样整个公式的物理意义就是系

统的最大位能等于最大动能。还可以把第一项及第二项之和称为 i 阶振型的广义刚度 K_i，而把 $\int_0^R my_i^2 \mathrm{d}r$ 称为 i 阶振型的广义质量 M_i，这样就可以得出频率 ω_i 的表达式，即

$$\omega_{\beta i} = \sqrt{\frac{K_i}{M_i}} \tag{7-15}$$

式中，K_i，M_i 分别为第 i 阶振动模态的广义刚度和广义质量。其中广义刚度为

$$K_i = \int_0^R EJ_\beta (y_i'')^2 \mathrm{d}r + \Omega^2 \int_0^R (y_i')^2 \mathrm{d}r \int_r^R m\eta \mathrm{d}\eta \tag{7-16}$$

式中，右边第一项为弹性刚度，第二项为离心力刚度。

第 i 阶振动模态的广义质量为

$$M_i = \int_0^R my_i^2 \mathrm{d}r \tag{7-17}$$

旋转桨叶的弯曲自由振动微分方程的边界条件如下：

1）铰接式

$$\left.\begin{array}{l} y(0) = 0 \\ y''(0) = 0 \\ y''(R) = 0 \end{array}\right\} \tag{7-18}$$

2）无铰式

$$\left.\begin{array}{l} y(0) = 0 \\ y'(0) = 0 \\ y''(R) = 0 \end{array}\right\} \tag{7-19}$$

2. 旋转桨叶在挥舞面内弯曲自由振动的频率

旋翼桨叶弯曲自由振动的频率计算如下。

铰接式 0 阶振动频率计算：由于旋翼桨叶是刚体挥舞，$EJ_\beta y'' = 0$，弹性力项不存在，基阶模态的固有频率可表示为

$$\omega_{\beta 0} = \sqrt{\left(1 + l_{\mathrm{pj}} \frac{M_{\mathrm{pj}}}{I_{\mathrm{pj}}}\right)\Omega^2} \tag{7-20}$$

式中，l_{pj}、M_{pj}、I_{pj} 分别为挥舞铰外伸量、绕挥舞铰的质量静矩及惯矩。

$$M_{\mathrm{pj}} = \int_0^{R-l_{\mathrm{pj}}} mx \, \mathrm{d}x \tag{7-21}$$

$$I_{\mathrm{pj}} = \int_0^{R-l_{\mathrm{pj}}} mx^2 \, \mathrm{d}x \tag{7-22}$$

当挥舞铰外伸量 $l_{\mathrm{pj}} = 0$ 时（中心铰），如翘翘板式旋翼，$\omega_{\beta 0} = 1\Omega$。当挥舞铰外伸量 $l_{\mathrm{pj}} > 0$ 时，由于构造上的限制，挥舞铰外伸量不可能太大，即使是带弹性铰的旋翼一般 l_{pj}/R 也不超过 5%，所以，铰接式旋翼桨叶 $\omega_{\beta 0} = 1 \sim 1.04\,\Omega$，一般不会超过 $1.04\,\Omega$。

桨叶的挥舞固有频率可以认为是由两部分组成的：

$$\omega_{\beta i}^2 = \frac{\int_0^R EJ_\beta (y_i'')^2 \mathrm{d}r}{\int_0^R my_i^2 \mathrm{d}r} + \frac{\Omega^2 \int_0^R (y_i')^2 \mathrm{d}r \int_r^R m\eta \mathrm{d}\eta}{\int_0^R my_i^2 \mathrm{d}r} \tag{7-23}$$

式中,右边第一部分主要取决于旋翼桨叶刚度与质量之比及刚度、质量分布规律,与弹性梁的振动是一样的,第二部分取决于旋翼桨叶质量分布规律。对桨叶挥舞固有频率而言,第二项是主要的,第一项是次要的。

3.旋转桨叶自由振动的振型

1)铰接式

旋转旋翼桨叶在挥舞面内弯曲自由振动 0 阶振型是一条直线,即刚体挥舞 $Y_0(r)=r$,振型随转速变化。图 7-20 所示为典型的铰接式旋翼桨叶零阶及前三阶振型图,图示为水平铰外移量(水平铰轴线与旋翼轴线之间的距离)为零的情况。在水平铰外移量不为零的情况下,式(7-4)右边第二项要有所变化,但不是实质性的,在此从略。铰接式旋翼桨叶挥舞面低阶的固有频率有一个突出的特点,桨叶本身挥舞面弯曲刚度的变化对它影响很小,振型的阶次越低这一特征越明显。

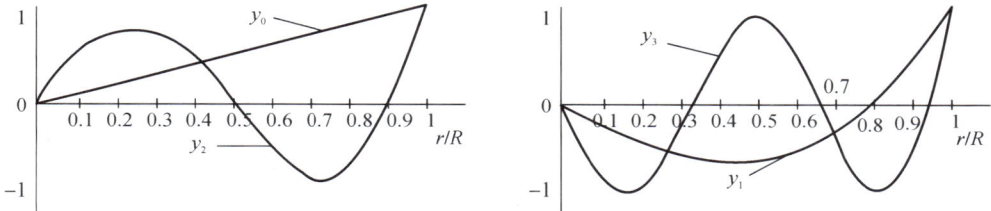

图 7-20　铰接式桨叶弯曲振动 0～3 阶振型示意图

2)无铰式

旋转旋翼桨叶在挥舞面内弯曲自由振动,一阶振型对应铰接式零阶,二阶振型对应铰接式一阶,区别在桨叶根部——铰接式根部铰支,而无铰式及无轴承式根部固支,模态弯矩根部最大(见图 7-21)。

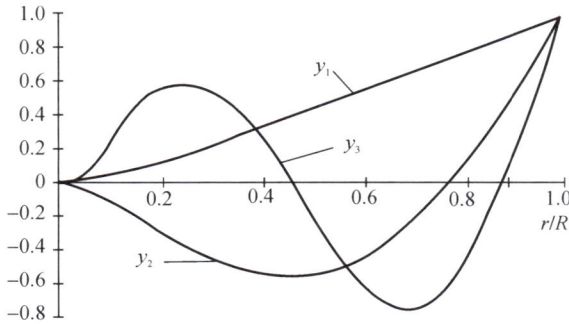

图 7-21　无铰式桨叶弯曲振动 1～3 阶振型示意图

7.3.2　旋转桨叶在旋转面内的弯曲振动

旋翼桨叶在旋转面(也称为摆振面)内振动与挥舞面内振动的区别是离心力的作用方式不同,在挥舞面内振动时离心力是平行力系,而在旋转面内则是中心力系。也就是说,在旋转面内离心力刚度要比挥舞面内低一些。

1.旋转桨叶在旋转面内的弯曲振动方程

利用牛顿法(力平衡法)可得到桨叶摆振面内弯曲振动方程为

$$(EJ_\xi X'')'' - (NX')' - m\Omega^2 X + mX = T_C$$

桨叶气动阻力 $T_C = 0$,可得桨叶摆振面内自由振动微分方程为

$$(EJ_\xi X'')'' - (NX')' - m\Omega^2 X + mX = 0 \qquad (7-24)$$

式中,X 为旋转面振动位移,J_ξ 为桨叶剖面惯性矩,i 阶固有频率为 $\omega_{\xi i}$,而 $m\Omega^2 X$ 项是因离心力的作用方式不同而产生的。

利用分离变量、固有振型的正交性,可得到能量方程(积分表达式)及固有频率表达式:

$$\int_0^R EJ_\xi (X_i'')^2 \, \mathrm{d}r + \int_0^R N(X_i')^2 \, \mathrm{d}r - \omega_{\xi i}^2 \int_0^R mX_i^2 \, \mathrm{d}r - \Omega^2 \int_0^R mX_i^2 \, \mathrm{d}r = 0 \qquad (7-25)$$

$$\omega_{\xi i}^2 = \alpha_i^2 \frac{EJ_{\xi 0}}{m_0 R^2} + (K_{0i} - 1)\Omega^2 \qquad (7-26)$$

式中,a_i 表示弹性变形位能与离心力位能之比。

可以看出,桨叶摆振的离心力刚度、离心力位能,都要比挥舞振动的低一些,而在同样条件下摆振固有频率的二次方也要比同阶挥舞固有频率的二次方小 1Ω,但是由于桨叶翼型的形状及本身结构特点,旋转面内桨叶剖面惯性矩 J_ξ 一般要比挥舞面内的剖面惯性矩 J_β 大得多,因而摆振固有频率反而往往明显地高于挥舞固有频率。由于桨叶剖面惯性矩的显著差别,摆振时弹性变形位能与离心力位能之比就会显著地大于挥舞振动的情况。这样,结构刚度对固有频率的影响也就不再是很小的了。

桨叶摆振面弯曲振动的振型与挥舞面弯曲振动的振型类似,如图 7-20 和图 7-21 所示。

2.旋转桨叶在旋转面内的零阶固有频率

桨叶刚体摆振第 0 阶固有频率的表达式为

$$\omega_{\xi 0} = \sqrt{l_{cj} \frac{M_{cj}}{I_{cj}}} \cdot \Omega \qquad (7-27)$$

式中,l_{cj} 为摆振铰外伸量,M_{cj} 为桨叶绕垂直铰质量静矩,I_{cj} 为桨叶绕垂直铰质量惯矩。显然,摆振铰外伸量越大,桨叶摆振频率越大。

旋转桨叶挥舞振动和摆振振动的固有频率随着转速的加大而增加,这反映了离心力刚度的加大。挥舞和摆振两者相比较,摆振固有频率增加较少。这一方面是由于摆振面离心力的作用要比挥舞面小得多,另一方面桨叶弦向结构刚度要比挥舞刚度大得多,因而摆振面不随转速改变,而改变的结构刚度起的作用要比挥舞面大得多。由图 7-20 及图 7-21 可以看出,铰接式及无铰式旋翼各模态的振型相似、频率相近,无轴承式也大体如此。振型上最大的区别是:铰接式根部铰支,所以挥舞铰处振型函数二阶导数为零;而无铰式及无轴承式根部固支,所以振型函数一阶导数为零,无铰式及无轴承式模态弯矩均以根部为最大。

7.3.3　旋转桨叶的扭转振动

桨叶扭转振动(简称扭振)是旋翼桨叶结构动力学行为的另一种表现形式,通常与桨叶弯曲振动同时出现,也就是说旋转桨叶结构发生振动时,除了挥舞面和摆振面内的弯曲振动之外,还存在着扭转振动。表征扭转振动的物理振动参量是角位移(或称为角度)、角速度和角加速度。

1.旋转桨叶的扭转振动方程

旋翼桨叶的扭转振动除作用有惯性力矩、结构弹性回复力矩外,还有离心力引起的回复力矩,即桨叶上的离心力也附加了刚度,如图 7-22 所示。由桨叶微段平衡关系,可得到桨叶绕轴向铰轴线的扭转振动微分方程如下:

$$(GJ_{nz}\varphi')' - I_{nz}(\ddot{\varphi} + \Omega^2\varphi) = 0 \tag{7-28}$$

式中,GJ_{nz} 为桨叶剖面扭转刚度,I_{nz} 为桨叶单位长度的扭转质量惯矩,φ 为桨叶扭转角位移,$I_{nz}\Omega^2\varphi$ 项是离心力回复力矩。

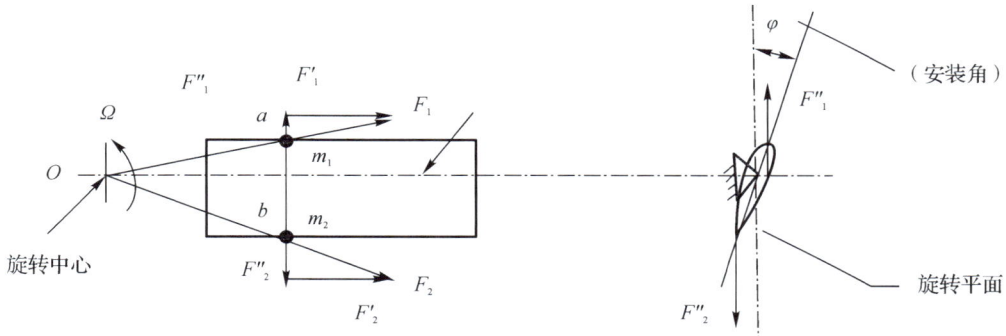

图 7-22　旋翼桨叶在离心力作用下的扭转振动

用分离变量法求解扭转自由振动微分方程,令解为 $\varphi = \varphi(r)\delta(t)$,代入式(7-28),得到振型方程

$$(GJ_{nz}\varphi'_i)' + I_{nz}(\omega_i^2 - \Omega^2)\varphi_i = 0 \tag{7-29}$$

和频率方程

$$\ddot{\delta} + \omega_i^2\delta = 0 \tag{7-30}$$

式中,ω_i 为桨叶扭转振动固有频率。

满足振型方程(7-17)的扭转振动振型,必须同时满足边界条件,这边界条件在桨叶根部($r=0$)

$$(GJ_{nz}\varphi'_i)_{r=0} = K_\varphi\varphi_0 \tag{7-31}$$

式中:φ_0 为在轴向铰处桨叶变矩角的改变量;K_φ 桨叶变距操纵系统的刚度。

旋翼桨叶扭转振动 1~3 阶振型如图 7-23 所示。不论桨叶旋转与桨叶扭转振型是否一样,要使振型方程成立,必须满足

$$\omega_i^2 - \Omega^2 = \omega_{i0} = 常数$$

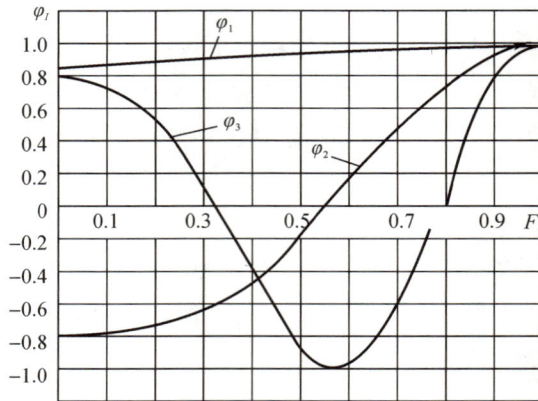

图 7-23　旋翼桨叶扭转振动 1~3 阶振型示意图

2. 旋转桨叶的扭转振动固有频率

ω_{i0} 为不旋转桨叶的扭转固有频率,这样有

$$\omega_i^2 = \omega_{i0}^2 + \Omega^2 \tag{7-32}$$

即旋转桨叶的扭转固有频率的二次方等于不旋转桨叶扭转固有频率二次方与旋翼转速二次方之和。

$$\omega_i^2 = \frac{K_{\varphi i}}{M_{\varphi i}} = \frac{k_\theta \varphi_{i\theta}^2}{\int_0^R I_{nz} \varphi_i^2 \, dr} + \frac{\int_0^R GJ_{nz}(\varphi_i')^2 \, dr}{\int_0^R I_{nz} \varphi_i^2 \, dr} + \Omega^2 \tag{7-33}$$

由上述关系,在求解旋转桨叶扭转频率时,可先求出不旋转桨叶的扭转频率和振型,然后按式(7-33)求出旋转桨叶的扭转频率和振型。桨叶扭转振型同样满足正交条件。

旋翼桨叶扭转振动的特点如下:

(1)离心力影响小。

(2)桨叶根部受桨距操纵线系的弹性约束,弹性变形位能包括桨距操纵线系部分,而且桨距操纵线系刚度是主要的。必须指出,旋翼各片桨叶的扭转运动可以受不同桨距操纵线系约束,不同线系的刚度不同,扭转频率也不同。

(3)桨叶旋转扭转振型与不旋转时相同。

7.3.4　旋转桨叶的共振图和固有频率调整

1. 旋转桨叶的共振图

共振是指机械系统所受激励的频率与该系统的某阶固有频率相接近时,系统振幅显著增大的现象。共振时激励输入机械系统的能量最大,系统出现明显的振型,称之为位移共振。产生共振的重要条件之一就是要有弹性,而且一件物体受外来的频率作用时,它的频率要与后者的频率相同或基本相近。共振是有害的,会引起机械和结构很大的振动、变形和动应力,甚至造成破坏性事故。共振时的激励频率称为共振频率,近似等于机械系统的固有频率。对于单自由度系统,共振频率只有一个,当对单自由度线性系统作频率扫描激励试验时,其幅频响应图上出现一个共振峰。多自由度线性系统有多个共振频率。

旋翼桨叶振动频率随转速在变化,为了表示固有频率随转速的变化情况,通常把旋翼各次谐波激振动频率和桨叶固有频率画在一个图上,用来检查旋翼出现共振的情况,这就是旋翼共振图(见图 7 - 24)。共振图上桨叶各阶固有频率与转速整倍数的交点即是共振点,为了避免发生旋翼桨叶共振,旋翼工作转速必须避开所有的共振点。

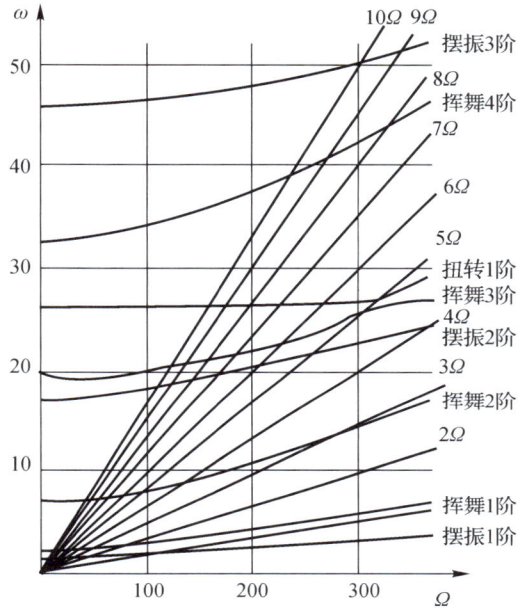

图 7 - 24　旋翼桨叶频率挥舞、摆振、扭转各阶固有频率共振图

2.旋转桨叶的固有频率调整

旋翼系统作为旋翼无人机和复合无人机的升力面,是关键部件之一,同时也是无人机上最主要的振源之一。旋翼系统的结构动力学设计必须满足一定的调频设计要求,确保在工作状态处其固有频率与气动力激振频率要相隔一定的距离,以避免发生共振,产生过大的激振力。

(1)旋翼桨叶挥舞振动固有频率的调整方法。旋翼桨叶挥舞振动固有频率的表达由两部分组成,如式(7 - 23)所示。一般来说,改变桨叶 EJ/m 可以改变固有频率,但有困难,因为 EJ 增大,m 也会增大。从频率表达式右边第一项可看出,实际上对固有频率影响最大的还是振型函数的二阶导数较大的那些部位的刚度,因此,可以通过改变刚度的分布规律,即采用刚度局部增减的方法实现调频。弹性刚度项(右边第一项)中,桨叶中部增加刚度对一阶频率有较大影响,而对根部和尖部影响很小,如图 7 - 25 所示。由于弹性刚度只对挥舞高阶振型有明显影响,所以对低阶振型一般不用这个办法,用改变离心力刚度的方法会更有效。

由于弹性刚度对挥舞高阶振型有明显影响,所以对低阶振型一般不用调整挥舞刚度这个办法,而用改变离心力刚度的方法改变低阶频率会更有效。从离心力刚度(第二项)可以看出,只改变桨叶质量大小而不改变分布规律对频率不会有什么影响(分子、分母相互抵消)。

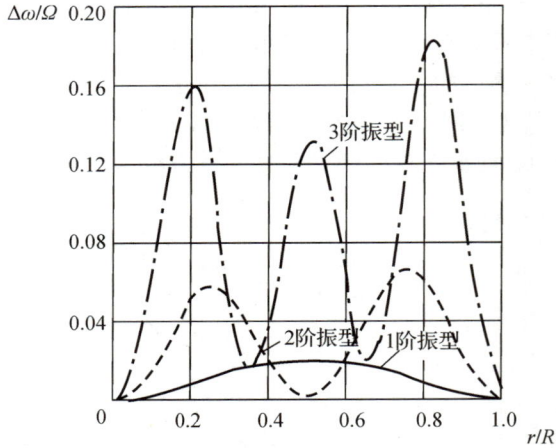

图 7 - 25　桨叶挥舞固有频率的改变与增加局部刚度展向位置的关系

　　如果改变质量分布规律,加集中质量往往会对固有频率产生明显的影响。在桨尖加集中质量,会对离心力刚度产生较大影响;对广义质量,在振型的波腹处加集中质量对其影响较大,而在振型节点处加集中质量则对其没有影响。综合起来,在靠近桨尖的振型节点处加集中质量,频率提高;在靠近桨根的振型波腹处加集中质量,频率降低,如图 7 - 26 所示。

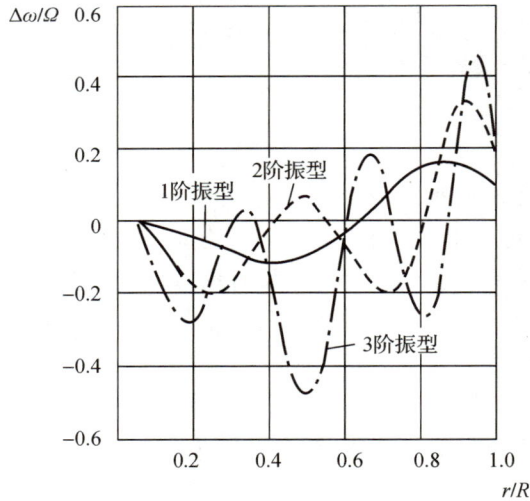

图 7 - 26　桨叶挥舞固有频率的改变与集中质量展向位置的关系

　　(2)旋翼桨叶摆振振动固有频率的调整方法。对于旋翼桨叶摆振振动固有频率的调整,由于旋转面(摆振面)离心力刚度的影响较小,弹性刚度的影响较大,加之旋转面结构尺寸较大,所以改变旋翼桨叶摆振弯曲刚度是旋转面调频的有效措施。

　　(3)旋翼桨叶扭转振动固有频率的调整方法。旋翼桨叶扭转固有频率取决于操纵线系刚度(70%～80%)和桨叶自身所具有的扭转刚度(20%～30%),因此增大或减小操纵线系刚度可有效增大或减小桨叶扭转刚度,除此之外,桨叶内部结构采用多闭室设计方案也可提高桨叶扭转刚度。如图 7-27 所示,旋翼桨叶剖面共划分为前、中、后三个闭室。当然采用多闭室结构方案还可以增强桨叶的抗弹伤能力,当桨叶某个闭室受到损伤时,对桨叶总体刚度响不大。

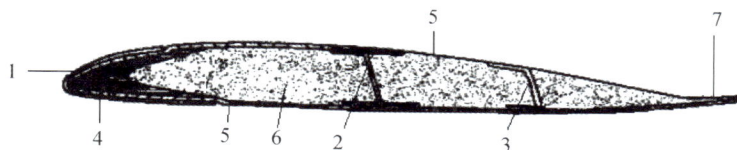

图 7-27　典型旋翼桨叶剖面结构示意图

7.4　旋翼桨叶的固有频率和振型计算方法

连续系统的精确解仅适用于简单构件形状和边界条件,当构件形状复杂或边界条件复杂时只能采用近似解法。由于旋翼桨叶刚度 $EJ(r)$ 和质量 $m(r)$ 沿桨叶展向的分布不是常数,而是展向半标 r 的复杂函数,所以无法找到变系数微分方程的解析解,因此旋翼桨叶固有特性的计算,需要寻求近似解法或数值解法。

各种近似解法的共同特点是,用有限自由度的系统对无限自由度的系统进行近似。旋翼桨叶振动固有特性的解法通常可采用模态分析法、集中质量法和有限元方法。其中模态分析法是用有限个函数的线性组合来构造连续系统:假设一组满足边界条件的函数系列,使其接近所期求的振型函数,然后应用能量原理求出旋翼桨叶固有频率和振型的近似值。集中质量法是将连续系统的质量集中到有限个点或截面上。有限元法兼有以上两种方法的特点。

7.4.1　模态分析解题方法

在本书第 6 章中已经介绍和讨论了模态分析法的定义、应用和基本过程等内容。本节主要介绍和讨论模态分析常用的三种解题方法。

1.拉格朗日法

本方法利用假设模态,先计算桨叶动能 T 和势能 V,然后代入拉格朗日方程:

$$\frac{\mathrm{d}}{\mathrm{d}t}\left(\frac{\partial L}{\partial \delta_i}\right) - \frac{\partial L}{\partial \delta_i} = 0 \quad (i = 1, 2, \cdots) \tag{7-34}$$

式中:$L = T - V$;δ_i 为一组广义坐标。旋翼桨叶微段离心力如图 7-28 所示。

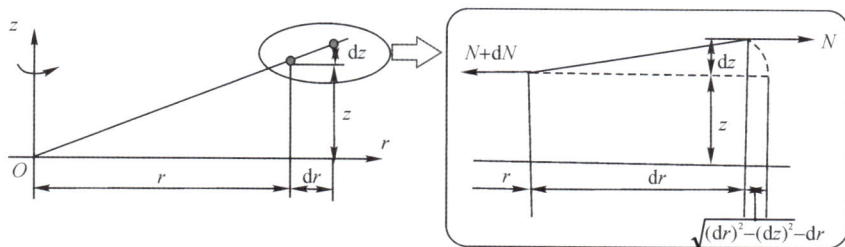

图 7-28　旋翼桨叶微段离心力示意图

求解方程组[式(7-34)]，可得固有频率和振型。解题步骤如下。

(1)选择假设模态(满足位移边界条件并与振型函数接近的函数序列)

$$f_1(\bar{r}), f_2(\bar{r}), \cdots, f_i(\bar{r}), \cdots, f_n(\bar{r})$$

式中，$\bar{r} = r/R$，则桨叶运动位移可近似写为

$$Z = R \sum_{i=1}^{n} f_i(\bar{r}) \delta_i(t) \tag{7-35}$$

(2)桨叶动能表达式为

$$T = \frac{1}{2} \Omega^2 R^3 \sum_{i=1}^{n} \sum_{j=1}^{n} \delta_i'' \delta_j'' \int_0^1 m f_i(\bar{r}) f_j(\bar{r}) \mathrm{d}\bar{r} = \sum_{i=1}^{n} \sum_{j=1}^{n} A_{ij} \delta_i'' \delta_j'' \tag{7-36}$$

式中

$$A_{ij} = \frac{1}{2} \Omega^2 R^3 \int_0^1 m f_i(\bar{r}) f_j(\bar{r}) \mathrm{d}\bar{r} \tag{7-37}$$

(3)桨叶势能表达式为

$$V = \frac{1}{2R} \sum_{i=1}^{n} \sum_{j=1}^{n} \delta_i \delta_j \int_0^1 [EI f_i''(\bar{r}) f_j''(\bar{r}) + R^2 N f_i'(\bar{r}) f_j'(\bar{r})] \mathrm{d}\bar{r} = \sum_{i=1}^{n} \sum_{j=1}^{n} B_{ij} \delta_i \delta_j \tag{7-38}$$

式中

$$B_{ij} = \frac{1}{2R} \int_0^1 [EI f_i''(\bar{r}) f_j''(\bar{r}) + R^2 N f_i'(\bar{r}) f_j'(\bar{r})] \mathrm{d}\bar{r} \tag{7-39}$$

(4)将动能和势能表达式代入拉格朗日方程，得

$$\sum_{j=1}^{n} A_{ij} \delta_j'' + \sum_{j=1}^{n} B_{ij} \delta_j = 0 \tag{7-40}$$

(5)求方程式(7-40)的解可得固有频率和振型。如果令 $\delta_j = C_j \sin\lambda_j \psi$，其中 C_j 为待定系数，代入式(7-40)，得

$$\sum_{i=1}^{n} (B_{ij} - \lambda_j^2 A_{ij}) C_j = 0 \quad (i = 1, 2, \cdots, n) \tag{7-41}$$

写成矩阵形式：

$$(\boldsymbol{B}_{n \times n} - \lambda^2 \boldsymbol{A}_{n \times n}) \boldsymbol{C}_{n \times 1} = \boldsymbol{0} \tag{7-42}$$

求主特征值得到振频 λ，再求 $\boldsymbol{C}$，即可求得振型。

2.瑞利法

瑞利法是用机械能守恒定律推导的近似方法。如果旋翼桨叶某阶振型 $f_i(\bar{r})$ 已知，则桨叶振动位移可写成

$$Z = R f_i(\bar{r}) \sin(\lambda_i \psi + \varphi) \tag{7-43}$$

桨叶系统的动能为

$$T = \frac{1}{2} \Omega^2 R^3 \int_0^1 m (\dot{z})^2 \mathrm{d}\bar{r} = \frac{1}{2} \lambda_i^2 \Omega^2 R^3 [\cos(\lambda_i \psi + \varphi_i)]^2 \int_0^1 m f_i^2(\bar{r}) \mathrm{d}\bar{r}$$

$$(7-44)$$

系统的势能为

$$U = \frac{1}{2R} \int_0^1 EI(z'')^2 \mathrm{d}\bar{r} + \frac{1}{2} R \int_0^1 N(z')^2 \mathrm{d}\bar{r} +$$

$$\frac{1}{2R} [\sin(\lambda_i \psi + \varphi_i)]^2 \int_0^1 EI[f_i''(\bar{r})]^2 \mathrm{d}\bar{r} +$$

$$\frac{1}{2} R [\sin(\lambda_i \psi + \varphi_i)]^2 \int_0^1 N[f_i'(\bar{r})]^2 \mathrm{d}\bar{r}$$

$$(7-45)$$

桨叶振动所具有的最大动能为

$$T_{\max} = \frac{1}{2} \lambda_i^2 \Omega^2 R^3 \int_0^1 m f_i^2(\bar{r}) \mathrm{d}\bar{r}$$

$$(7-46)$$

桨叶振动所具有的最大势能为

$$U_{\max} = \frac{1}{2R} \int_0^1 EI[f_i''(\bar{r})]^2 \mathrm{d}\bar{r} + \frac{1}{2} R \int_0^1 N[f_i'(\bar{r})]^2 \mathrm{d}\bar{r}$$

$$(7-47)$$

根据机械能守恒定律,系统的最大动能等于最大势能,则得

$$\lambda_i^2 \Omega^2 = \frac{\int_0^1 EI[f_i''(\bar{r})]^2 \mathrm{d}\bar{r} + R^2 \int_0^1 N[f_i'(\bar{r})]^2 \mathrm{d}\bar{r}}{R^4 \int_0^1 m [f_i(\bar{r})]^2 \mathrm{d}\bar{r}}$$

$$(7-48)$$

如果 $f_i(\bar{r})$ 为 i 阶精确振型,则式(7-48)求得的固有频率 $\omega_i = \lambda_i \Omega$ 就是对应振型 $f_i(\bar{r})$ 的精确的固有频率,如果 $f_i(\bar{r})$ 是假定的近似振型,则式(7-48)求得的阶固有频率也是近似的,瑞利法一般用于计算最低阶固有频率,计算高阶固有频率精度不高。

莎斯韦尔把式(7-48)改写成了如下形式:

$$\omega_i^2 = \omega_0^2 + a_i \Omega^2$$

$$(7-49)$$

式中, ω_0 是不旋转桨叶的固有频率,即

$$\omega_0^2 = \frac{\int_0^1 EI[f_i''(\bar{r})]^2 \mathrm{d}\bar{r}}{R^2 \int_0^1 m [f_i(\bar{r})]^2 \mathrm{d}\bar{r}}$$

$$(7-50)$$

$$a_i = \frac{\int_0^1 \left(\int_{r-..}^1 m \bar{r} \mathrm{d}\bar{r} \right) [f_i'(\bar{r})]^2 \mathrm{d}\bar{r}}{\int_0^1 m [f_i(\bar{r})]^2 \mathrm{d}\bar{r}}$$

$$(7-51)$$

式(7-51)为莎斯韦尔公式,该式能非常直观地说明了旋翼转速 Ω 对桨叶固有频率的影响。严格来说 a_i 不是常数,因为桨叶振型随旋翼旋转的转速稍有变化。假定 a_i 为常数,根据该公式,当旋翼转速很大时,桨叶固有频率接近 $\Omega \sqrt{a_i}$ 。

3.伽辽金法

伽辽金法是变分法的一种,控制方程可用虚功原理导出。虚功原理是反映平衡力系在任意、可能的虚位移上所做的虚功之和为零。旋翼桨叶的振型方程相当于平衡力系,振型函数的变分相当于虚位移,振型方程乘以振型函数的变分在整个桨叶上的积分为零。

控制方程为

$$\int_0^1 \{[EI(z_n''(\bar{r}))]'' - R^2 [N z_n'(\bar{r})]' - m \lambda_n^2 \Omega^2 R^4 z_n(\bar{r})\} \delta z_n(\bar{r}) d\bar{r} = 0 \quad (7-52)$$

假设振型函数 $z_n(\bar{r})$ 为 n 个位移函数的线性组合,即

$$z_n(\bar{r}) = A_1 f_1(\bar{r}) + A_2 f_2(\bar{r}) + \cdots + A_n f_n(\bar{r}) = \sum_{i=1}^n A_i f_i(\bar{r}) \quad (7-53)$$

式中:A_i 为广义坐标;$f_i(\bar{r})$ 是满足几何边界条件和力学边界条件的位移函数。

将式(7-53)代入式(7-52),整理后得

$$\sum_{i=1}^n \sum_{j=1}^n (B_{ij} - \lambda_n^2 C_{ij}) A_i \delta A_i = 0 \quad (7-54)$$

式中

$$B_{ij} = \int_0^1 \{EI[f_i''(\bar{r})]'' f_j(\bar{r}) - R^2 [N f_i'(\bar{r})]' f_j(\bar{r})\} d\bar{r} \quad (7-55)$$

$$C_{ij} = \Omega^2 R^4 \int_0^1 m f_i(\bar{r}) f_j(\bar{r}) d\bar{r} \quad (7-56)$$

因为 A_i 为独立广义坐标,其变分是任意的,不等于零,则下式成立:

$$\sum_{i=1}^n (B_{ij} - \lambda^2 C_{ij}) A_i = 0 \quad (j = 1, 2, \cdots, n) \quad (7-57)$$

如果将式(7-57) B_{ij} 中的两项分别应用分部积分,并引进边界条件,最后结果乘 $1/2R$,得

$$B_{ij} = \frac{1}{2R} \int_0^1 [EI f_i''(\bar{r}) f_j''(\bar{r}) - R^2 N f_i'(\bar{r}) f_j'(\bar{r})] d\bar{r} \quad (7-58)$$

同样可得

$$C_{ij} = \frac{1}{2} \Omega^2 R^3 \int_0^1 m f_i(\bar{r}) f_j(\bar{r}) d\bar{r} \quad (7-59)$$

将 B_{ij} 和 C_{ij} 代入式(7-57)可知:在线性问题中,拉格朗日法求得的特征方程与伽辽金法求得的特征方程是一样的,但是,伽辽金法可以推广到解非线性问题。

7.4.2　集中质量法与有限元法

集中质量法或有限元法是通过一组离散元素来模拟连续的物理系统的方法。例如对梁系统,可以用集中在某些点上的质量以及质量之间用无重量的弹性元件相连接的离散系统来表示,运动方程一般可用牛顿法和能量原理求得。

本书在第 6 章中已经对集中质量法和有限元法做了介绍和讨论,在此不再赘述。

7.5　旋翼整体振型

以上讨论的是单片桨叶的固有特性,但一副旋翼是由多片桨叶构成的,在研究旋翼动力学问题时,就必须考虑如何描述整个旋翼系统的运动。这时可以用整体振型的概念,特别是对旋翼与机体耦合动力学的研究时需要考虑整体振型的内容。

7.5.1　旋翼多桨叶坐标变换和整体振动模态类型

1.旋翼多桨叶坐标转换

旋翼整体振型是指一个旋翼系统多片桨叶同频率、同幅值运动时,由于相位不同而形成的运动形态,整个旋翼系统的运动就是各片桨叶运动的集合。旋翼整体振型主要用于进行旋翼与机体耦合动力学的研究,包括旋翼对机体的作用及机体对旋翼的作用。对于一个具有 N 片桨叶的旋翼,它一共有 N 个旋翼整体振型:$\Gamma_i(i=0,1,2,\cdots,N-1)$。在 N 个旋翼整体振型 Γ_i 中,各片桨叶运动的幅值相等,都是 $\bar{\Gamma}_i$,而相位顺从旋翼转向依次递增 $i2\pi/N$,即第 k 片桨叶的运动为

$$\Gamma_{ik}=\bar{\Gamma}_i\cos(\omega t+\varphi_i)+(k-1)\frac{i2\pi}{N} \tag{7-60}$$

整个旋翼的运动就是各片桨叶运动的振型的叠加,其中第 k 片桨叶的运动为

$$q_k=\sum_{i=0}^{N-1}\Gamma_{ik} \tag{7-61}$$

这样就由旋翼整体振型坐标转换到单片桨叶坐标了。同样,也可以由单片桨叶坐标转换到旋翼整体振型坐标,如

$$\Gamma_0=\bar{\Gamma}_0\cos(\omega t+\varphi_0)=\sum_{i=0}^{N-1}\frac{q_k}{N} \tag{7-62}$$

2.旋翼整体振动模态类型

旋翼整体振型实际上是指各片桨叶同频同幅而相位差不同的运动,具有确定的几何意义。此处以四叶旋翼为例来说明这个问题。这种旋翼可以有四种整体振型。

1)集合型振动模态

旋翼集合型振动模态各片桨叶之间的相位差为零(或 2π 的整数倍数),也就是说振动是同相的。各片桨叶做同频、同幅而且相位相同的运动。对挥舞振动称"伞形振动"(见图 7-29)。

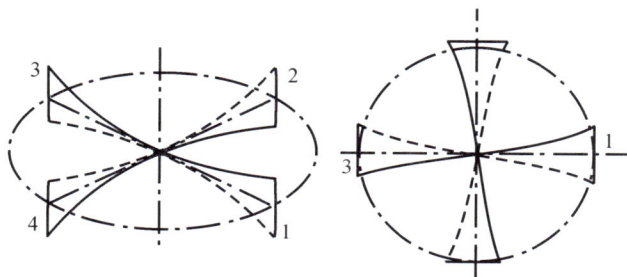

图 7-29　旋翼集合型振型示意图

2）后退型振动模态

旋翼后退型振动模态各片桨叶之间的相位顺旋翼旋转方向依次递增 $2\pi/k$（k 为桨叶片数），对于四叶旋翼也就是依次递增 $\pi/2$。这种振型的几何图像也有明显的特点，桨叶挥舞振动时，各片桨叶的桨尖处在一个倾斜的平面（桨尖平面）中。在旋转坐标系中，桨尖平面保持其倾斜角不变而以与桨叶振动角频率 ω 相同的角速度绕旋翼轴线逆旋翼旋转方向转动，或者说桨尖平面的最高点以角速度 ω 逆旋翼旋转方向转动，这也就是其得名"后退型"的由来（见图 7-30）。

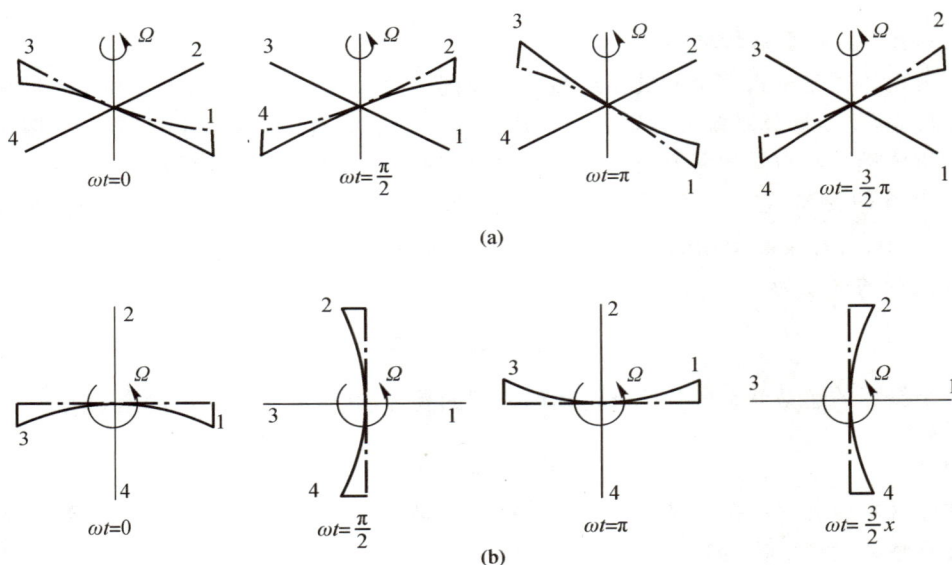

图 7-30　旋翼后退型振型示意图

(a)挥舞振动；　(b)摆振振动

对于摆振振动，其特征也相类似，整个旋翼的重心偏离了旋翼轴线，而偏离的重心又以角速度 ω 逆旋翼旋转方向而转动。值得注意的是，对于旋转坐标系，后退型以角速度 ω 逆旋翼转向而转动，而对于固定坐标系则后退型以角速度 $(\omega-\Omega)$ 逆旋翼转向转动（$\omega>\Omega$），或以 $(\Omega-\omega)$ 顺旋翼转向转动（$\omega<\Omega$）。

3）前进型振动模态

旋翼前进型振动模态各片桨叶之间的相位顺旋翼旋转方向依次递减 $2\pi/k$，对于四桨叶旋翼也就是依次递减 $\pi/2$。这种振型的几何特点与后退型相类似，区别只在于对于旋转坐标系前进型是顺旋翼旋转方向以角速度 ω 转动，这也是前进型取名的由来，而对于固定坐标系前进型就以角速度 $(\omega+\Omega)$ 顺旋翼转向而转动。

4）无反作用型振动模态

旋翼无反作用型振动模态对于四桨叶旋翼各片桨叶之间的相位依次递增（或减）π（见图 7-31）。由于两对桨叶（相对的两片桨叶称为一对）的振动是反相的，所以旋翼以这种振型振动时对于旋翼支持系统没有反作用力，这也就是无反作用型的含义。无反作用型的摆振振动桨叶的运动类似于剪刀的运动，因而又可以称为"剪刀型"振型。

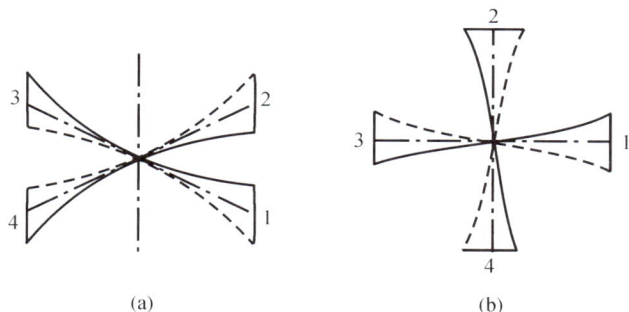

图 7 - 31　旋翼无作用型振型示意图

7.5.2　旋翼整体振型的特点

1）旋翼整体振型的数目总是与桨叶片数相同

对于三叶旋翼就只可能有集合型、后退型及前进型这三种振型，而不会出现无反作用型振型。对于五叶旋翼，则除了集合型、后退型及前进型之外，还存在两种所谓的翘曲型振型，这两种振型同样也不对旋翼支持系统引起反作用力。

2）不同的旋翼振型与旋翼支承系统的耦合关系也不同

（1）无反作用型基本上不存在耦合问题，其固有特性可以认为与孤立桨叶相同。

（2）集合型的挥舞振动旋翼对旋翼支承系统的作用力是垂直方向的，会与包括机体在内的旋翼支持系统在桨毂中心处有垂直运动的振型发生耦合。集合型的摆振振动会与旋翼轴的扭转振动发生耦合。

（3）后退型或前进型的摆振振动在桨毂中心处作用有纵向及横向的水平力，这种振型也就会与桨毂中心处有水平运动的机体振型发生耦合。

（4）无铰式旋翼及水平铰外移量不等于零的铰接式旋翼其后退型或前进型的挥舞振动会在桨毂中心处引起纵向及横向的力矩，也就会与相应的机体振型发生耦合。

3）有几个旋翼，整体振型也就会有几个不同的固有特性

例如，桨叶的一阶摆振振动就有无反作用型、集合型、后退型及前进型等不同的振型及固有频率。在某些情况下，不同的旋翼振型其固有特性会有较大的差别，对于桨叶的扭转振动这个特点表现得最为明显。集合型的扭转振动只会与旋翼总矩操纵线系发生耦合，由于线系的弹性对扭转振动固有频率影响较大，而不同的线系的刚度又差别较大，这样不同的旋翼振型固有频率的差别也就比较大。

思　考　题

1.简述旋翼系统的基本结构。

2.旋翼桨叶的结构形式和结构参数有哪些？

3.画图说明无人直升机前飞时旋翼桨叶的工作环境。

4.什么是刚体和弹性体？

5.画出刚体桨叶挥舞运动、摆振运动和变距运动的示意图。

6.写出旋转桨叶在挥舞面、摆振面内的弯曲振动及扭转振动方程,并简述求解过程。

7.画出旋翼桨叶频率挥舞、摆振、扭转各阶固有频率共振图。

8.简述旋转桨叶挥舞、摆振、扭转固有频率的调整方法。

9.简述常用的三种模态分析求解桨叶振动固有频率和振型的方法。

10.什么是旋翼整体振型? 简单说明旋翼多桨叶坐标变换的内容。

11.旋翼整体振动模态类型有哪些? 简单说明旋翼整体振型的特点。

第 8 章　无人机机体结构动力学

机体是无人机最重要的部件之一,主要用来支持和固定无人机各种部件、系统和外挂设备,把它们连接成一个整体,并用来装载物资和设备,使无人机满足既定技术要求。无人机飞行过程中,机体要承受无人机机翼和旋翼系统提供的升力、阻力和力矩,以及保持稳定飞行的平衡力和力矩等,即机体要具有承受和传递载荷的功能。机体上要安装发动机动力系统、操纵系统等,要具有支承和悬挂各种系统的功能。机体还要提供有效空间,具备装载各种有效载荷的功能。总之,无人机机体要提供良好的连接、承载和空间环境,以及具有足够的强度和刚度,以保证机上各种设备系统的正常工作和无人机作为一个整体的安全飞行。机体的多种功能特性是实现无人机的使用和技术要求的重要保证,机体结构和外形对无人机的飞行性能、稳定性和安全性有重要影响。

机体动力学研究的是机体结构系统的动力学行为,以及结构系统受到外界激励的作用产生的动力响应(包括运动响应和应力响应)。简言之,机体动力学研究的目标主要是激励、结构系统和响应三者之间的关系。

8.1　无人机机体结构及其动力学研究内容

无人机机体结构的强度和刚度特点,以及所具有的承载能力和支承能力,在很大程度上取决于其结构系统的质量、品质和性能,其中包含了组成结构系统的众多零部件的质量、品质、性能和相互组合起来形成的总体特性。

8.1.1　无人机机体结构的类型和基本构件

1.无人机机体结构的类型

无人机机体是由多种结构系统组合在一起而构成的,包括机身、支架、尾梁、平尾、垂尾等。这些结构系统大多是由一些构件组合而成的几何不变系统,称为部件,而构件则是由相互之间以一定方式连接起来组合而成的零件构成的。

组成无人机机体的结构系统大致有以下几种类型:

(1)按其元件划分。机体可分为杆系结构、杆板结构、薄壁结构、薄壳结构等类型。

(2)按其材料划分。机体可分为金属结构、复合材料结构等类型。

微、轻型无人机大多采用杆系结构,小型和大中型无人机通常采用杆板构件组成的薄壁结构或薄壳结构。机体结构系统的零部件大多采用金属、无机非金属和复合材料等航空材料制造。为了减轻重量,提高承载能力,现在越来越多的无人机机体构件或部件不选用金属材料,而使用复合材料。

2.无人机机体结构的基本构件

无人机机体结构的基本构件可分为以下几种类型:

(1)一维构件。机体一维构件的长度比其截面尺寸要大得多,如杆、管、桁条、桁梁等,用它沿长度方向的坐标即可确定其构型。

(2)二维构件。机体二维构件的厚度比其长宽尺寸要小得多,如蒙皮、薄板等,用它的面内长和宽两个方向的坐标即可确定其构型。

(3)三维构件。机体三维构件即指一般的立体构件,三个方向尺寸相当,如厚板、实体等,用三维空间坐标来确定其构型。

无人机机体构件的组合称为部件,又称为子结构。例如隔框是一种二维的平面部件,它是由桁条、蒙皮等构件组成的平面薄壁结构。一段机身则是一种三维的空间部件,它是由长桁、桁梁、隔框、蒙皮等构件组成的空间薄壁结构。

8.1.2 无人机机体结构的特点及其动力学研究内容

1.无人机机体结构的特点

由各部件的组合所构成的无人机机体系统,大多是一个三维空间结构,对无人机机体的动力学分析,首先要了解它的组成,这是前提。无人机机体结构的构型是由一个复杂的有界、连续、三维空间给出的,它所充满的空间是连续的、无间隙的。在机体结构产生位移后,它的构型仍是连续的,所产生的变形是协调的,不会产生间隙,即可认为它的构型和变形具有连续性和协调性。

无人机机体构件是由某种具有一定力学性能的材料组成的,宏观地说,材料是均匀的,即各处材料的性能皆相同。对于金属材料,它还具有各向同性的性质,即材料在不同方向上的性能也相同。但对于复合材料,这种均匀性和各向同性性质往往不再存在,先进的层叠复合材料具有明显的方向性,呈现出各向异性的性质。由于各处铺设不同,复合材料构件各处的力学性能也不尽相同,因此对于复合材料构件则是以各层为基元来分析的。不论是金属材料,还是复合材料,都假设材料仍具有均匀性。

材料的力学性能,或称为材料的本构关系,主要是指材料的宏观性能,如弹性性能、塑性性能、硬度、抗冲击性能等,是设计无人机机体结构系统时选用材料的主要依据。由于机体结构动力学所分析的是平衡位置附近的微振动,可采用线弹性假设,材料是在小应变范围内,产生的应力与应变呈线性关系,满足广义胡克定律,这是力学性能(物理)上的线性假设。由于机体振动属于小位移、小应变范畴,位移与应变呈线性关系,这是几何(变形)上的线性假设。上述线性假设,构成了结构动力学的线性理论。

2.无人机机体结构动力学的研究内容

无人机机体动力学是研究机体结构系统的动力学行为,即机体结构系统受到外界激励的作用所产生的动力响应,包括激励、结构系统和响应三者之间的关系。机体结构动力学研究的内容主要是机体模态特性及激振力与机体某部位振动响应间的传递函数关系。前者包括各模态的固有频率、振型及模态阻尼,后者包括幅值和相位。只有准确地确定模态特性才能准确地确定传递函数关系,而只有准确地确定传递函数关系才能准确地确定在一定激振力作用下的振动响应。

研究分析机体结构动力学特性的目的:一方面是为了能准确地预估无人机机体的振动水平;另一方面也是为了在机体结构设计时,能够通过合理地调整结构参数得到满意的结构动力学特性,从而降低无人机整体的振动水平。

无人机机体结构系统是产生机体动力学问题的内在因素,其动力学行为取决于结构系统本身的动力学特性,所以建立结构系统数学模型是机体动力学的关键。机体结构系统的数学模型是由它的刚度特性、惯性特性与阻尼特性所决定的。在线性假设下,机体结构振动的数学模型可表示为

$$M\ddot{x} + C\dot{x} + Kx = F \tag{8-1}$$

式中,M、C、K 分别为机体结构系统的质量矩阵、阻尼矩阵和刚度矩阵,x 为结构系统的位移列阵,F 为作用在结构系统上的激振力列阵。当 F 为零时,式(8-1)即为机体结构系统的自由振动模态方程。无人机机体结构的数学模型优化和结构动力学优化设计是需要重点研究的问题,以期得出最优地描述真实机体结构和最优地满足规范设计要求的结构系统。

8.2　无人机机体动力学有限元分析

有限元法是一种高效能、常用的数值计算方法。在科学计算领域,常常需要求解各类微分方程,而许多微分方程的解析解一般很难得到,使用有限元法将微分方程离散化后,可以编写程序,使用计算机辅助求解。在本书第 6 章中已经介绍和讨论了结构动力学有限元分析的特点、解题步骤等内容,即将连续的求解域离散为一组单元的组合体,在每个单元内用假设的近似函数表示求解域上待求的未知场函数,近似函数通常由未知场函数及其导数在单元各结点的数值插值函数来表达,从而使一个连续的无限自由度问题变成离散的有限自由度问题。本节主要讨论无人机机体结构线性理论和应用有限元法的基本过程和分析步骤。

8.2.1　无人机机体结构动力学线性理论和有限元法

1.无人机机体结构动力学线性理论

无人机机体结构系统是产生机体动力学问题的内在因素。机体结构的弹性性质可以用应变能密度加以描述。机体结构系统的应变能为

$$U = \frac{1}{2}\int_V E_{ijkl}\varepsilon_{ij}\varepsilon_{kl}\,\mathrm{d}V \tag{8-2}$$

式中,E 为材料弹性模量,ε_{ij} 为应变张量,$\mathrm{d}V$ 为微分体积。

结构的惯性性质用动能描述,结构系统的动能为

$$T = \frac{1}{2}\int_V \rho\dot{u}_i^2\,\mathrm{d}V \tag{8-3}$$

式中,$\dot{u}_i$ 为速度向量,ρ 为密度。

结构阻尼机理是一个复杂因素,但从能量观点来说,它将耗散结构系统所具有的机械

能、位能和动能之和。为便于分析,在无人机机体结构动力学分析中,采用线性黏性阻尼模型,即阻尼力大小与运动速度成正比、方向相反。

2.无人机机体结构动力学有限元法

在本书第 6 章的介绍和讨论中,已知有限元法是一种高效能的计算方法,可应用于以任何微分方程所描述的各类物理场中,而不再要求这类物理场和泛函的极值问题有所联系。建立有限元系统运动方程可采用达朗贝尔原理、哈密顿原理、虚位移原理和最小势能原理等不同的方法。它将连续体离散为有限数目互相连接的单元体,并使单元体的特性集合能够反映连续的整体特性。有限元法采用离散化概念,包括构型离散化与位移离散化。

(1)构型离散化。无人机机体结构的构成是构型离散化的重要依据。由于无人机机体结构是由构件以一定形式连接而成的几何不变系统,因此将构件进一步离散化为有限元时,机体结构则是一定数量的有限元的集合。例如机身是由长桁、隔框和蒙皮等构件组成的,长桁可离散化为杆元素,隔框可离散化为梁元素,蒙皮可离散化为受剪板元素,尾翼是杆元素、梁元素和受剪板元素的集合。这些有限元是由它们的节点连接在一起,从而组成无人机机体结构的有限元模型,如图 8-1 所示。

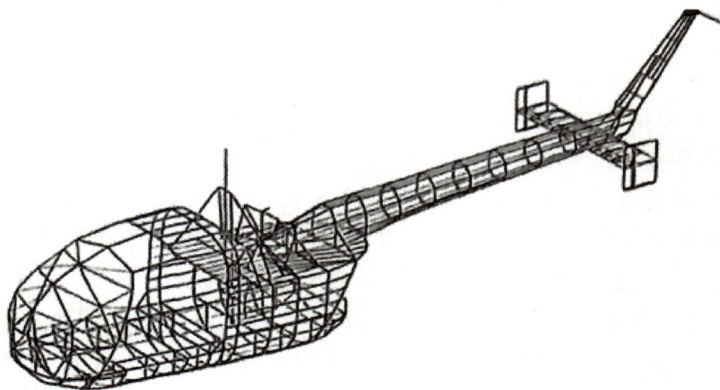

图 8-1 无人直升机机体有限元模型示意图

(2)位移离散化。有限元的位移函数通过假设形函数用它的节点位移来表示,以实现位移离散化。它的核心问题是形函数的选取。引入形函数后,使结构系统降阶,即由连续系统(无限多个自由度系统)降阶为离散系统(有限个自由度系统)。结构系统的位移形态则由节点位移列阵表示。

8.2.2 无人机机体结构动力学有限元法的基本过程和分析步骤

1.无人机机体结构动力学有限元法的基本过程

(1)结构离散化。首先将无人机机体结构按具体情况简化,确定使用的结构分析理论,然后再选择适当的单元将结构离散化。可供选择的单元类型较多,按形状可分为直线边单元和曲线边单元两大类。前者计算简单,后者能较好地拟合复杂的几何形状。在满足精度的前提下,应尽量选用简单的理论和单元,以提高分析效率。确定单元类型后,对整体结构进行单元划分和节点布置,把相邻的单元在节点处连接组成单元的集合体,以代替原结构。

(2)单元力学特性分析。定义了单元的形状和节点后,为单元假定合理的近似位移函数。由于单元性质单纯且形状规范,故对同类单元可采用相同构造形式的近似位移函数。然后,利用几何方程、材料本构关系以及能量原理计算单元的刚度矩阵。

(3)计算等效节点载荷。作用在单元上的集中力、体力以及作用在单元边界上的面力,都必须等效移置到节点上去,即用等效的节点载荷来代替所有作用在单元上的载荷。

(4)建立整体结构的平衡方程。集合单元的刚度矩阵来组成总体刚度矩阵,集合等效的单元节点载荷列矢量来组成总体载荷列矢量,建立整个结构的平衡方程。对单元刚度矩阵和等效节点载荷列矢量的求解必须进行由单元坐标系到整体坐标系的变换。

(5)应用位移边界条件求解结构平衡方程。无人机机体结构的平衡方程是以总体刚度矩阵为系数的线性方程组。应用位移边界条件,消除总体刚度矩阵的奇迹性,使方程组可解。求解该线性方程组,得到所有位置节点的位移。

(6)计算单元应变及单元应力等。无人机机体结构动力分析与静力分析的过程基本相同,只是在分析过程中要考虑惯性力和阻尼力作用,建立的是结构动力学有限元平衡方程,也称之为有限元系统运动方程。

2.无人机机体结构固有振动的有限元分析步骤

无人机机体结构离散化为有限元模型后构成一个多自由度结构系统。无阻尼机体的数学模型用下列矩阵方程表示:

$$\boldsymbol{M}\ddot{\boldsymbol{u}} + \boldsymbol{K}\boldsymbol{u} = \boldsymbol{F} \tag{8-4}$$

式中,$\boldsymbol{M}$、$\boldsymbol{K}$ 为机体结构系统的质量矩阵和刚度矩阵,$\boldsymbol{u}$ 为结构系统的位移列阵,$\boldsymbol{F}$ 为作用在结构系统上的激振力列阵。

无阻尼情况下,在没有任何外界的激励作用时,无人机机体结构系统产生的固有振动由下列方程给出:

$$\boldsymbol{M}\ddot{\boldsymbol{u}} + \boldsymbol{K}\boldsymbol{u} = \boldsymbol{0} \tag{8-5}$$

由它所决定的固有振动呈谐振动形式,即

$$\boldsymbol{u} = u_0\,\mathrm{e}^{j\omega t} \tag{8-6}$$

将它代入方程式(8-5),得特征方程

$$\boldsymbol{K}u_0 = \omega^2 \boldsymbol{M}u_0 \tag{8-7}$$

式中,ω 为机体结构系统的固有振动频率。由此,求解无人机机体结构系统的固有振动归结为一个广义特征问题。

特征方程式(8-5)所提供的特征对由下式给出:

$$\boldsymbol{K}\varphi_i = \lambda_i \boldsymbol{M}\varphi_i \tag{8-8}$$

特征值 λ_i 给出 ω_i 的二次方值

$$\omega_i = \sqrt{\lambda_i} \tag{8-9}$$

式中,ω_i 称为无人机机体结构系统的第 i 阶固有频率。

特征向量 φ_i 给出固有振动的位移形态,称为无人机机体结构系统的第 i 阶固有振型。N 个自由度机体结构系统一般具有 N 对特征对(ω 和 φ),即式(8-9)下标 i 在 $1 \sim N$ 内取值。

8.3　无人机机体典型结构的有限元模型和固有特性分析

小型无人机因为载重和飞行性能等要求与中、大型无人机不同,因此它们在机体结构系统方面有着较大的差异,如小型无人机普遍采用的是桁架式机体结构,中、大型无人机广泛采用薄壳式机体结构,但不论是哪种机体结构系统,其结构系统的零部件一般都包含有杆、梁、薄壁结构和蒙皮等基本元素。

8.3.1　桁架式和梁式机体结构的有限元模型

1.桁架式机体结构的有限元模型

无人机机体结构的有些部件采用桁架式结构,如小型无人机发动机架、尾梁等。组成这类部件的构件是直杆,它只承受轴向变形和载荷。这类结构离散后的有限元单元是杆元素,用它们实现构型离散化的称为桁架式有限元模型。

引入杆元素形函数 $N(x)$,杆元素的两个端点取为节点 i 和 j,轴向位移 $u(x,t)$ 可用两端节点位移 $u_i(t)$ 和 $u_j(t)$ 表示。即杆元素这样的有限元单元是具有两个自由度的有限元单元。形函数的选择采用静态位移假设,认为轴向位移沿轴向是线性变化的。杆元素如图 8-2 所示,从图上可看出,杆元素定义为长度为 L、截面积为 A、弹性模量为 E、质量密度为 ρ 的等剖面直杆。

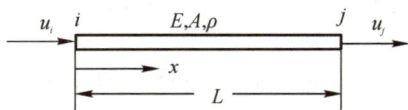

图 8-2　杆元素示意图

杆元素形函数 $N(x)$ 为

$$u(x,t)=\left(1-\frac{x}{L}\right)u_i+\left(\frac{x}{L}\right)u_j=\mathbf{N}\,\boldsymbol{u}$$

式中

$$\mathbf{N}=\left[\left(1-\frac{x}{L}\right)\quad\left(\frac{x}{L}\right)\right]=\begin{bmatrix}u_i & u_j\end{bmatrix}$$

杆元素的刚度矩阵是由应变能函数决定的。杆的应变能为

$$U=\frac{1}{2}\,\boldsymbol{u}^{\mathrm{T}}\int_0^L \mathbf{N}'^{\mathrm{T}}EA\,\mathbf{N}'\mathrm{d}x\boldsymbol{u}$$

式中

$$\mathbf{N}'=\frac{\mathrm{d}}{\mathrm{d}x}\mathbf{N}$$

刚度矩阵

$$\mathbf{K}=\int_0^L \mathbf{N}'^{\mathrm{T}}EA\,\mathbf{N}'\mathrm{d}x=\frac{EA}{L}\begin{bmatrix}1 & -1\\-1 & 1\end{bmatrix} \tag{8-10}$$

杆元素的质量矩阵是由动能函数决定的，杆的动能为

$$T = \frac{1}{2} \dot{\boldsymbol{u}}^{\mathrm{T}} \int_0^L \boldsymbol{N}^{\mathrm{T}} \rho \mathrm{N} \mathrm{d}x\ \dot{\boldsymbol{u}}$$

则得质量矩阵

$$\boldsymbol{m} = \int_0^L \boldsymbol{N}^{\mathrm{T}} \rho \boldsymbol{N} \mathrm{d}x = \frac{\rho A L}{6} \begin{bmatrix} 2 & -1 \\ -1 & 2 \end{bmatrix} \tag{8-11}$$

杆元素的坐标变换矩阵可实现由局部坐标变换到总体坐标。局部坐标是指上述的沿杆元素轴线的坐标，不同杆元素由于它在空间的方位不同而不同。总体坐标是指确定桁架结构构型所采用的笛卡儿坐标，它给出桁架结构杆元素的各节点位置坐标和方位。将某一杆元素的两端节点 i 和 j 的坐标设为(x_i, y_i, z_i) 和(x_j, y_j, z_j)，则杆元素的长度为

$$L = \sqrt{(x_j - x_i)^2 + (y_j - y_i)^2 + (z_j - z_i)^2}$$

于是，杆元素轴线在总体坐标内的方向余弦矩阵为

$$\boldsymbol{T}_e = \begin{bmatrix} \dfrac{x_j - x_i}{L} & \dfrac{y_j - y_i}{L} & \dfrac{z_j - z_i}{L} \end{bmatrix}$$

$\boldsymbol{T}$ 为坐标变换矩阵，有

$$\boldsymbol{T} = \begin{bmatrix} \boldsymbol{T}_e & 0 \\ 0 & \boldsymbol{T}_e \end{bmatrix}$$

则经坐标变换后的杆元素的刚度矩阵和质量矩阵分别为

$$\boldsymbol{K}_e = \boldsymbol{T}^{\mathrm{T}} \boldsymbol{K} \boldsymbol{T} \tag{8-12}$$

和

$$\boldsymbol{M}_e = \boldsymbol{T}^{\mathrm{T}} \boldsymbol{m} \boldsymbol{T} \tag{8-13}$$

最后，桁架结构的总刚度矩阵 $\boldsymbol{K}$ 和总质量矩阵 $\boldsymbol{M}$ 可按节点位移编号，将杆元素的刚度矩阵和质量矩阵进行组装来形成，即

$$\boldsymbol{K} = \sum_e \boldsymbol{K}_e \tag{8-14}$$

$$\boldsymbol{M} = \sum_e \boldsymbol{M}_e \tag{8-15}$$

2.梁式机体结构的有限元模型

无人机机体结构有些部件采用梁式结构，如机身段、隔框等。以机身段为例，它的总体承载能力呈梁的特性，表现为弯曲与扭转，为突出主要承载能力并简化计算，沿其轴线方向航向)离散化后的有限元是梁元素，用它实现构型离散化的模型称为梁式有限元模型。

平面梁元素定义为长为 L、截面积为 A、惯性矩为 I、弹性模量为 E、质量密度为 ρ 的直梁，它的两个端面取为节点 i 和 j（见图 8-3）。

平面梁元素形函数 $\boldsymbol{N}(x)$ 的引入，使其挠度 $w(x,t)$ 用两端节点的挠度和转角 $w_i, \theta_i,$ w_j, θ_j 表示，这样的有限元是具有四个自由度的有限元。形函数的选择可采用静态变形假设。设梁元素的节点位移列阵为 $\boldsymbol{u}$，有

$$\boldsymbol{u}^{\mathrm{T}} = \begin{bmatrix} w_i & \theta_i & w_j & \theta_j \end{bmatrix}$$

则梁元素的挠度设为

$$w = Nu = \left\{ 1 - 3\left(\frac{x}{L}\right)^2 + 2\left(\frac{x}{L}\right)^3 \left[\left(\frac{x}{L}\right) - \left(\frac{x}{L}\right)^2 + \left(\frac{x}{L}\right)^3\right]L \right.$$

$$\left. 3\left(\frac{x}{L}\right)^2 - 2\left(\frac{x}{L}\right)^3 \left\{-\left(\frac{x}{L}\right)^2 + \left(\frac{x}{L}\right)^3\right]L \right\} u$$

平面梁元素的刚度矩阵由应变能函数决定。平面梁的应变能为

$$U = \frac{1}{2}\int_0^L EI(w'')^2 dx = \frac{1}{2}\boldsymbol{u}^T \int_0^L \boldsymbol{N}''^T EI\ N'' dx \boldsymbol{u}$$

式中，$\boldsymbol{N}'' = \dfrac{\mathrm{d}N^2}{\mathrm{d}x^2}$，则其刚度矩阵为

$$K = \int_0^L N''^T EI\ N'' dx = \frac{EI}{L^3}\begin{bmatrix} 12 & & \text{对称} & \\ 6L & 4L^2 & & \\ -12 & 13L & 12 & \\ 6L & 2L^2 & -6L & 4L^2 \end{bmatrix} \tag{8-16}$$

平面梁元素的质量矩阵是由动能函数决定的，平面梁的动能为

$$\boldsymbol{T} = \frac{1}{2}\int_0^L \rho\ \dot{w}^2 dx = \frac{1}{2}\dot{\boldsymbol{u}}^T \int_0^L \boldsymbol{N}^T \rho N dx\ \dot{\boldsymbol{u}}$$

则其质量矩阵为

$$\boldsymbol{m} = \int_0^L \boldsymbol{N}^T \rho N dx = \frac{\rho AL}{420}\begin{bmatrix} 156 & & \text{对称} & \\ 22L & 4L^2 & & \\ 54 & 13L & 156 & \\ -13L & -3L^2 & -22L & 4L^2 \end{bmatrix} \tag{8-17}$$

无人机机体结构离散化为空间梁元素，它是在两个主平面内发生弯曲，同时产生自由扭转和拉伸的直梁，每个节点具有 6 个独立位移，即轴向位移 u_i、横向位移 v_i 和 w_i、扭转角 φ_i、转角 ψ_i 和 θ_i，故它是 12 个自由度的有限元，它的节点位移列阵为

$$\boldsymbol{u}^T = [u_i\ v_i\ w_i\ \varphi_i\ \psi_i\ \theta_i\ u_j\ v_j\ w_j\ \varphi_j\ \psi_j\ \theta_j]$$

空间梁元素的变换矩阵用来实现从局部坐标变换到总体坐标，空间梁元素的局部坐标系取的是端面（刚框）的惯性主轴，它为 $(\bar{x}, \bar{y}, \bar{z})$，机身段的总体坐标为 (x, y, z)，它确定空间梁元素的方位，给出其方向余弦矩阵为

$$\boldsymbol{T}_c = \begin{bmatrix} \cos(\bar{x}, x) & \cos(\bar{x}, y) & \cos(\bar{x}, z) \\ \cos(\bar{y}, x) & \cos(\bar{y}, y) & \cos(\bar{y}, z) \\ \cos(\bar{z}, x) & \cos(\bar{z}, y) & \cos(\bar{z}, z) \end{bmatrix}$$

于是 $$U_e = \boldsymbol{T}u$$

其中变换矩阵是

$$\boldsymbol{T} = \begin{bmatrix} T_e & & & & \\ & T_e & & & \\ & & \ddots & & \\ & & & T_e & \\ & & & & T_e \end{bmatrix}$$

经坐标变换后的空间梁元素刚度矩阵和质量矩阵分别为

$$\boldsymbol{K}_e = \boldsymbol{T}^{\mathrm{T}} \boldsymbol{k} \boldsymbol{T}$$

和

$$\boldsymbol{M}_e = \boldsymbol{T}^{\mathrm{T}} \boldsymbol{m} \boldsymbol{T}$$

最后,机体结构的总刚度矩阵 $\boldsymbol{K}$ 和总质量矩阵 $\boldsymbol{M}$,可通过按节点位移编号将空间梁元素的刚度矩阵和质量矩阵进行组装来形成。

8.3.2　薄壁机体结构的有限元模型

大多数大、中型无人机机体结构实际上是由桁条(桁梁)、蒙皮、隔框等组成的薄壁结构,它的有限元模型采用薄壁结构构型更为合适。在构型离散化过程中,把桁条离散化为杆元素,把蒙皮离散化为受剪板元素,而隔框既可由杆元素及受剪板元素组合而成,也可离散化为梁元素。

1.受剪薄板的结构元素

本节主要介绍和讨论受剪薄板的结构元素,如图 8-4 所示。受剪板元素定义为厚为 h、板面积为 A、剪切模量为 G 的四边形薄板。它的 4 个顶点取为节点 i,j,l,m,四边形承受剪流 q_1,q_2,q_3,q_4。

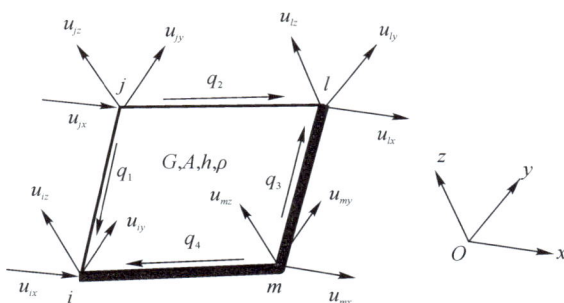

图 8-4　受剪薄板的结构元素

根据受剪板元素的平衡条件,得

$$q_1 = \bar{q} \, \lambda_1 / \lambda_2$$

$$q_2 = \bar{q} \, \lambda_1 \lambda_2$$

$$q_3 = \bar{q} \, \lambda_2 / \lambda_1$$

$$q_4 = \bar{q} \, / \lambda_1 \lambda_2$$

式中,$\bar{q}$ 为平均剪流,有

$$\bar{q}^2 = q_1 q_3 = q_2 q_4$$

$$\lambda_1^2 = \frac{\Delta_{jlm}}{\Delta_{ijm}}$$

$$\lambda_2^2 = \frac{\Delta_{ilm}}{\Delta_{ijl}}$$

现把一半边长上的剪流合成作为节点力,则节点 i 上的作用力为

$$P_i = c \, \bar{q} L / 2$$

式中
$$c = \frac{\lambda_1}{\lambda_2} \cdot \frac{1 + \lambda_2^2}{1 + \lambda_1^2}$$

和
$$L = \overline{il}$$

方向沿着 il 方向，而节点 l 上的作用力为
$$P_l = P_i$$

同理，节点 j 上的作用力为
$$P_j = \frac{\overline{q} L'}{2c}$$

其中 $L' = \overline{jm}$，方向沿着 jm 方向，而节点 m 上的作用力为
$$P_m = P_j$$

2.受剪薄板的应变能、刚度矩阵和质量矩阵

受剪板元素的应变能可近似地表示为
$$U = \frac{1}{2} \overline{q} A / Gh$$

它当量地等于节点力所做的功，即
$$U = \frac{1}{2} \boldsymbol{Pu}$$

式中
$$\boldsymbol{P} = [\boldsymbol{P}_i \quad \boldsymbol{P}_j \quad \boldsymbol{P}_l \quad \boldsymbol{P}_m]$$

和
$$\boldsymbol{u}^\mathrm{T} = [\boldsymbol{u}_i^\mathrm{T} \quad \boldsymbol{u}_j^\mathrm{T} \quad \boldsymbol{u}_l^\mathrm{T} \quad \boldsymbol{u}_m^\mathrm{T}]$$

受剪板元素的刚度矩阵将直接建立在总体坐标内，设各节点的坐标为 (x_i, y_i, z_i)，(x_j, y_j, z_j)，(x_l, y_l, z_l) 和 (x_m, y_m, z_m)，则

$$\boldsymbol{P}_i = [P_{ix} \quad P_{iy} \quad P_{iz}] = [-c\,x_{il} \quad -c\,y_{il} \quad -c\,z_{il}]\,\overline{q}/2$$

$$\boldsymbol{P}_j = [P_{jx} \quad P_{jy} \quad P_{jz}] = [x_{jm}/c \quad y_{jm}/c \quad z_{jm}/c]\,\overline{q}/2$$

$$\boldsymbol{P}_l = [P_{lx} \quad P_{ly} \quad P_{lz}] = [c\,x_{il} \quad c\,y_{il} \quad c\,z_{il}]\,\overline{q}/2$$

$$\boldsymbol{P}_m = [P_{mx} \quad P_{my} \quad P_{mz}] = [-x_{jm}/c \quad -y_{jm}/c \quad -z_{jm}/c]\,\overline{q}/2$$

和
$$\boldsymbol{u}_i^\mathrm{T} = [u_{ix} \quad u_{iy} \quad u_{iz}]$$

$$\boldsymbol{u}_j^\mathrm{T} = [u_{jx} \quad u_{jy} \quad u_{jz}]$$

$$\boldsymbol{u}_l^\mathrm{T} = [u_{lx} \quad u_{ly} \quad u_{lz}]$$

$$\boldsymbol{u}_m^\mathrm{T} = [u_{mx} \quad u_{my} \quad u_{mz}]$$

简写为
$$\boldsymbol{P} = \boldsymbol{a}\,\overline{q}/2$$

式中
$$\boldsymbol{a} = [a_1 \quad a_2 \quad a_3 \quad a_4]$$

$$a_1 = [-c\,x_{il} \quad -c\,y_{il} \quad -c\,z_{il}]$$

$$a_2 = [x_{jm}/c \quad y_{jm}/c \quad z_{jm}/c]$$

$$a_3 = [c\,x_{il} \quad c\,y_{il} \quad c\,z_{il}]$$

$$a_4 = [-x_{jm}/c \quad -y_{jm}/c \quad -z_{jm}/c]$$

由应变能公式得

$$\overline{q} = \frac{Gh}{2A} \boldsymbol{a} \boldsymbol{u}$$

代入上式，转置后得

$$\boldsymbol{P}^{\mathrm{T}} = \boldsymbol{a}^{\mathrm{T}} \frac{Gh}{2A} \boldsymbol{a} \boldsymbol{u}$$

于是，受剪板的刚度矩阵为

$$\boldsymbol{k} = \boldsymbol{a}^{\mathrm{T}} \frac{Gh}{2A} \boldsymbol{a}$$

其中的面积计算公式如下：

$$A = \Delta_{ijl} + \Delta_{ilm} = \Delta_{ijm} + \Delta_{jlm}$$

$$2\Delta_{ijl} = \sqrt{(y_{ij}z_{il} - y_{il}z_{ij})^2 + (x_{il}z_{il} - x_{ij}z_{il})^2 + (x_{ij}y_{il} - x_{il}y_{ij})^2}$$

$$2\Delta_{ijm} = \sqrt{(y_{ij}z_{im} - y_{im}z_{ij})^2 + (x_{im}z_{il} - x_{ij}z_{im})^2 + (x_{ij}y_{im} - x_{im}y_{ij})^2}$$

$$2\Delta_{jlm} = \sqrt{(y_{jl}z_{jm} - y_{jm}z_{jl})^2 + (x_{jm}z_{jl} - x_{jl}z_{jm})^2 + (x_{jl}y_{im} - x_{im}y_{jl})^2}$$

$$2\Delta_{ilm} = \sqrt{(y_{il}z_{jm} - y_{im}z_{il})^2 + (x_{im}z_{il} - x_{il}z_{im})^2 + (x_{il}y_{im} - x_{im}y_{il})^2}$$

受剪板元素的质量矩阵可采用非一致的集中质量矩阵给出。把整个受剪板的质量分配到四个节点上，即

$$m_i = \rho h (\Delta_{ijl} + \Delta_{ijm} + \Delta_{ilm})/6$$

$$m_j = \rho h (\Delta_{ijl} + \Delta_{ijm} + \Delta_{jlm})/6$$

$$m_l = \rho h (\Delta_{ijl} + \Delta_{jlm} + \Delta_{ilm})/6$$

$$m_m = \rho h (\Delta_{ijm} + \Delta_{jlm} + \Delta_{ilm})/6$$

则受剪板的质量矩阵为对角阵，它为

$$\boldsymbol{M} = \mathrm{diag}(m_i \quad m_i \quad m_i \quad m_j \quad m_j \quad m_j \quad m_l \quad m_l \quad m_l \quad m_m \quad m_m \quad m_m) \qquad (8-18)$$

8.3.3　无人机机体结构的固有特性分析

无人机机体模态特性主要是指其固有频率、振型和模态阻尼特性，传递关系主要是指传递函数所反映出的幅值和相位。传递关系的确定依赖于结构动力学特性的准确预估，而作用力激励下的机体结构响应分析依赖于传递函数的准确预估。通过准确预估无人机机体结构动力学特性，可以确定结构参数对机体振动响应和振动水平的影响，进而就可通过结构动力学参数优化降低机体振动水平。

1.无人机机体固有模态理论

无人机机体结构离散化为有限元模型后构成一个多自由度结构系统。无阻尼机体的数学模型可用下列矩阵方程表示：

$$\boldsymbol{M} \ddot{\boldsymbol{u}} + \boldsymbol{K} \boldsymbol{u} = \boldsymbol{f}$$

无阻尼情况下，在没有任何外界的激励作用时，无人机机体结构系统产生的固有振动由下列方程给出：

$$\boldsymbol{M} \ddot{\boldsymbol{u}} + \boldsymbol{K} \boldsymbol{u} = \boldsymbol{0} \qquad (8-19)$$

由式(8-19)所决定的固有振动呈谐振动形式，即

$$\boldsymbol{u} = \boldsymbol{u}_0 \, \mathrm{e}^{\mathrm{j}\omega t} \qquad (8-20)$$

将它代入方程式(8-19),得出特征方程

$$\boldsymbol{K} \boldsymbol{u}_0 = \omega^2 \boldsymbol{M} \boldsymbol{u}_0 \qquad (8-21)$$

这样,将求解结构系统的固有振动归结为一个广义特征问题。

特征方程式(8-21)所提供的特征对由下式给出:

$$\boldsymbol{K} \varphi_i = \lambda_i \boldsymbol{M} \varphi_i \qquad (8-22)$$

由特征值 λ_i 给出 ω_i^2 的值:

$$\omega_i = \sqrt{\lambda_i}$$

称之为结构系统的固有频率。

特征向量 φ_i 给出固有振动的位移形态,称为结构系统的固有振型。

N 个自由度结构系统一般具有 N 对特征对,即上式下标 i 从 1 到 N 取值。

2.无人机机体固有振动特性

通过模态分析方法可以搞清楚结构系统在其易受影响的频率范围内各阶主要模态的特性,以及结构系统处于此频段内在外部或内部各种振源作用下的实际振动响应。

无人机机体结构系统固有振动的主要特性如下。

1)固有振型的规一化

式(8-22)给出了结构系统第 i 阶固有振动的位移形态,但只确定到常数倍,即

$$\boldsymbol{K} (a \, \overline{\varphi}_i) = \lambda_i \boldsymbol{M} (a \, \overline{\varphi}_i)$$

式中,a 为任意常数,当 $\overline{\varphi}_i$ 为其固有振型时,$a \, \overline{\varphi}_i$ 也是其固有振型。为使固有振型有确定值必须将它规一化,工程上常用的规一化方法是对其位移最大值取单位值。在进行理论分析与数值计算时采用的方法是用质量矩阵加权规一,简称为 $\boldsymbol{M}$ 规一,即

$$(a \, \overline{\varphi}_i)^{\mathrm{T}} \boldsymbol{M} (a \, \overline{\varphi}_i) = 1$$

则

$$a = (\overline{\varphi}_i^{\mathrm{T}} \boldsymbol{M} \, \overline{\varphi}_i)^{-1/2}$$

得到

$$\varphi_i = (\overline{\varphi}_i^{\mathrm{T}} \boldsymbol{M} \, \overline{\varphi}_i)^{-1/2} \, \overline{\varphi}_i \qquad (8-23)$$

2)固有振型具有加权正交性

有

$$\boldsymbol{K} \varphi_i = \lambda_i \boldsymbol{M} \varphi_i$$

和

$$\boldsymbol{K} \varphi_j = \lambda_j \boldsymbol{M} \varphi_j$$

有第一式前乘 $\overline{\varphi}_j^{\mathrm{T}}$ 与第二式前乘 $\overline{\varphi}_i^{\mathrm{T}}$ 后相减,得

$$\varphi_j^{\mathrm{T}} \boldsymbol{K} \varphi_i - \varphi_i^{\mathrm{T}} \boldsymbol{K} \varphi_j = \lambda_i \varphi_j^{\mathrm{T}} \boldsymbol{M} \varphi_i - \lambda_j \varphi_i^{\mathrm{T}} \boldsymbol{M} \varphi_j$$

由于 $\boldsymbol{K}$ 和 $\boldsymbol{M}$ 是对称矩阵,则得

$$(\lambda_i - \lambda_j) \varphi_i^{\mathrm{T}} \boldsymbol{M} \varphi_j = 0$$

当 $\lambda_i \neq \lambda_j$ 时,即具有不同的特征值时,有

$$\varphi_i^{\mathrm{T}} \boldsymbol{M} \varphi_j = 0 \qquad (i \neq j) \qquad (8-24)$$

由此,证明了固有振型的 $\boldsymbol{M}$ 加权正交性。

同理,因为

$$\varphi_i^{\mathrm{T}} \boldsymbol{K} \varphi_j = \lambda_j \varphi_i^{\mathrm{T}} \boldsymbol{M} \varphi_j$$

有

$$\varphi_i{}^{\mathrm{T}} \boldsymbol{K} \varphi_j = 0 \quad (i \neq j) \tag{8-25}$$

又证明了固有振型的 $\boldsymbol{K}$ 加权正交性。

3）固有振型具有同相性质

特征向量是由实数方程解出的实数向量，它的各个位移分量之间无相位差，只有正负差别，即要么是同相，要么是反相。在振动过程中位移同时为零，同时达到极值，按同一常数倍变形，固有振型给出了它的极值形态，也给出了它的瞬时形态。也就是说，固有振型描述了任意时刻的振动形态。

4）固有振型具有耦解性质

固有振型作为一种位移形态可以把描述位移的空间从物理空间转换到模态空间，它们的坐标变换矩阵是

$$\boldsymbol{u} = \sum_{i=1}^{N} \varphi_i q_i = \boldsymbol{\Phi} \boldsymbol{q} \tag{8-26}$$

式中，$\boldsymbol{q}$ 为模态位移列阵，$\boldsymbol{\Phi}$ 为模态矩阵，可写成以固有振型为基底的模态空间：

$$\boldsymbol{\Phi} = [\varphi_1 \quad \varphi_2 \quad \cdots\cdots \quad \varphi_N]$$

经过上式的模态变换，结构系统的数学模型变为

$$\boldsymbol{M}\boldsymbol{\Phi} \ddot{\boldsymbol{q}} + \boldsymbol{K}\boldsymbol{\Phi} \boldsymbol{q} = \boldsymbol{f}$$

将它前乘 $\boldsymbol{\Phi}^{\mathrm{T}}$ 后得

$$\boldsymbol{\Phi}^{\mathrm{T}}\boldsymbol{M}\boldsymbol{\Phi} \ddot{\boldsymbol{q}} + \boldsymbol{\Phi}^{\mathrm{T}}\boldsymbol{K}\boldsymbol{\Phi} \boldsymbol{q} = \boldsymbol{\Phi}^{\mathrm{T}} \boldsymbol{f}$$

由于固有振型的加权正交性，$\boldsymbol{\Phi}^{\mathrm{T}}\boldsymbol{M}\boldsymbol{\Phi}$ 和 $\boldsymbol{\Phi}^{\mathrm{T}}\boldsymbol{K}\boldsymbol{\Phi}$ 都是对角矩阵，使上述方程解耦。

引入
$$\bar{M}_i = \varphi_i^{\mathrm{T}} \boldsymbol{M} \varphi_i$$

称之为第 i 阶模态质量

$$\bar{K}_i = \varphi_i^{\mathrm{T}} \boldsymbol{K} \varphi_i$$

称之为第 i 阶模态刚度。

$$\bar{F}_i = \varphi_i^{\mathrm{T}} \boldsymbol{f}$$

称之为第 i 阶模态力。

得到解耦方程为

$$\bar{M}_i \ddot{q}_i + \bar{K}_i q_i = \bar{F}_i \quad (i = 1, 2, \cdots, N) \tag{8-27}$$

若固有振型是 $\boldsymbol{M}$ 规一，则

$$\bar{M}_i = 1$$

$$\bar{K}_i = \lambda_i = \omega_i^2$$

于是，解耦方程式（8-27）可写为

$$\ddot{q}_i + \omega_i^2 = \bar{F}_i \, (i = 1, 2, \cdots, N) \tag{8-28}$$

固有振型使多自由度结构系统的振动解耦，使之成为互相独立的单自由度系统振动的叠加。

3. 无人机机体固有振动瑞利商值原理

无人机机体结构的固有振动呈谐振动形式，它的每一阶固有振动都具有一定的振动频率，称为固有频率，由方程式（8-22）前乘 φ_i^{T} 后得

$$\lambda_i = \omega_i^2 = \frac{\varphi_i^{\mathrm{T}} \mathbf{K} \varphi_i}{\varphi_i^{\mathrm{T}} \mathbf{M} \varphi_i}$$

固有频率是由两个二次型之比给出的。若用能量关系式来表示分子是第 i 阶模态的应变能二次型，即有

$$U_i = \frac{1}{2} \varphi_i^{\mathrm{T}} \mathbf{K} \varphi_i$$

而分母是单位频率下第 i 阶模态的单位动能二次型，设为

$$T_{0i} = \frac{1}{2} \varphi_i^{\mathrm{T}} \mathbf{M} \varphi_i$$

将其代入上式后得

$$\lambda_i = \omega_i^2 = \frac{U_1}{T_{0i}} \qquad (8-29)$$

由于应变能与单位动能皆是非负实数，故特征值为非负实数，它的开方值为固有频率。

在进行系统固有振动特性分析时，常引入瑞利商值的概念，瑞利商值定义为

$$\lambda(u) = U / T_0 \qquad (8-30)$$

式中

$$\mathbf{U} = \frac{1}{2} u^{\mathrm{T}} \mathbf{K} u$$

$$\mathbf{T}_0 = \frac{1}{2} u^{\mathrm{T}} \mathbf{M} u$$

式(8-30)是当结构系统以任意形式振动时，应变能与单位动能之比，构成任意振动位移 **u** 的泛函，记作 $\lambda(u)$，称为瑞利商。

瑞利商的极值原理：对于不同的位移列阵 u，瑞利商具有不同的值，现将它在模态空间内展开。根据展开定理式(8-26)，代入应变能与单位动能公式，由于固有振型具有加权正交性和 **M** 规一，得到

$$\mathbf{U} = \frac{1}{2} \sum_{i=1}^{N} \varphi_i^{\mathrm{T}} \mathbf{K} \varphi_i q_i^2 = \frac{1}{2} \sum_{i=1}^{N} \lambda_i q_i^2$$

$$\mathbf{T}_0 = \frac{1}{2} \sum_{i=1}^{N} \varphi_i^{\mathrm{T}} \mathbf{M} \varphi_i q_i^2 = \frac{1}{2} \sum_{i=1}^{N} q_i^2$$

进而得到

$$\lambda(u) = \sum_{i=1}^{N} \lambda_i q_i^2 / \sum_{i=1}^{N} q_i^2 = \lambda_1 + \sum_{i=1}^{N} (\lambda_i - \lambda_1) q_i^2 / \sum_{i=1}^{N} q_i^2$$

由于 λ_1 是最小的特征值，即 $\lambda_i > \lambda_1$，则只要 $q_i \neq 0 (i=2,3,\cdots\cdots,N)$，就有瑞利商值总不会小于最小特征。

$$\lambda(u) \geqslant \lambda_1 \qquad (8-31)$$

只有当 $q_i = 0 \ (i=2,3,\cdots,N)$ 时，它趋于极小值，这时

$$u = \varphi_1$$

瑞利商的极小值给出最小特征值。上述结论称为瑞利商极值原理。

8.4　无人机机体结构数学模型优化技术

建模是指根据一定的规则和方法,将现实世界或概念抽象成为数学模型或计算机模型的过程。凡是用模型描述系统的因果关系或相互关系的过程都属于建模。建模是工程设计和分析的重要工具,可以帮助人们更好地理解、分析和优化复杂的系统和过程。凡是用模型描述系统的因果关系或相互关系的过程都属于建模。虽然在数据分析过程中,人们会用到各种各样的数据模型,但有些模型并不是完美的,存在着各种各样的缺点,置之不理很可能会影响最终的数据分析结果。这也就意味着,模型建立起来以后还需要对其进行优化。

建模是研究系统的重要手段和前提,虽然建立数学模型的方法和步骤并没有一定的统一模式,但一个理想的模型应能反映系统的全部重要特征——模型的可靠性和模型的使用性,即系统的数学模型应真实反映其动力学特性。

8.4.1　无人机机体结构建模的方法、过程和优化

1.无人机机体结构建模的方法

在包括无人机机体在内的结构系统建模实践中,建立数学模型的基本方法主要有以下两种。

(1)分析建模。根据对现实对象特性的认识,分析其因果关系,找出反映内部机理的规律,所建立的模型常有明确的物理或现实意义,如有限元模型就是无人机机体结构动力学主要的分析建模方法。

(2)试验建模。将研究对象视为一个"黑箱"系统,无法直接寻求其内部机理,通过测量系统地输入/输出数据,并以此为基础,运用统计分析方法,按照事先确定的准则在某一类模型中选出一个数据拟合得最好的模型。简言之,无人机机体试验建模是用试验方法获取响应数据,通过信号处理,根据响应理论采用识别技术建立数学模型。

这两种建模方法各有特点,人们常用的建模方法是将这两种方法结合起来,即用机理分析方法建立模型的结构,用系统测试方法确定模型的参数。

2.无人机机体结构建模的过程

无人机机体结构的数学模型应能真实反映其动力学特性,因此,在实践中,无人机机体动力学建模大多采用分析与试验相结合的建模方法。建模过程主要包括以下几个步骤。

(1)信号处理。通过试验建模所获得的原始数据(响应时间历程),可采取信号处理方法得到正确的时间域或频率域的响应数据,建立响应空间的数学模型,这样建立的数学模型将真实地反映无人机机体结构的动力学特性。

(2)模态识别。在线性理论假设下建立响应数据与模态数据之间的关系,采用模态识别技术识别出模态数据,建立模态空间内的数学模型。有一点需要注意的是:模态识别技术对信息量多的参数,如振动频率,精度较高;而对信息量少的参数,如振动形态,精度稍差。对不易受干扰、比较稳定的参数,如振动频率,精度较好;对易受干扰再加上本身机理不甚清楚

的阻尼,精度就差。

(3)分析建模。在结构离散化的基础上,构造有限元模型的刚度矩阵和质量矩阵,但尚无法建立阻尼矩阵,从而建立了位移空间的数学模型。

(4)建立数学模型。由位移空间的数学模型出发,得出它的特征问题,采用大型矩阵特征问题的解法求出它的特征解,可以计算出模态数据,建立模态空间的数学模型,并通过计算给出响应空间的数学模型。

无人机机体结构数学模型的基本形式及其建模过程如图8-5所示。

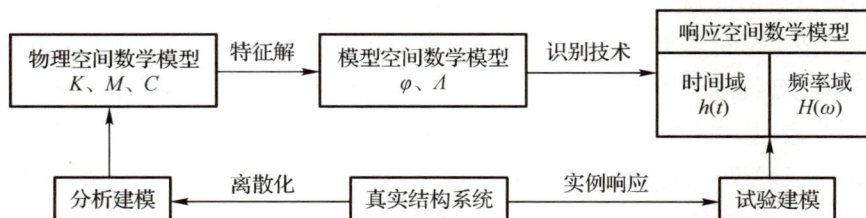

图 8-5　数学模型的基本形式及其建模过程示意图

3.无人机机体结构模型的优化

在建立无人机机体结构模型的过程中,采用分析建模和试验建模两种建模方法,得到一个模态空间的数学模型,那么其结果应该是精确、完美的,但是实际情况往往并不是这样,还需要对其进行进一步优化处理。主要原因有以下几点:

(1)试验建模由于测试误差及外界干扰,以及模型假设上的近似性(如线性假设等),不可能不存在一定的误差和分散性。

(2)建模过程中测点有限,不是所有的自由度都能够测到,会造成一定的局限性。

(3)模型假设带来的误差和离散化的误差在实际建模过程中都是不可避免的。

(4)模型原始数据的准备往往来自设计手册,它不能完全真实地反映具体的实际结构,从而导致分析建模的误差。

由于建模过程中存在一些不确定的因素,一方面试验建模过程的误差分析,以及分析建模过程中严密的逻辑推理显得非常重要;另一方面,在试验建模与分析建模基础上,提出数学模型优化也很重要。

数学模型优化问题是在试验建模与分析建模工作的基础上,寻求一个数学模型,其能最优地反映真实结构的动力学特性。它分为以下两方面的内容:

(1)相关性分析。在模态空间内分析建模的结果应与实验建模的结果具有一致性。

(2)优化技术。在位移空间内修改初始的有限元模型,使之与试验建模给出的模态参数相一致。

8.4.2　试验建模与分析建模的相关性分析

无人机机体结构两种建模方法(试验建模与分析建模)的结合点是模态空间内给出的参数,它们是以振动频率、振型为主。它们的相关性分析则是以这两个模态参数的相关性为主。

1.无人机机体模态参数的相关性

试验建模是真实的有阻尼的机体结构,它所给出的模态参数一般都是复数,特征值中含频率与阻尼,它的振动频率并不等于固有频率,特征向量则既给出幅值比,又给出相位差。而分析建模是理想的无阻尼机体结构,它所给出的模态参数是实数,特征值给出固有频率,特征向量给出的是同(反)相的固有振型。试验建模的自由度是由测点决定的,它是有限的,是不完整的,尤其是转角自由度几乎无法测定;而分析建模则由离散化后的自由度给出,有限元模型可以给出比较详尽的描述。因此,在相关性分析之前,必须对试验结果与分析结果作适当的相容性处理。

第一,问题的实质是真实的有阻尼机体结构的复模态参数与理想的无阻尼机体结构的固有模态参数之间的转换。对于比例阻尼情况,由于它们的模态向量是相同的,复频率(特征值)的模等于固有频率,所以这个转换是容易的。但往往真实结构的阻尼并不满足比例阻尼假设,它没有显式的转换关系。但结构的阻尼一般属于小阻尼性质,而且与比例阻尼相比偏差较小,这样就可以采用近似的处理方法,如把复模态向量的实(虚)部看作与固有模态向量一致,将其当作比例阻尼情况处理。

第二是模态向量的规一化问题,试验建模往往是对模态向量的最大分量规一,分析建模则是对质量矩阵规一。这样,要求试验建模时需给出它的模态质量(广义质量),而它是一个难以测准的参数。这里采用的近似处理方法是认为机体结构的质量矩阵是基本准确的,由计算方法来作规一化处理。

第三是模态向量的不完整性,有一些重要的自由度,如转角自由度,在试验建模时没有测定或无法测定。它的处理方法则是建立在如下基础之上,即认为分析建模给出的有限元模型是合理的、可接受的。具体的处理方法有两种。一种是将有限元模型的自由度划分为测量自由度与不测量自由度,用缩聚技术减缩掉不测量自由度,其不足之处是丧失了物理可解释性和导致特性矩阵都成为满阵,失去了带状性质。另一种是对模态向量用空间插值技术来计算不测量自由度,其不足之处是精度不能保证,甚至使整个模型优化技术失败。这方面的处理方法有待进一步完善。

2.无人机机体结构模态参数的相关性准则

无人机机体结构模态参数相关性分析是基于比例阻尼假设来进行的,包含的相关性准则有如下内容。

1)频率相关性准则

频率相关性准则是指分析频率与试验频率相近的准则,可用下式表示:

$$\left| \frac{f_i^{(t)} - f_i^{(a)}}{f_i^{(t)}} \right| < \varepsilon_f \qquad (8-32)$$

式中,$f_i^{(a)}$ 为分析频率,$f_i^{(t)}$ 为试验频率,ε_f 为误差,一般应小于 5%。

2)振型相关性准则

根据模态的互正交性条件来分析振型相关性。其互正交性条件为

$$\boldsymbol{\Phi}_i^{(a)\mathrm{T}} \boldsymbol{M}^{(a)} \boldsymbol{\Phi}_j^{(t)} = \boldsymbol{\alpha}_{ij}$$

它给出试验模态 $\boldsymbol{\Phi}_j^{(t)}$ 中含有分析模态 $\boldsymbol{\Phi}_i^{(a)}$ 的比例。因在分析模态空间内展开为

$$\boldsymbol{\Phi}_j^{(t)} = \sum_{r=1}^{n} \boldsymbol{\alpha}_{rj} \boldsymbol{\Phi}_{jr}^{(a)}$$

将它前乘 $\boldsymbol{\Phi}_i^{(a)\mathrm{T}} \boldsymbol{M}^{(a)}$ 后,得出它构成振型相关的准则是

$$\boldsymbol{\alpha}_{ij} \Big/ \Big(\sum_{r=1}^{n} \boldsymbol{\alpha}_{rj} \Big) = 1 - \varepsilon_a$$

式中,ε_a 一般应小于 $10\% \sim 15\%$,它与测点数有关,测点数的减少将造成动能的泄漏而使相关性减弱,即 ε_a 增大。

从以上两个相关性准则的分析可以确定试验模态与分析模态的一一对应关系,从而可检验是否有遗漏模态或增加模态。

3)正交性条件

无人机机体结构模态参数第三个相关性准则是正交性条件,它包括以下两方面内容。

(1)试验模态的 $\boldsymbol{M}^{(a)}$ 正交性。

$$\boldsymbol{\Phi}_i^{(t)\mathrm{T}} \boldsymbol{M}^{(a)} \boldsymbol{\Phi}_j^{(t)} = \boldsymbol{M}_{ij}^{(t)} \qquad (8-33)$$

它用于检验试验模态 $\boldsymbol{\Phi}_i^{(t)}$ 与分析模态质量矩阵 $\boldsymbol{M}^{(a)}$ 的协调性。对于 $i=j$,给出的 $\boldsymbol{M}_{ii}^{(t)}$ 应与试验模态质量相一致,而对于 $i \neq j$,给出的 $\boldsymbol{M}_{ij}^{(t)}$ 应满足如下条件:

$$\boldsymbol{M}_{ij}^{(t)} < \varepsilon_M \qquad (8-34)$$

式中,ε_M 一般应小于 5%。

(2)试验模态的 $\boldsymbol{K}^{(a)}$ 正交性.

$$\boldsymbol{\Phi}_i^{(t)\mathrm{T}} \boldsymbol{K}^{(a)} \boldsymbol{\Phi}_j^{(t)} = \boldsymbol{K}_{ij}^{(t)}$$

它用于检验试验模态 $\boldsymbol{\Phi}_i^{(t)}$ 与分析模态刚度矩阵 $\boldsymbol{K}^{(a)}$ 的协调性,对于 $i \neq j$,给出的 $\boldsymbol{K}_{ij}^{(t)}$ 应满足如下条件:

$$\boldsymbol{K}_{ij}^{(t)} < \varepsilon_K$$

式中,ε_K 一般应小于 5%。

对于 $i=j$ 的情况,为满足特征方程,则应有如下条件:

$$\boldsymbol{K}_{ii}^{(t)} - (2\pi f_i)^2 \boldsymbol{M}_{ii}^{(t)} < \varepsilon_E \qquad (8-35)$$

式中,ε_E 一般应小于 5%。

以上两个正交性条件构成试验模态与物理空间中的分析特性矩阵(质量矩阵与刚度矩阵)的协调性判据,成为模型优化的一种准则。

8.4.3　无人机机体结构模型优化技术

无人机机体动力学模型优化技术是在相关性分析的基础上进行。相关性分析基本上确定了分析模态与试验模态的一一对应关系,但它们之间存在一定的差异,优化技术是为了使这种差异极小化。机体结构的动力学模型是用下列方程描述的:

$$\boldsymbol{M}\ddot{x} + \boldsymbol{C}\dot{x} + \boldsymbol{K}x = 0$$

即用位移空间内的特性矩阵 $\boldsymbol{M}$、$\boldsymbol{C}$、$\boldsymbol{K}$ 描述，机体结构动力学模型优化技术是对特性矩阵的优化，使之最逼近实际情况。具体地说，是以试验模态为基准，通过 $\boldsymbol{M}$ 正交条件来修正质量矩阵，通过 $\boldsymbol{K}$ 正交条件来修正刚度矩阵。

1.用试验模态修正质量矩阵

设分析模态质量矩阵 $\boldsymbol{M}^{(a)}$ 的修正量为 $\Delta\boldsymbol{M}$，要求满足 $\boldsymbol{M}$ 正交条件：

$$\boldsymbol{\Phi}_i^{(t)\mathrm{T}}(\boldsymbol{M}^{(a)}+\Delta\boldsymbol{M})\boldsymbol{\Phi}^{(t)}=\boldsymbol{I}$$

式中，试验模态向量已经规一化，它满足

$$\boldsymbol{\Phi}_i^{(t)\mathrm{T}}\boldsymbol{M}^{(a)}\boldsymbol{\Phi}^{(t)}=\boldsymbol{I}$$

满足上述条件的 $\Delta\boldsymbol{M}$ 有无限多个，必须附加条件。因 $\boldsymbol{M}^{(a)}$ 的组集基本上反映了结构的质量特性，这种修正不希望使质量矩阵有显著的变更，则引入修正量加权极小化条件：

$$\varepsilon=\|\boldsymbol{N}^{-1}\Delta\boldsymbol{M}\,\boldsymbol{N}^{-1}\|$$

式中

$$\boldsymbol{N}=\boldsymbol{M}^{(a)1/2}$$

于是构成了一个约束极小化问题。

用拉格朗日乘子法求解，拉格朗日函数可写为

$$\begin{aligned}\psi^{(M)}&=\varepsilon+\sum_{i=1}^{n}\sum_{j=1}^{n}\lambda_{ij}^{(M)}(\boldsymbol{\Phi}_i^{(t)T}\Delta\boldsymbol{M}\,\boldsymbol{\Phi}_j^{(t)}-\delta_{ij}+M_{ij}^{(t)})\\&=\varepsilon+\Lambda^{(M)}(\varphi^{(t)T}\Delta\boldsymbol{M}(\varphi^{(t)}-\boldsymbol{I}+\boldsymbol{M}^{(t)})\end{aligned}\tag{8-36}$$

极小化条件是

$$\frac{\partial\psi^{(M)}}{\partial\Delta\boldsymbol{M}}=0$$

得

$$\Delta\boldsymbol{M}=\boldsymbol{M}^{(a)}\boldsymbol{\Phi}^{(t)}\Lambda^{(M)\mathrm{T}}\boldsymbol{\Phi}^{(M)\mathrm{T}}\boldsymbol{\Phi}^{(t)\mathrm{T}}\boldsymbol{M}^{(a)}/2$$

为满足正交条件，解得拉格郎日乘子为

$$\Lambda^{(M)}=-2[\boldsymbol{M}^{(t)}]^{-1}(\boldsymbol{I}-\boldsymbol{M}^{(t)})[\boldsymbol{M}^{(t)}]^{-1}$$

最后，得到质量矩阵修改量

$$\Delta\boldsymbol{M}=\boldsymbol{M}^{(a)}\boldsymbol{\Phi}^{(t)}[\boldsymbol{M}^{(t)}]^{-1}(\boldsymbol{I}-\boldsymbol{M}^{(t)})[\boldsymbol{M}^{(t)}]^{-1}[\boldsymbol{\Phi}^{(t)}]^{\mathrm{T}}\boldsymbol{M}^{(a)}\tag{8-37}$$

于是

$$\boldsymbol{M}^{(0p)}=\boldsymbol{M}^{(a)}+\Delta\boldsymbol{M}\tag{8-38}$$

它的主要优点是给出修改量的显式，便于计算。但它的不足之处是失去了物理意义，原先组集质量矩阵时所含有的物理意义消失，使之不能与真实结构相对应，以实现物理上的修改。这种方法的前提是试验模态必须有很高的置信度，是以它为基准，由于试验模态的误差可能导致出现物理概念不正确的质量项。

2.用试验模态修正刚度矩阵

无人机机体结构的动力学基本方程式

$$\boldsymbol{M}\ddot{x}+\boldsymbol{K}x=0$$

引入坐标变换

$$x=\boldsymbol{N}^{-1}\boldsymbol{g}$$

式中
$$N = M^{1/2}$$
则基本方程可改写为
$$\ddot{q} + N^{-1} K N^{-1} q = 0$$
它的特征解是
$$K\Phi = M\Phi\Omega^2$$

式中，Ω 是其固有频率。分析刚度矩阵 $K^{(a)}$ 为满足特征解必须作修正，设其修正的刚度矩阵为 $K^{(0p)}$，则它必须满足特征方程：
$$K^{(0p)} \Phi^{(t)} = M^{(0p)} \Phi^{(t)} [\Omega^{(t)}]^2$$

模态参数全部采用实验值，并且刚度矩阵是对称的，即 $K^{(0p)} = , K^{(0p)T}$，为获取最优解，引入刚度修正极小化条件：
$$d = \| N^{-1} (K^{(0p)} - K^{(a)}) N \| / 2 \tag{8-39}$$

由此构成的约束极小化问题，用拉格朗日乘子法求解。拉格朗日函数为
$$\psi^{(k)} = d + 2\Lambda^{(k)} \cdot (K^{(0p)} \Phi^{(t)} - M^{(0p)} \Phi^{(t)} [\Omega^{(t)}]^2) + \beta^{(k)} \cdot (K^{(0p)} - [K^{(0p)}]^T)$$
$$\tag{8-40}$$

式中
$$A \cdot B = \sum_{i=1}^{n} \sum_{j=1}^{n} \alpha_{ij} b_{ij}$$

极小化条件是
$$\frac{\partial \Psi^{(k)}}{\partial K^{(0p)}} = [M^{(0p)}]^{-1} (K^{(0p)} - K^{(a)}) M^{(0p)} + 2\Lambda^{(k)} [\Phi^{(t)}]^T + 2\beta^{(k)} = 0$$

代入对称条件，消去 $\beta^{(k)}$，得
$$K^{(0p)} = K^{(a)} - M^{(0p)} \Lambda^{(k)} [\Phi^{(t)}]^T M^{(0p)} - M^{(0p)} \Phi^{(t)} [\Lambda^{(k)}]^T M^{(0p)}$$

代入特征方程，消去 $\Lambda^{(k)}$，最后得
$$K^{(0p)} = K^{(a)} - K^{(a)} \Phi^{(t)} [\Phi^{(t)T} M^{(0p)} - M^{(0p)} \Phi^{(t)} [\Phi^{(t)}]^T K^{(a)} +$$
$$M^{(0p)} \Phi^{(t)} [\Omega^{(t)}]^2 [\Phi^{(t)}]^T M^{(0p)} + M^{(0p)} \Phi^{(t)} [\Phi^{(t)}]^T K^{(a)} \Phi^{(t)} [\Phi^{(t)}]^T M^{(0p)}$$
$$\tag{8-41}$$

3. 有限元模型优化技术

为使模型优化技术有明显的物理意义，在分析建模所建立的有限元模型基础上进行模型优化。有限元模型的最大优点在于它直接反映了结构元、部件的力学特性，描述这些力学特性的参数称为设计参数。模型优化是直接修正它的设计参数，便于作出工程判断。

有限元模型误差不像上一节的特性矩阵优化技术那样，修正的是矩阵元素，缺乏工程直观性。有限元模型的误差包括以下两种：

（1）离散化误差。离散化误差产生于网格划分有限元、有限元力学模型等。

（2）设计参数误差。设计参数误差的产生是由于对模型缺乏必要的认识和经验，它的修正将是根本性的，它要求修改有限元模型的拓扑结构。

有限元模型优化技术主要是对设计参数的修正。有限元模型优化技术是基于已有的、合理的有限元模型基础，通过修正设计参数来达到分析模态与试验模态的一致性，为此，构

造如下的目标函数：

$$J = \sum_{i=1}^{mf} W_i (f_i^{(t)} - f_i^{(a)})^2 + \sum_{j=1}^{nv} \alpha_i \| \Phi_i^{(t)} - \Phi_i^{(a)} \| \qquad (8-42)$$

这里有 mf 个相关的频率和 mv 个相关的振型，要求它们之间的偏差极小，而 w_i 和 α_i 分别为它们的权因子。

进行有限元模型优化时，须确定需要修正的设计参数，一般地说，应选取那些在分析建模时把握不大、存在较大误差的设计参数，这只能按照经验确定。另一方面，可以根据灵敏度分析确定，即那些设计参数对频率与振型的变化较敏感的，由于它们的偏差会造成分析建模与试验建模的不一致性，设需修正的设计参数为 $p_r (r=1,2,\cdots,R)$，它们是根据灵敏度分析确定的，即是由 $\Delta f_i / \Delta p_r$ 和 $\Delta \Phi_i / \Delta p_r$ 的较大者中选择确定的。

在选定需修正的设计参数后，根据结构的实际情况，确定它的上下限，以便引入约束条件：

$$p_r^{(1)} \leqslant p_r \leqslant p_r^{(M)} \qquad (r=1,2,\cdots,m) \qquad (8-43)$$

这样就构成了一个约束非线性规划问题，可以采用序列无约束极小化方法（SUMT）求解。

4.无人机机体结构模型优化设计方法

为降低无人机机体的振动水平，可以通过改变机体结构的刚度、质量以及阻尼的办法来实施。其步骤是首先确定目标函数，以按频率要求为例，其目标函数可选取频率的目标值与计算值之差的二次方和，通过使目标函数泛函取极小值，以使计算结果最优地接近目标值。简言之，无人机机体结构动力学特性优化设计问题可归结为一个约束非线性规划问题，它的目标函数可改写为

$$J(p_r) = \sum_{i=1}^{n} \frac{(f_i - f_i)^2}{\bar{f}} \qquad (8-44)$$

式中，$f_i = \omega_i / 2\pi$，它是设计变量 $p_r (r=1,2,\cdots,m)$ 的泛函，设计变量应满足不等式约束或式（8-43），或

$$g_r(p_r) = (p_r - p_r^{(1)})(p_r^{(M)} - p_r) \geqslant 0 \qquad (8-45)$$

这里采用序列无约束极小化方法（SUMT）来求解上述的约束非线性规划问题，它是一种混合罚函数法。首先引入如下的"罚函数"：

$$\sum_{r=1}^{m} \frac{\rho_r}{(p_r - p_r^{(1)})^2 (p_r^{(M)} - p_r)^2}$$

式中，ρ_r 为约束的权因子，一般取 $\rho_r = 1$，将其加入到目标函数内，形成一个新的增广目标函数，可用以下方程式表示：

$$P(p_r^{(k)}, R^{(k)}) = J(p_r^{(k)}) + R^{(k)} \sum_{r=1}^{m} \frac{\rho_r}{(p_r - p_r^{(1)})^2 (p_r^{(M)} - p_r)^2} \qquad (8-46)$$

式中，$R^{(k)}$ 是单调递减的正响应面系数。从而变成一系列无约束极小化问题（$k=0,1,2,\cdots$）。然后从一个满足约束条件的内点 $p_r^{(0)}$ 开始，它可由系统原型结构给出。在求出 $R^{(1)}$ 后，即可由 $P(p_r^{(k)}, R^{(k)})$ 的无约束极小化条件确定 $p_r^{(1)}$，再从 $p_r^{(1)}$ 开始，求出 $R^{(1)}$，由

$P(p_r^{(1)}, R^{(1)})$ 的无约束极小化条件确定 $p_r^{(2)}$，如此循环下去，在极限情况下趋于问题的极小点。

5.无人机机体结构模型优化设计步骤

1)设计参数初值 $p_r^{(0)}$ 的确定

初值 $p_r^{(0)}$ 必须是满足约束条件的一个设计点，即可行域内的一个内点，由于动态特性优化设计在一个原型结构基础上进行修改，设计参数的初值即是原型结构的设计参数。当出现有约束条件被违反的设计点时，必须设法确定一个可行的设计点。

2)响应面系数 R 的选择

当约束条件 $g_r(p_r^{(k)}) \to 0$ 时，罚函数趋于无穷大，构成一种"障碍"的概念。响应系数 $R^{(k)}$ 是单调递减数列，当 $R^{(k)}$ 缩小时，障碍的作用缩小，当 $R \to 0$ 时，则趋近于非线性规划问题。响应系数初值 $R^{(0)}$ 的选择对整个计算是有影响的：选得太大促使 P 的初始极小化进入可行域内部太深，而选得太小又可能使初始解过分接近边界，都将导致过多的计算时间。最实用的选择是

$$R^{(0)} = 1$$

它是单调递减数列，可以应用如下的简单关系式确定：

$$R^{(k)} = R^{(k-1)} / C$$

其中，$C > 1$，是一个常数，可取 $C = 50$。

3)增广目标函数的极小化方法

采用变尺度法中的 Davidon-Fletcher-Powell(DFP)法，得到的搜索方向是

$$S^{(k)} = -\eta_p^{(k)} \cdot \bar{\nabla} P(p_r^{(k)}, R^{(k)}) \tag{8-47}$$

式中，$\bar{\nabla} P(p_r^{(k)}, R^{(k)})$ 是增广目标函数在 $p_r^{(k)}, R^{(k)}$ 处的梯度，$\eta_p^{(k)}$ 代表增广目标函数海赛阵的逆 $\boldsymbol{H}^{-1}(p_r^{(k)}, R^{(k)})$，它为

$$\eta_p^{(k+1)} = \eta_p^{(k)} + \frac{(\Delta p^{(k)})(\Delta p^{(k)})^T}{(\Delta p^{(k)})^T(\Delta g^{(k)})} - \frac{\eta_p^{(k)}(\Delta g^{(k)})(\Delta g^{(k)})^T(\eta_p^{(k)})^T}{(\Delta g^{(k)})^T \eta_p^{(k)}(\Delta g^{(k)})} \tag{8-48}$$

式中

$$\Delta p^{(k)} = p^{(k+1)} - p^{(k)}$$

$$\Delta g^{(k)} = \bar{\nabla} P(p^{(k+1)}, R^{(k+1)}) - \bar{\nabla} P(p^{(k)}, R^{(k)})$$

而其初值 $\eta_p^{(0)} = 1$。

4)一维搜索方法

当搜索方向 $S^{(k)}$ 确定后，设计点 $p^{(k+1)}$ 由下式给出：

$$p^{(k+1)} = p^{(k)} + \lambda^{(k)} S^{(k)} \tag{8-49}$$

这里采用黄金分割法来求极小点 $\lambda^{(k)}$。

5)极小化收敛性判据

极小化收敛性判据按次序包括以下三个指标：

(1)目标函数值。与上次迭代目标函数值的差异小于允许值。

(2)设计点。两次迭代设计点的偏差小于允许值。

(3)梯度。迭代梯度小于允许值。若不满足极小化收敛性判据，则返回第3)步，重复极

小化方法,直至满足此判据。

6)频率优化判据。将增广目标函数极小化给出的设计参数重新作特征分析,解出它的特征值。将由它给出的固有频率与其目标值相比,检验其偏差是否小于允许值。若不满足此要求,则以此设计参数 $p^{(k+1)}$ 和 $R^{(k+1)} = R^{(k)}/C$(这里 $C = 50$),作下一次的新增广目标函数的极小化。

思　考　题

1.无人机机体结构的基本构件类型有哪些?

2.简述无人机机体结构的特点及其动力学研究内容。

3.简述无人机机体结构动力学线性理论和有限元法基本过程。

4.桁架式、梁式和受剪薄板机体结构有限元模型适用于哪些无人机部件?

5.画出杆元素、梁元素和受剪薄板示意图,写出它们的刚度矩阵和质量矩阵。

6.无人机机体结构系统固有振动的主要特性有哪些?

7.简述无人机机体固有振动瑞利商值原理。

8.无人机机体结构建模的基本方法有哪两种? 简述建模过程和模型优化的内容。

9.简述无人机机体模态参数的相关性准则的内容。

10.无人机机体结构模型优化技术有哪些?

11.简述无人机机体结构模型优化设计方法和步骤。

第9章 无人机传动系统结构动力学

以航空燃油发动机或油电混合系统作为动力装置的旋翼无人机,有一个显著的特点,即在其动力装置、传动、旋翼三大动部件中,传动系统起到了非常关键的串联作用。这类旋翼无人机动力装置所提供的动力要传递到旋翼系统,中间需要经过传动系统才能到达旋翼主轴,驱动旋翼旋转。传动系统的作用是将燃油发动机或油电混合系统的功率和转速按一定比例传递到旋翼、尾桨和各附件,因此动力性能在很大程度上取决于传动系统的性能,传动系统性能的好坏将直接影响无人机的飞行性能和可靠性。

9.1 无人机传动系统的功能和特点

现代旋翼无人机,如无人直升机的发动机大多采用涡轮轴发动机,其输出转速较高,有的输出转速可达 27 000 r/min。而旋翼的工作转速则低得多,主要原因是旋翼转速受到桨叶的桨尖速度必须小于声速(340 m/s)的激波和失速的限制,通常大中型无人直升机主旋翼转速大约为 200~300 r/min,小型无人直升机的旋翼转速为 400 r/min 左右。因此从航空燃油发动机的输出轴到旋翼主轴之间需要经过主减速器减速,主减速器的减速比一般比较大,有的无人机传动系统的总传动比达到 73 左右。

9.1.1 无人机传动系统的功能和组成

1. 无人机传动系统的功能

无人机传动系统是用于将发动机的功率传输至主旋翼和尾桨的连接系统,它是无人机重要的动力部件,一般由主减速器、尾减速器、中间减速器、离合器、动力传动轴、尾传动轴,以及各零部件等组成,如图 9-1 所示,其功能主要包括以下几项:

(1)传递动力。将动力从发动机传递到主旋翼、尾桨和其他附件,使无人机能够克服各种阻力,实现期望的飞行动作。

(2)改变转速。将发动机输出转速调整至旋翼/尾桨的设计转速。

(3)改变转向。发动机通常水平安装,传动系统将其旋转方向从发动机的输出轴(纵向)转到旋翼轴(垂向)和尾桨轴(侧向),使旋翼产生垂向拉力,使尾桨产生侧向拉力。

(4)自由旋转。在主减速器输入端和发动机输出端之间,会安装自由轮单元(超越离合器),当旋翼转速大于发动机驱动转速时,旋翼和发动机完全脱开、自由旋转;当发动机出现故障时可以借此自转下滑降落。

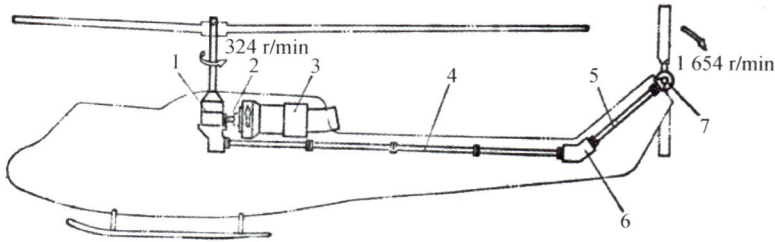

图 9 - 1　单旋翼无人直升机传动系统示意图

1—主减速器；　2—主传动轴；　3—发动机；　4—水平传动轴；

5—斜传动轴；　6—中间减速器；　7—尾减速器

（5）多发解耦。对于多发无人机，自由轮单元可以确保。在只有一台发动机驱动主减速器时，才不会带动另一台发动机的自由涡轮转动。

2.无人机传动系统的组成

无人机传动系统的组成部件如图 9 - 2 所示，可以依据各部分实现的功能，将其划分为以下两类。

（1）实现动力传递的部件。其主要包括动力输出装置、主减速器、尾传动轴、中间减速器、尾减速器等。

（2）辅助性部件。在传动系统中，离合器、自由轮单元、旋翼刹车等部件也起着非常关键的辅助作用。

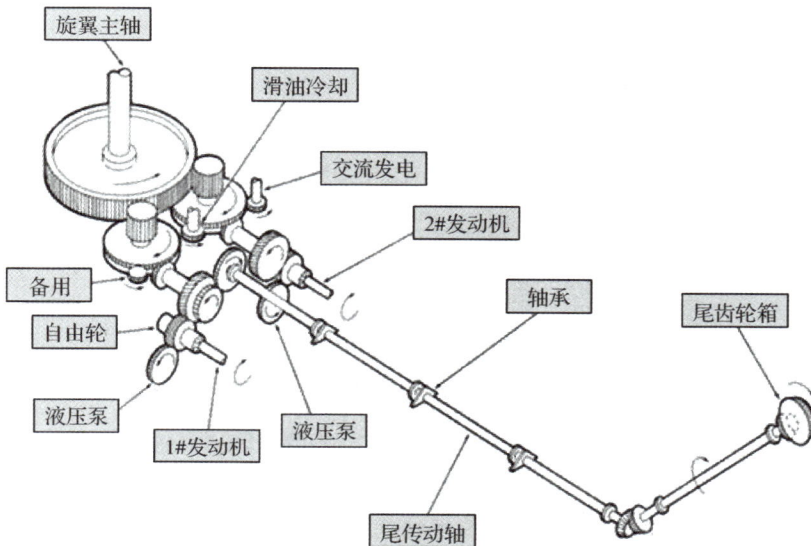

图 9 - 2　单旋翼无人直升机传动系统的组成部件

9.1.2 无人机传动系统的特点和振动问题

1.无人机传动系统的特点

(1)高的功率质量比。无人机的传动系统相对于一般的减速传动系统而言具有更高的功率质量比,例如无人机主减速器一般情况下约占据无人机总质量的 $1/7\sim1/9$。

(2)高减速比、高效率、高可靠性和良好的维护性。无人机使用涡轮轴发动机,其转速很高,但是旋翼桨叶的运转速度由于受激波和失速的限制不会很高,所以减速比就会很大,减速级就会增加,这也是传动系统结构重量相对较大的原因。传动系统为单路承载方式,一旦发生故障将是灾难性的,这就要求传动系统必须具有很高的可靠性和良好的维修性。

(3)载荷复杂,动力学问题突出,寿命要求高。无人机传动系统承受的动载荷高,零部件数目多,系统结构复杂,易发生故障和失效,且故障不易监测,维护性较差,动力学问题十分突出。

(4)润滑系统复杂。由于重量限制和安全要求,润滑系统所有润滑油路均为内置,使主减速器结构极为紧凑。有的具有备份润滑系统,润滑油量也必须适当。为达到干运转要求,机匣内需设置油兜等结构。因此传动系统的润滑比一般比地面减速器更复杂,监测也更困难。

(5)涉及面广、基础性强。无人机传动系统研制涉及机械学、材料与强度、摩擦与润滑、动力学、声学、流体力学、传热学等基础学科,目前,传动系统技术的发展呈现各学科相互渗透的态势,需要各基础学科研究的支持,以提高传动系统研发水平。

2.无人机传动系统的振动问题

传动系统作为无人机的动力传动链,可以视为是由质量盘及联系各质量盘的扭轴所构成的扭振系统,在工作时处于高速旋转状态,其主要受力件在振动条件下工作,承受周期的交变载荷,所以要特别注意其结构的可靠性。

无人机传动系统不仅有"扭转"振动问题,而且还有轴系的横向振动和纵向振动问题,其中最常见的是"扭转"和横向振动两种。当激振力的频率与系统的固有频率接近以至重合(共振)时,系统就会承受过大的交变扭矩,引起无人机强烈振动,甚至造成结构的提前疲劳破坏。为了避免这种灾难性问题的出现,在设计无人机传动系统时,要求在该系统工作转速范围内扭振系统的固有频率与激振频率之间有足够的间距。也就是说,由于传动系统整体结构复杂、工作频率多,在设计时对传动系统进行固有特性的研究至关重要。除此之外,无人机传动系统是在高转速下运转的,所以在设计研制过程中必须注意静、动平衡,以免振动过大。

9.2 无人机传动轴的临界转速

无人机传动系统的转子各微段的质心不可能严格处于回转轴(传动轴)上,因此,当转子转动时,会出现横向干扰,在某些转速下还会引起传动轴的强烈振动。传动轴的转速等于其弯曲振动的固有频率时,传动轴会出现很大的变形及应力,并在其支持结构中引起频率与转速相同的强烈的振动,引起这个现象的激振力是传动轴本身不平衡的离心力,这个转速称为传动轴的临界转速。为保证传动系统正常工作或避免系统因振动而损坏,无人机传动系统的转子工作转速应尽可能避开传动轴的临界转速,若无法避开,则应采取特殊防振措施。

传动轴具有不同阶次的固有频率,相应地就有多个临界转速,从最低阶次算起,分别称为第一临界转速,第二临界转速,等等。如将传动轴设计得使其第一临界转速高于其最大工作转速,则称为亚临界设计;如使传动轴的工作转速范围位于相邻两临界转速之间,则称为超临界设计。无人机传动系统在亚临界设计时,要求最低临界转速的预估值比最大工作转速高 30% 以上。除此之外,对于超临界设计,则必须采取措施(如阻尼器)以保证安全地通过低于工作转速范围的临界转速。

9.2.1　无人机传动轴临界转速的定义和设计方式

1.无人机传动轴临界转速的定义

当无人机传动系统在发动机带动下高速旋转时,由于转轴结构本身总会存在一些微小的质量不平衡(例如转轴的质心轴线偏离转动轴线)和初始弯曲变形,在这些动不平衡因素的作用下就会产生以离心力为表征的周期性干扰力,从而引起传动轴的横向弯曲振动。如果这种强迫振动的频率与传动轴的弯曲固有频率接近或相等,就会出现共振现象,产生共振现象时的传动轴转速就是临界转速。

无人机传动系统的临界转速与其结构零部件材料的弹性特性、传动轴系的形状和尺寸、支撑形式和零部件质量等有关。理论上传动系统有无穷多个临界转速,因为传动轴在运转过程中总会发生振动,其振动固有频率和振型的数值由小到大可分解为一阶、二阶、三阶、……直到 n 阶。转动件的振幅随转速的增大而增大,到某一转速时振幅达到最大值(即发生了共振),超过这一转速后振幅随转速的增大逐渐减少,且稳定在某一范围内,这一传动轴振幅最大的转速就称为传动轴的临界转速,即转子的临界转速等于转子的固有频率。当转速继续增大,接近 2 倍固有频率时振幅又会增大,当转速等于 2 倍固有频率时称为二阶(级)临界转速,依此类推,有三阶、四阶、……、n 阶临界转速。为了避免传动轴在高转速下发生共振,传动系统设计要求传动轴不得与任何一阶临界转速接近,也不得与一阶临界转速的简单倍数和分数接近。

2.无人机传动轴临界转速的设计方式

在多旋翼无人机传动系统的横向弯曲振动设计上,必须在传动轴转速范围内充分地避开任何横向弯曲的频率。一般有亚临界设计、超临界设计和高超临界设计三种方式。

1)亚临界设计

亚临界设计是使传动系统最低阶临界转速高于它的最大工作转速,并留有一定余量。采用亚临界设计的优点是其固有的设计简便性,因为亚临界轴系经检验是可靠的,除了需要进行平衡调整来减小振动外,并无其他动力学问题。其缺点是传动轴系笨重庞大,且不适合在高转速下工作。

2）超临界设计

超临界设计是使传动系统工作转速在一阶和二阶临界转速之间。

3）高超临界设计

高超临界设计是使传动系统工作转速在二阶和三阶临界转速之间。

超临界设计和高超临界设计方案的优点是：可以让传动系统结构更简单、振动更小，从而减轻重量；传动轴质心更趋于接近旋转中心，需要的支撑弹性刚度更小，对于结构振动的敏感性更低等。因此这两种设计方式目前已成为一种趋势。

超临界设计和高超临界设计的缺点是，相比亚临界设计，存在更多的振动问题需要解决，主要包括以下两方面：

（1）附加外部阻尼器。超临界设计和高超临界设计的传动轴系不仅要求有较大的临界转速裕度，而且在运转过程中必须满足苛刻的振动限制条件要求，以保证有足够的疲劳寿命。因此需要首先为传动系统提供外部阻尼器，然后在系统启动阶段很快地通过低阶临界转速。

（2）稳定性条件。超临界和高超临界传动系统内部阻尼会产生不稳定问题。为了消除这种不稳定性，在超临界和高超临界转速下，对于传动轴的第 i 阶横向振动模态，该运动稳定的条件为

$$\frac{\Omega}{\omega_i} = r_i < \frac{\zeta_2}{\zeta_1} = \frac{\zeta_{\text{int}} + \zeta_{\text{ext}}}{\zeta_{\text{int}}} \qquad (9-1)$$

式中，ω_i 为第 i 阶横向弯曲模态的固有频率，ζ_1 为无外部阻尼时传动轴横向弯曲模态的阻尼比，ζ_2 为有外部阻尼时传动轴横向弯曲模态的阻尼比，ζ_{int} 为内阻尼比，ζ_{ext} 为外阻尼比，Ω 为传动轴转速。

9.2.2　无人机传动轴临界转速的计算和有限元分析

1.无人机传动轴临界转速的计算

无人机传动系统临界转速计算的主要内容是传动轴系各阶临界转速和振型的计算，并将临界转速计算数值与传动轴系的常用工作转速进行比较和分析，明确传动轴系各阶临界转速的裕度。一般来说，超临界轴在工作转速范围内的临界转速振型主要表现为一阶弯曲振动。

考虑到传动轴系安装在无人机的机体上，其支承具有弹性，即当传动轴受力时，支承将沿受力方向发生变形。以双简支轴、盘装于中央的情况为例，设两个支承的刚度系数为 K_1，轴的刚度系数为 K，盘的质量为 m，则传动轴的临界转速为

$$\omega_i = \sqrt{\frac{2KK_1}{(K_1 + K)m}} = \sqrt{\frac{K_s}{m}} \qquad (9-2)$$

$$K_s = \frac{2KK_1}{K_1 + K} \qquad (9-3)$$

式中，K_s 为广义总刚度系数。显然，两个支承的刚度系数 K_1 的存在总使 K_s 减小，使传动

轴的临界转速降低。当 K_1 无限增大时 $K_s = K$（刚性支承）。

　　转矩的存在会使传动轴的抗弯刚性降低，因而使临界转速下降。对于一阶临界转速，修正公式为

$$\omega_1 = \omega_{10} - \sqrt{1 - \left(\frac{M}{M_1}\right)^2} \qquad (9-4)$$

式中：ω_{10} 为无转矩轴的临界转速；M 为转矩；M_1 为临界转矩，即在此转矩作用下，传动轴将失稳，挠度将无限增加。

　　对于双支承等截面轴，在全部轴都受转矩作用的情况下，有

$$M_1 = \frac{2\pi}{l} E I_P \qquad (9-5)$$

式中，l 为传动轴跨度。对于细而长的轴，M_1 较小，对临界转速的影响就大些。

　　当传动轴以变转速越过临界转速时，其最大振幅总是滞后出现。一般地，转速加速度越大，滞后越大，响应曲线也越趋于平缓。对无人机传动轴系来说，轴的形状及材料、支承弹性、转矩以及轴加速（或减速）等重要因素会影响传动轴系的临界转速。

　　2.无人机传动轴临界转速的有限元分析

　　无人机传动系统临界转速有限单元法的基本思想是将连续的求解区域离散为一组有限个且按一定方式相互连接在一起的单元的组合体。由于单元能按不同的连接方式进行组合，且单元本身又可以有不同形状，因此可以对复杂的模型进行求解。一个实际连续的转子系统，经离散化后就变成了一个多自由度系统。

　　根据弹性力学有限单元理论，对于一个 N 自由度线性弹性系统，其通用基本动力学运动方程为

$$M\ddot{U} + C\dot{U} + KU = F \qquad (9-6)$$

式中：M、C 和 K 分别表示系统整体的质量矩阵、阻尼矩阵和刚度矩阵；$\ddot{U}$、$\dot{U}$、U 分别表示加速度向量、速度向量和位移响应向量；F 为动激励载荷向量。

　　在转子动力学中，方程式(9-6)要增加陀螺效应和旋转阻尼，其动力学方程如下：

$$M\ddot{U} + (C+G)\dot{U} + (K+B)U = F \qquad (9-7)$$

　　式(9-7)适合用于在一个固定的参考框架中计算转子运动，G、B 分别是陀螺矩阵和旋转阻尼矩阵。其中，陀螺矩阵 G 取决于转速，并且对转子动力学计算做主要贡献，这个矩阵对于转子动力学计算分析是必不可少的。旋转阻尼矩阵 B 也取决于转速，且明显地修改结构刚度，并且能够使结构产生不平稳的运动。

　　转子作为无人机传动系统的核心部件，本身零件数量多，属于大型装配体。这里只考虑影响转子动力学性能的主要因素，对转子系统进行简化，这样有利于降低问题的复杂程度，且可以节省分析的时间，提高分析效率。简化方法是利用转子零件之间的关系，依据质心不变、质量不变等原则对转子本体进行简化，将转轴、叶轮、叶片简化为圆盘、转轴和支承等典型部件。

通常，无人机传动系统转子轴承系统不考虑剪切和扭矩影响，单元能按不同的连接方式进行组合，且单元本身又可以有不同形状，因此可以对复杂的模型进行求解。一个实际连续的转子轴承系统，经离散化就变成了一个多自由度系统。

3.无人机传动轴临界转速有限元求解方法

有限元法求解无人机传动系统临界转速是一种比较精确的方法，可以考虑转子的柔性和形变。通过将转子划分成有限数量的小单元，并考虑材料的弹性特性，可以计算出转子在不同转速下的振动模态和临界转速。有限元方法表达式简洁、规范，在求解转子和周围结构一起组成的复杂机械系统的问题时，有很突出的优点。同时随着计算机技术的发展，很多适合于求解的商业仿真软件应运而生，其后处理可以便捷地获取某些难以用理论分析方法或实验观察获得的现象。

有限元分析的流程总体可以分成三个步骤：

(1)前处理：几何清理、网格划分及材料属性施加。

(2)求解：构建连接关系及边界条件定义。

(3)后处理：查看结果云图及数据曲线。

实际上，目前主流前处理软件前两步都是可以实现的。设定好仿真环境之后，只需要导入求解器进行计算就可以了，确实比较方便。

9.3　无人机传动系统扭转振动计算数据的转化

无人机传动系统的振动，除了常见的转子横向振动和轴向振动两种形式外，还有绕轴线的扭转振动，简称扭振。扭振是旋转机械中普遍存在的一种特殊形式的机械振动。产生扭振的原因是旋转机械的主动力矩与负载反力矩之间失去平衡，导致合成扭矩方向来回变化。扭振固有频率主要与系统转动惯量和扭转刚度有关。扭振会引起材料内部的切向交变扭应力，其破坏性极大，轻者增加轴系的疲劳损伤，降低使用寿命，严重时会导致轴系断裂或激起结构共振。

9.3.1　当量系统的基本概念

无人机传动系统的实际结构是比较复杂的，完全按照实际结构进行扭转振动计算既不方便，也无必要。因此计算时可以理想化地假定这些系统由只有转动惯量而无弹性变形的刚体"质量"和只有弹性而无转动惯量的弹性"轴段"所组成，但任何实际系统的"质量"不是集中于一点，轴段也不是没有质量的，并且许多"质量"也具有较大的弹性。为了计算方便，采用了理想化的假设，在实用上有一定的近似性。

1.轴段的刚度表示法

为了简化问题又不影响实际工作系统的实质，在进行无人机传动系统扭转振动分析计算的过程中，将应用当量刚度和当量转动惯量的概念。

（1）当量刚度。当量刚度就是对系统进行当量转化后,轴段的弹性变形位能与转化前原轴段的弹性变形位能一样,即把转化后的轴段刚度称为当量刚度。

（2）当量转动惯量。当量转动惯量就是对系统进行转化后,刚体旋转时所具有的动能与转化前刚体旋转所具有的动能一样,即把转化后的刚体的转动惯量称为当量转动惯量。

在一长度为 L、截面积惯性矩为 J_P、材料剪切模量为 G 的轴段的两端施以扭矩 M_K,则此轴段被扭转的角度为 $\Delta\varphi$,它们的关系为

$$\Delta\varphi = \frac{M_K}{K} \tag{9-8}$$

$$K = \frac{GJ_P}{L} \tag{9-9}$$

式中,刚度 K 代表轴段被扭转单位角度（弧度）时所需的扭矩,单位为 N·m/rad。刚度是表征轴段的物理性能的非向量参数。

2.轴在串联工作时的总刚度表示法

轴在串联工作时,在轴的两端作用以扭矩 M_K,则各轴段间的内部弹性力矩均为 M_K,串联轴的载荷与变形如图 9-3 所示。

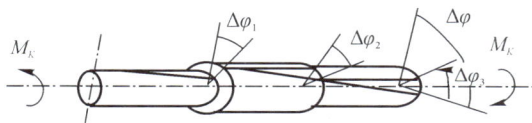

图 9-3　串联轴的载荷与变形

这时整根轴的总变形为

$$\Delta\varphi = \sum_{i=1}^{n} \Delta\varphi_i = M_K \cdot \sum_{i=1}^{n} \frac{1}{K_i} \tag{9-10}$$

式中,K_i 表示各轴段的刚度。比较式（9-8）和式（9-10）,得出

$$\frac{1}{K} = \sum_{i=1}^{n} \frac{1}{K_i} \tag{9-11}$$

这表明,一个轴段在串联工作时,其总刚度的倒数为各个分轴段刚度倒数之和。

3.锥形轴的刚度表示法

1）实心锥形轴

实心锥形轴的几何图如图 9-4 所示。将锥形轴当作无穷多个长度为 $\mathrm{d}x$、直径逐渐由 d_1 增大到 d_2 的圆柱形轴段串联而成,应用串联轴段的刚度计算概念,可将 $\mathrm{d}x$ 轴段的刚度 $\mathrm{d}Kx$ 积分进而得锥形轴的刚度。对于钢材料,有

$$\frac{1}{K} = 1.26 \times 10^{-5} \frac{l}{d_1^4} \left[\left(\frac{d_1}{d_2} \right)^2 + \frac{d_1}{d_2} + 1 \right] \frac{d_1}{d_2} = 1.26 \times 10^{-5} \frac{l}{d_1^4} \xi \tag{9-12}$$

式中,$\xi = \left[\left(\frac{d_1}{d_2} \right)^2 + \frac{d_1}{d_2} + 1 \right] \frac{d_1}{d_2}$。

为了便于计算,将 ξ 的数值根据不同的 $\dfrac{d_1}{d_2}$ 作成曲线(见图 9-4),便于求得锥形轴刚度。

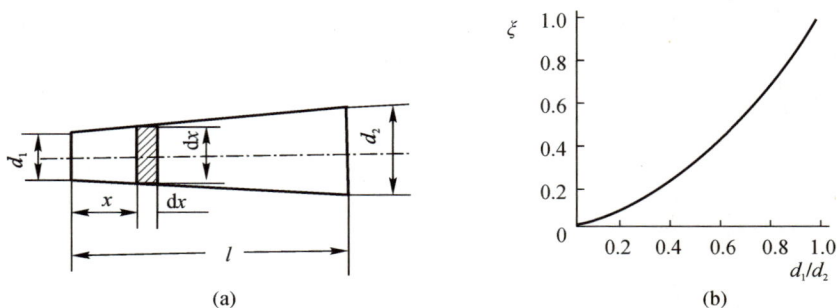

图 9-4 实心锥形轴几何图和系数 ξ 查询曲线

2)圆柱孔锥形轴

对于圆柱孔锥形轴轴段的扭转刚度,同样可以按照上述方法推导得到,即

$$\frac{1}{K} = \frac{1}{G} \frac{\left[f(a_1) - f(a_2) \right]}{d_0^4 (a_2 - a_1)} \qquad (9-13)$$

式中,d_0 为圆柱孔直径。

$$a_1 = \frac{d_1}{d_0}$$

$$a_2 = \frac{d_2}{d_0}$$

当 $x = a_1$ 和 $x = a_2$ 时,函数 $f(a_1)$ 和 $f(a_2)$ 按曲线图 9-5 决定。

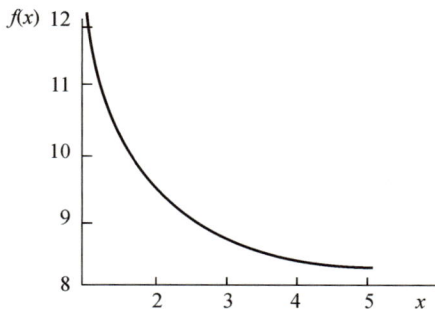

图 9-5 圆柱孔锥形轴函数 $f(x)$

4.弹性联轴节的刚度表示法

在无人机传动系统中会遇到用橡皮圈组成的弹性联轴节连接形式,这种连接经常放在发动机出轴到主减速器进轴之间,借以防止冲击,达到减振和改变整个系统固有特性的效果。

一般地,对弹性联轴节的弹性多用所传递的扭矩 M_K 及扭转弹性变形 φ 之间的关系曲线(见图 9-6)表示,即 $M_K = f(\varphi)$ 来表示。

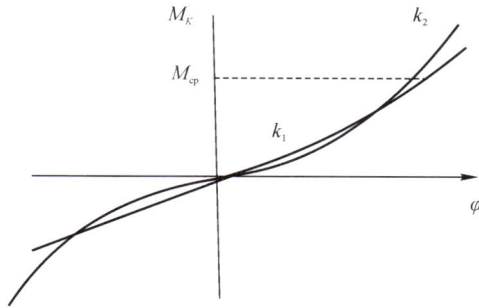

图 9 - 6　弹性联轴节刚度曲线

大多数的弹性联轴节呈非线性,作为近似,可以把这条曲线分成两部分,斜率较低的为刚度 K_1,斜率较高的为刚度 K_2。实际计算时,要将工作系统弹性联轴节所传递的平均扭矩 M_{cp} 所对应的那根曲线的直线段的刚度作为计算用的刚度,则振动系统就成为线性的,可大大简化计算工作量。

在无人机传动系统设计阶段,可以根据每个减振橡皮圈(见图 9 - 7)的尺寸和材料,按下列公式估算径向(Y 方向)的刚度 K_Y:

$$K_Y = \frac{4\pi lG(r_0^2 + r_H^2)}{(r_0^2 + r_H^2)\ln\dfrac{r_H}{r_0} - (r_H^2 - r_0^2)} \tag{9-14}$$

式中,G 为橡皮圈的剪切模量。一般来说,弹性联轴节是由几个橡皮圈按半径为 R 沿圆周均匀排列来传递扭矩的,则总的弹性联轴节的扭转刚度为

$$K = nR^2 K_Y \tag{9-15}$$

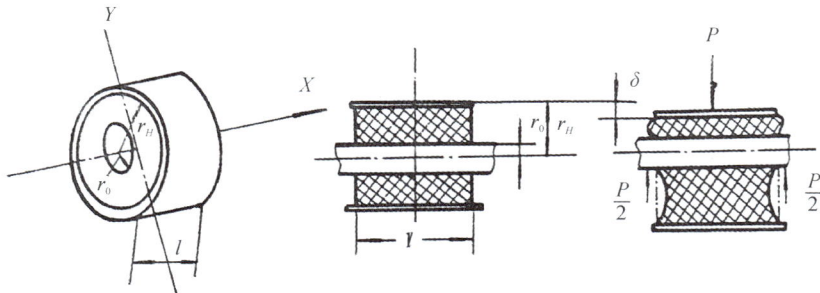

图 9 - 7　弹性联轴节减振橡皮圈

9.3.2　传动减速系统的当量转化

无人机传统系统上大多采用减速器,从而构成一个减速的动力传动系统。一般为了便于计算分析,常将传动减速系统简化成以某一转速为基准的不减速的当量系统,当量系统的基准转速是可以任意选择的,一般取为与发动机的转速相同。

为了把传动减速系统转化为当量系统,必须把传动减速系统的刚度和转动惯量转化为

当量系统的当量刚度和当量转动惯量,同时又不改变传动减速振动系统的振动特性。转化方式还是按照能量守恒的观点来进行。

1.一对齿轮啮合的减速系统当量转化

一对齿轮啮合的减速系统的当量化示意图如图9-8所示,图中 I_a 和 I_b 分别连接在扭转刚度为 K_a、K_b 的 a、b 轴上,其间用一对齿轮啮合,齿轮的转动惯量分别为 I_d 和 I_c,两根轴的旋转角速度分别为 n_a 和n_b,选 a 轴作为基准轴,把 I_b、I_d 和 b 轴换算到 a 轴上,

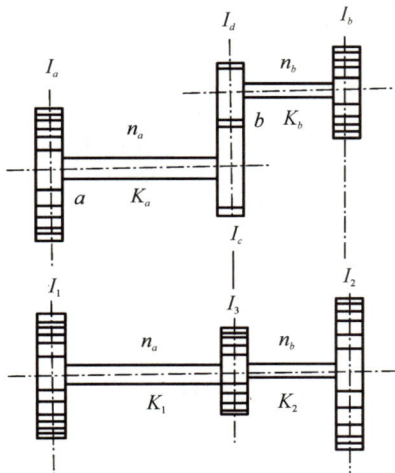

图 9-8　一对齿轮啮合的减速系统的当量化

先来说明换算轴 b 和基准轴 a 之间各有关物理量的换算关系:

$$I_1 = I_a$$

$$I_0 = I_c + I_d \left(\frac{n_b}{n_a}\right)^2 = I_c + I_d i^2$$

式中,i 为减速比。

$$I_2 = I_b + I_d \left(\frac{n_b}{n_a}\right)^2 = I_b i^2$$

$$K_1 = K_a$$

$$K_2 = K_b \left(\frac{n_b}{n_a}\right)^2 = K_b i^2$$

在当量系统里,转速都是 n_a。

上述各式说明,减速比为 i 的减速系统转化为当量系统时,当量扭转刚度为实际数值乘以减速比的二次方,当量转动惯量为实际值乘以减速比的二次方。

2.游星减速系统的当量转化

目前,在无人机上较多地使用游星减速器,有一级游星齿轮减速、二级游星齿轮减速等,这种减速系统的当量转化与上述一样。这里再着重补充游星减速器本身的当量转动惯量的转化。根据上述推导结论,在图9-9的当量系统中,各个当量参数为

$$I_1 = I_a$$

$$I_2 = I_c + I_d \left(\frac{n_b}{n_a}\right)^2 = I_b \, i^2$$

$$K_1 = K_a$$

$$K_2 = K_b \left(\frac{n_b}{n_a}\right)^2 = K_b \, i^2$$

不同的是,在上述齿轮啮合时,一对啮合齿轮的当量转动惯量为

$$I_0 = I_c + I_d \left(\frac{n_b}{n_a}\right)^2 = I_c + I_d \, i^2$$

而游星减速齿轮的当量转动惯量为

$$I_0 = I_e + n \, I_c \, i_c^2 = I_c + I_d \, i^2$$

式中:I_e 为主动齿轮相对减速器进轴轴线的转动惯量;I_c 为游星齿轮绕自身轴线的转动惯量;n 为游星齿轮数量;I_d 为游星齿轮及游星齿轮壳体一起绕减速器出轴轴线的转动惯量;i_c 为主动齿轮对游星齿轮的减速比。

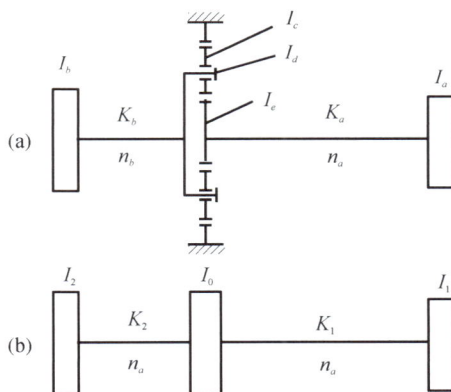

图 9 - 9　游星减速系统的当置化

9.4　无人机传动系统扭转振动固有特性的计算

旋翼是无人机传动系统扭转振动分析中必须考虑的一个重要环节,把旋翼作为刚体绕垂直铰的振动模态(基阶模态)参与扭转振动分析是最基本的分析方法,在分析过程中首先要考虑其基阶模态时的传动系统扭转固有特性。为了能比较清晰地说明分析方法和计算过程,这里以航空活塞发动机的动力装置形式与数据作为案例。分析结果表明,这种分析方法同样适用于采用航空涡轮轴发动机的情况。

9.4.1　计算模型的基本参数

现以一架轻型单旋翼带尾桨无人直升机的传动系统作为案例。在当量转化中,不考虑系统的阻尼,不考虑旋翼弹性变形(桨叶作为一个刚体绕垂直铰转动)和尾桨弹性变形,旋翼各片桨叶的摆振运动同相、同幅,所有转动惯量及轴段刚度均按减速比折算至发动机出轴的

转速。

1.轻型无人直升机传动系统的计算模型

图 9-10 所示的计算模型是按单旋翼带尾桨轻型无人直升机原理图进行当量化处理的结果。在当量转化中,也不考虑系统的阻尼,不考虑旋翼三片桨叶的弹性变形。

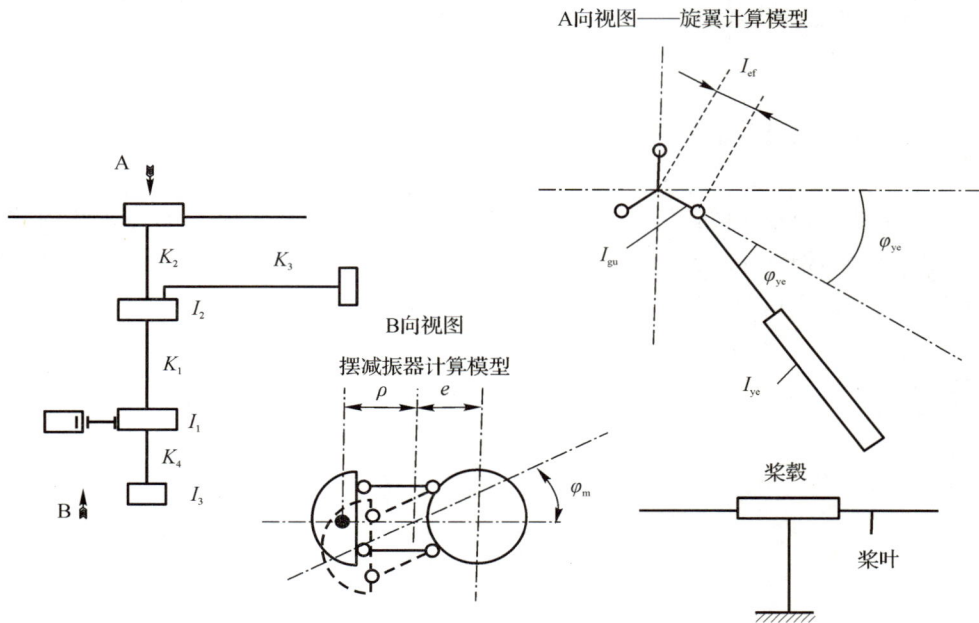

图 9-10 轻型无人直升机传动系统计算模型

图 9-10 中计算模型及计算要用的符号说明:I_1 为发动机转动部分的转动惯量(风扇等);I_2 为主减速器的转动惯量;I_z 为离心增压部分的转动惯量;I_{gu} 为桨毂(垂直铰以内部分)的转动惯量;I_{ye} 为一片桨叶(包括垂直铰以外的桨毂部分)绕垂直铰轴线的转动惯量;S 为一片桨叶(包括垂直铰以外的桨毂部分)绕垂直铰轴线的静矩;I_{ye0} 为一片桨叶(包括垂直铰以外的桨毂部分)绕旋翼轴线的转动惯量;I_{cj} 为垂直铰外移量(垂直铰轴线与旋翼轴线的距离);M_{ye} 为一片桨叶(包括垂直铰以外的桨毂部分)的质量;M 为摆减振器质量;I_m 为摆减振器绕重心的转动惯量;ρ 为摆减振器相对于曲轴的几何转动半径;e 为摆减振器转动中心与曲轴旋转轴线的距离;I_{wj} 为尾桨转动惯量;K_1 为发动机至主减速器(主轴)的扭转刚度;K_2 为主减速器至旋翼(旋翼轴)的扭转刚度;K_3 为主减速器至尾桨(尾轴)的扭转刚度;K_z 为离心增压器传动轴的扭转刚度;Ω 为旋翼转动角速度;ω 为发动机曲轴转动角速度;i 为发动机至旋翼的减速比,$i = \Omega/\omega$。

2.计算模型的等效转动惯量

从振动系统的特点来看,图 9-10 所示的计算模型是一个具有六个自由度的扭转振动系统问题,为了使问题便于计算,需要做些等效转化。

所谓桨叶等效转动惯量,就是把桨叶的质量加到桨毂上去,它对整个振动系统的影响与原来没有加上去时的振动系统一样,也就是不改变原振动系统的频率和振幅。为此,把原来系统的旋翼轴下端固定,推导出符合这样一个扭振系统的运动方程,进而得出桨叶的等效转动惯量,具体做法如下。

旋翼(三片桨叶)的动能为

$$T_{ye} = \frac{3}{2} \left[I_{ye0} \dot{\varphi}_{gm}^2 + I_{ye} \dot{\varphi}_{ye}^2 + 2(l_{cj}S + I_{ye}) \dot{\varphi}_{gm} \dot{\varphi}_{ye} \right]$$

桨毂的动能为

$$T_{gm} = \frac{1}{2} I_{gm} \cdot \dot{\varphi}_{gm}^2$$

三片桨叶的位能为

$$V_{ye} = \frac{3}{2} l_{cj} S \Omega^2 \varphi_{ye}^2$$

旋翼轴的弹性变形位能为

$$\frac{1}{2} K_2 \dot{\varphi}_{gm}^2$$

根据拉格朗日方程

$$\frac{d}{dt} \left(\frac{\partial T}{\partial \dot{\varphi}_i} \right) - \frac{\partial T}{\partial \varphi_i} + \frac{\partial V}{\partial \varphi_i} = 0$$

则在旋翼系统中桨叶的运动方程为

$$3 I_{ye} \ddot{\varphi}_{ye} + 3(l_{cj}S + I_{ye}) \ddot{\varphi}_{gm} + 3 l_{cj} S \Omega^2 \varphi_{ye} = 0 \tag{9-16}$$

桨毂的运动微分方程为

$$I_{gm} \ddot{\varphi}_{gm} + 3 I_{ye0} \ddot{\varphi}_{gm} + 3(l_{cj}S + I_{ye}) \ddot{\varphi}_{ye} + K_2 \varphi_{gm} = 0 \tag{9-17}$$

令

$$\varphi_{gm} = \theta_{gM} e^{iPt}$$

$$\varphi_{ye} = \theta_{ye} e^{iPt}$$

代入上式并整理得到

$$-3(l_{cj}S + I_{ye}) P^2 \theta_{gm} + 3(l_{cj} S \Omega^2 - I_{ye} P^2) \theta_{ye} = 0 \tag{9-18}$$

由式(9-18)得到

$$\frac{\theta_{ye}}{\theta_{gm}} = \frac{(l_{cj}S + I_{ye}) P^2}{l_{cj} S \Omega^2 - I_{ye} P^2} = \frac{\varphi_{ye}}{\varphi_{gm}} \tag{9-19}$$

因此得到

$$\ddot{\varphi}_{ye} = \frac{(l_{cj}S + I_{ye}) P^2}{l_{cj} S \Omega^2 - I_{ye} P^2} \ddot{\varphi}_{gm} \tag{9-20}$$

将式(9-20)代入式(9-16),可写成

$$I_3 \ddot{\varphi}_{gm} + K_2 \varphi_{gm} = 0$$

式中

$$I_3 = I_{gm} + 3 I_{ye0} + \frac{3(l_{cj}S + I_{ye})^2}{l_{cj}S - I_{ye}(\frac{P}{\Omega})^2} \tag{9-21}$$

这样,式(9-21)可以把旋翼系统的运动看成是桨叶等效到桨毂后的质量在旋翼轴上的

自由扭转振动，I_3 就是桨叶等效到桨毂后的桨毂有效转动惯量。

式（9-21）还可进一步简化，有

$$I_{ye0} = \int_0^R (l_{cj}+r)^2 dM_{ye} = M_{ye}l_{cj}^2 + I_{ye} + 2l_{cj}S \tag{9-22}$$

式（9-22）代入式（9-21），经整理，得到桨叶等效到桨毂后的桨毂转动惯量

$$I_3 = I_{gm} + 3M_{ye}l_{cj}^2 - 3\frac{I_{ye} + l_{cj}S\left[\left(\frac{p}{\Omega}\right)^2 + 2\right]}{\frac{I_{ye}}{l_{cj}}\left(\frac{P}{\Omega}\right)^2 - 1} \tag{9-23}$$

式（9-23）中，第一项为原桨毂转动惯量，第二、三项就是桨叶的等效转动惯量。

9.4.2 无人机传动系统扭转固有特性的计算方法

1.摆动力吸振器的等效转动惯量

摆动力吸振器（见图9-11）的等效转动惯量可以仿照桨叶等效转动惯量的求法求得。所不同的是，当摆动力吸振器相对于曲轴运动时，其重心以半径 ρ 绕 O 点作圆周运动，而摆动力吸振器本身相对于曲轴并不转动，只是作平行移动（因为此摆动力吸振器为双悬式）。

摆振动力吸振器的等效转动惯量为

$$I_{1d} = I_1 + I_m + \frac{m(e+\rho)^2}{1 - \frac{\rho}{e}\left(\frac{P}{\omega}\right)^2} \tag{9-24}$$

式中，I_{1d} 表示摆动力吸振器质量等效到曲轴后，发动机的转动惯量。式（9-24）的第一项为原发动机曲轴的等效转动惯量，第二、第三项就是摆动力吸振器的等效转动惯量。

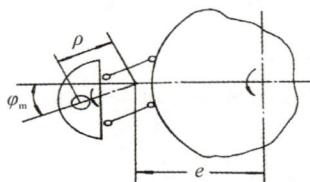

图 9-11 摆动力吸振器示意图

2.传动系统扭转固有特性的计算方法

引入了旋翼和摆动力吸振器的等效转动惯量以后，便可以画出无人机传动系统简化的计算模型图，如图9-12所示。下面将通过具体的算例来进一步说明该计算模型的求解方法。

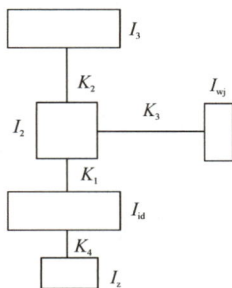

图 9-12 传动系统简化的计算模型图

图9-12的无人直升机传动系统简化模型可以归结为只有一个公共点的分支系统传动系统，如图9-13所示。该类型传动系统的固有振动特性计算问题，其一般方法为

$$f_n^2 = \frac{K_n}{I_n}$$

式中：$I_1, I_2, \cdots, I_n$ 为分支系统的当量转动惯量。I_0 为在公共点上的当量转动惯量，即减速器齿轮箱的当量转动惯量。$K_1, K_2, \cdots, K_n$ 为分支系统各轴段的扭转刚度。$f_1, f_2, \cdots, f_n$ 为每个分支相当于固结在公共点的自振频率。令整个分支系统的自由扭转频率为 P。$\theta_0, \theta_1, \theta_2, \cdots, \theta_n$ 为各质量 $I_0, I_1, I_2, \cdots, I_n$ 的扭转振幅。$T_1, T_2, \cdots, T_n$ 为各质量自由扭振时作用在公共点上的扭矩。T_0 为质量 I_0 自由扭振时在公共点的扭矩。

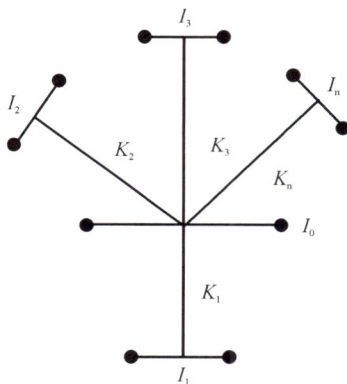

图 9 - 13　传动系统公共点的分支结构模型图

对于第 n 个分支，有

$$T_n = K_n (\theta_0 - \theta_n) = -I_n P^2 \theta_n$$

则有

$$\frac{\theta_n}{\theta_0} = \frac{f_n^2}{f_n^2 - P^2} \tag{9-25}$$

同理

$$T_0 = -I_0 P^2 \theta_0 \tag{9-26}$$

当在外界没有激振扭矩的作用下作自由扭转振动时，整个分支系统的惯性力矩之和应该为 0，即

$$\sum T = T_0 + T_1 + T_2 + \cdots = 0 \tag{9-27}$$

由此进行进一步推导，可得

$$P^2 \theta_0 \left(I_0 + \frac{I_1 f_1^2}{f_1^2 - P^2} + \frac{I_2 f_2^2}{f_2^2 - P^2} + \cdots + \frac{I_n f_n^2}{f_n^2 - P^2} \right) = 0 \tag{9-28}$$

一般情况下，在公共点的扭角不等于 0，即 $\theta_0 \neq 0$，方程式（9 - 28）必定有一根是 $p^2 = 0$，也就是一个自由扭振系统（系统不受约束）总是存在着一个零根，说明或是系统处于静止或是做均速转动。

$$\frac{f_{01}^2}{P^2 - f_1^2} + \frac{f_{02}^2}{P^2 - f_2^2} + \cdots + \frac{f_{0n}^2}{P^2 - f_n^2} = 1 \tag{9-29}$$

方程式（9 - 29）是求解只有一个公共点分支系统的基本公式。

由已求得的频率即可得到对应于某个 P_i 频率下分支系统的振型,在计算振型时可取某一分支的扭幅为1,例如取第一分支处 $\theta_1=1$,则根据式(9-25)有

$$\theta_0 = 1 - \frac{P_i^2}{f_1^2}$$

$$\theta_n = \frac{\theta_0}{1 - \dfrac{P_i^2}{f_n^2}} \qquad\qquad (9-30)$$

以上求得的还是当量系统的分支系统的振型,对于实际系统的振型还要根据各个环节的减速比还原到原系统的振型。

图 9-14 为无人机传动系统扭转共振图。

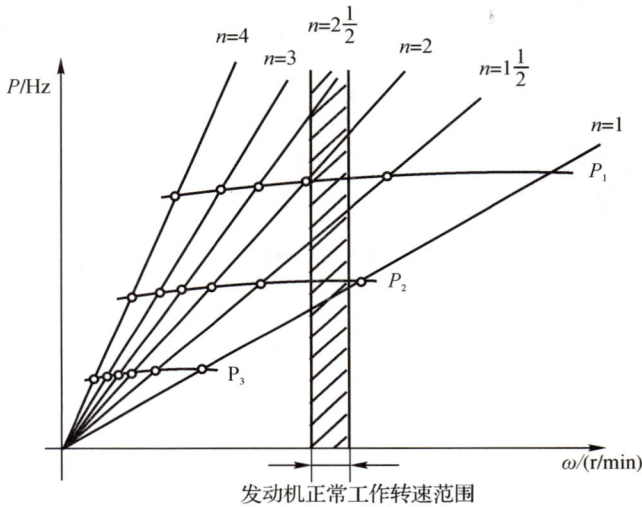

图 9-14   各阶激振力作用下的无人机传动系统扭转共振图

思 考 题

1.无人机传动系统的主要功能有哪些?其组成部件主要有哪些?

2.简述无人机传动系统的特点和振动问题。

3.什么是无人机传动轴的临界转速?其设计方式有哪几种?

4.怎样计算无人机传动轴的临界转速?

5.简述无人机传动轴临界转速的有限元求解方法。

6.什么是传动系统的当量刚度和当量转动惯量?

7.简述传动轴在串联工作时的总刚度表示法的内容。

8.简述一对齿轮啮合的减速系统当量转化的内容。

9.简述游星减速系统的当量转化的内容。

10.什么是计算模型的等效转动惯量?

11.举例说明无人机传动系统扭转固有特性计算方法的具体内容。

第 10 章 旋翼无人机结构减振技术

旋翼无人机在飞行过程中,其结构处于复杂的气动力流场及部件相互作用的力场里,振动激励源多,激励源的激励频率各不相同,且激励频率跨度较大,从而构成了典型的旋翼无人机特有的振动系统和气动弹性系统,成为旋翼无人机产生一系列振动问题最主要的根源。

与固定翼无人机相比较,旋翼无人机在飞行过程中出现的振动问题更为复杂,其振动水平(强度)要比固定翼无人机高很多,这主要与旋翼无人机自身的工作原理以及飞行方式密不可分。旋翼无人机的旋转部件很多,包括旋翼、尾桨、发动机和传动系统等,这些部件在运转时都会产生交变载荷,成为旋翼无人机振动来源。这些振动以周期性振动为主,激振频率成分多。如何降低旋翼无人机振动水平,一直是工程技术人员最为关注的事情。本章主要介绍和讨论旋翼无人机结构减振技术问题。

10.1 旋翼无人机振动类型和振源分析

旋翼无人机在飞行过程中引起振动的因素多种多样。有自身原因产生的振动,如动力装置(发动机)工作时引起的振动、旋翼桨叶旋转时切割空气引起的振动等,这些振动通常都属于正常的振动。除此之外,还有旋翼无人机部件机械故障导致的非正常振动,如动力装置齿轮、轴承或传动系统其他部件的损坏、传动轴变形引起的振动等。不论是正常振动还是非正常振动,都是有害的,它们都会对机体结构产生作用甚至损坏,缩短部件的使用寿命,影响旋翼无人机的飞行安全,其中非正常振动的危害性更大。因而在旋翼无人机的设计制造过程中,需要对其飞行过程中可能出现的振源和振动状态进行严格的控制,采取有效措施减小振动强度,以及对各种机械故障进行提前预警,以避免飞行事故的发生。

10.1.1 旋翼无人机的振动类型和减振措施

1.旋翼无人机振动的类型

旋翼无人机转动部件的振动频率一般与部件的转动速度有关,由于机上部件的转动速度各不相同,因此振动频率是识别振动来源的一个主要指标,一般分为以下三类。

1)低频振动

低频振动分为垂直振动和横向振动两类,如图 10-1 所示。低频振动主要来自于旋翼系统,最常见的振动原因是桨叶锥体偏差。

(1)垂直振动。由于旋翼桨叶产生的升力不相等,即由旋翼锥体超标而引起,与飞行速度有直接关系,飞行速度越大,振动越大。

(2)横向振动。横向振动由旋翼系统平衡超标而引起,与旋翼转速有直接关系。

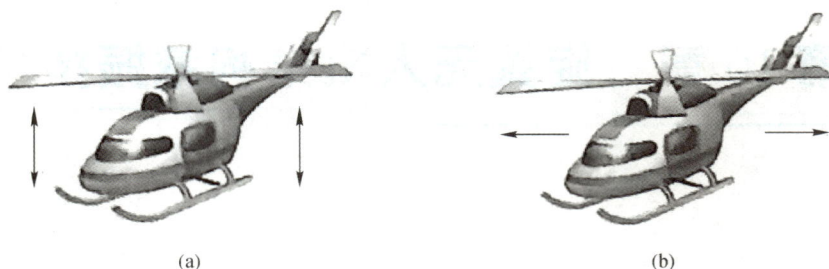

图 10-1 旋翼无人机的低频振动形式

(a)垂直振动; (b)横向振动

2)中频振动

中频振动一般发生在单旋翼带尾桨无人直升机上。中频振动常见的诱因是:尾桨组件不平衡、尾减速器传动轴同轴度过分偏离设计值、水平安定面连接点松动或磨损、减速箱齿轮磨损、尾斜梁连接螺栓松动等。

3)高频振动

高频振动主要来自于发动机和高速传动轴。有一些传动部件的转速与发动机相同,例如离合器、飞轮机构以及连接发动机与主减速箱的输入轴,所以在进行高频振动分析时,这些部件也应被考虑为潜在的诱因。

2.抑制旋翼无人机振动的措施

固定翼无人机一般都是按飞行性能要求进行设计的,很少进行振动方面的分析和计算,而旋翼无人机则不一样,振动设计是其结构设计的一个重要组成部分。为了满足旋翼无人机空中悬停、贴地飞行、高机动性和敏捷性的特殊要求,必须控制和降低它的振动水平。

旋翼无人机振动控制通常包括两方面的内容:一是对有害振动的抑制;二是对有利振动的利用。按是否需要能源,振动控制可分为无源控制与有源控制两种,其中前者又被称为被动控制,后者又被称为主动控制。主动控制通常包括两类控制,即开环控制与闭环控制。常用的振动控制策略如图 10-2 所示。

以旋翼无人机机体为受控对象,振动控制可以从振源、传递路径和受控对象三方面入手,降低振源的激振载荷。由于旋翼是旋翼无人机的主要振动来源,振动控制可从旋翼着手,即降低旋翼传递给机体的振动载荷可根据不同的需要采用不同的方法。

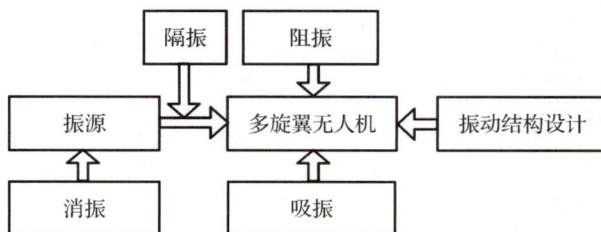

图 10-2 旋翼无人机振动控制策略图

抑制旋翼无人机振动通常采用以下几项措施。

(1)消振措施。消振就是尽可能消除或减弱振源的激励力或力钜,进而减小由它引起的振动系统的响应。这是一种治本方法。

(2)吸振措施。吸振(动力吸振)是在受控对象上附加一个子系统(动力吸振器),产生吸振力以减小振源激励对受控对象的影响。这种振动状态的改变是通过主系统附加上子系统后,使振动能量重新分配实现的,即使振动能量从主系统转移到附加的子系统上。

(3)隔振措施。隔振就是在振动的传递途径中,采用附加子系统(隔振器)将振源与需减振的结构或系统隔开,以减小结构或系统的振动。其中包括两类:第一类隔振,即隔力,减小振源的激励力(或力矩)向基础的力(或力矩)传递。第二类隔振,即隔幅,减小作为振源基础的运动向连于基础上的结构或系统的运动传递。

(4)阻振措施。阻振(阻尼减振)就是在受控对象上附加阻尼器或阻尼元件,通过消耗能量使响应减小,达到控制振动水平的目的。阻尼能有效地降低系统或结构在共振频率附近的响应和宽带随机激励下响应的均方根值。有以下两类提供阻尼的方式:

① 非材料阻尼:有各种阻尼器,如电磁阻尼器、液压阻尼器、Lanchester 阻尼器、Houdaille 阻尼器等,属离散式,作用在结构或系统某些点上。

② 材料阻尼:如黏弹性材料、复合材料等,属分布式,作用在结构或系统某些面上。这些材料在变形时能造成较大的能量内耗。常用的有粘贴在结构上的自由阻尼层和约束阻尼层两种,前者利用拉伸变形消耗能量,后者利用剪切变形消耗能量。

(5)振动设计与修改。振动结构修改就是指通过修改受控对象的动力学特性参数使其振动水平满足预定的要求,不需要附加任何子系统。振动设计主要有以下两类准则:

①满足特征结构(特征值和特征向量)要求,如旋翼设计中,要求桨叶某几阶固有频率(特征值)避开某几阶气动激振动频率。

②满足响应要求,通常转化为求设计变量使由响应构成的目标函数达到极小的优化问题,其关键是找出结构或系统中对性能指标影响最大的区域,目前采用的方法有受迫振动响应应变能法、设计灵敏度法等。

(6)部件平衡。所有旋转部件都要进行部件平衡,包括静平衡和动平衡,以尽可能使旋转系统振动最小。

(7)旋翼旋转锥体调整。尽量使所有旋翼桨叶片翼尖轨迹在转动中处于同一平面上,实现质量分布均匀,达到平稳飞行和振动最小的目的。

10.1.2　旋翼无人机振源分析

1.旋翼无人机振源分析的目的

旋翼无人机振源分析的目的是了解和明确旋翼无人机飞行过程中主要有哪些振源,并对其激振力特性做出定性及定量的分析。在旋翼无人机研制过程中,振源分析是振动控制全过程的第一步和出发点,是以下工作的基础:

(1)分析计算旋翼无人机的振动水平。

（2）判断旋翼无人机研制过程和使用过程中出现异常振动现象的原因。

（3）提出控制旋翼无人机振动水平的主要技术措施。

2．旋翼无人机振源的类型

旋翼无人机在空中飞行时通常会伴随着较大的振动和噪声,除了源自发动机外,还源自旋翼系统等,主要包括以下几种类型。

（1）周期性的持续激振力。旋翼无人机主要的激振力大多是周期性的持续激振力,包括:旋翼交变气动环境引起的激振力、气动及质量不平衡引起的激振力、旋翼尾流引起的激振力以及发动机的激振力等,这些激振力综合作用决定了旋翼无人机飞行过程中的振动水平。

（2）瞬态的激振力。其中主要包括着陆及坠撞作用的激振力等。

（3）随机过程的激振力。其中主要包括着陆滑行时地面作用的激振力等。

3．旋翼无人机振源的特点

1）旋翼交变气动环境引起的激振力

旋翼无人机进行前飞时,旋翼桨叶是在每转变化一次的气动环境中工作的,因而在旋翼桨叶上产生的频率为旋翼转速 Ω 的整数倍（如 1Ω、2Ω、3Ω、……）的持续的气动激振力。除此以外,旋翼无人机机体的外形往往不是轴对称的,由于机体对旋翼尾流的阻塞作用,也会形成旋翼桨叶每转变化一次的气动环境,从而产生交变气动激振力。

旋翼桨叶在这个气动激振力的作用下产生刚体挥舞、摆振运动（对于铰接式旋翼）以及弹性振动。各片桨叶的气动激振力及质量力在桨毂上合成起来形成桨毂力（包括六个力素）,其频率为旋翼桨叶片数 k 乘以转速的整数倍数 $k\Omega$、$2k\Omega$、$3k\Omega$、……。这个桨毂力往往是旋翼无人机机体最主要的振源。旋翼无人机振动水平主要取决于这个激振力。

2）旋翼无人机滑行时地面作用的激振力

旋翼无人机滑行时由于地面凹凸不平的作用而引起的激振力。

3）旋翼无人机内部环境引起的激振力

（1）旋翼无人机旋转部件质量、气动以及机械不平衡引起的激振力,包括旋翼气动及质量不平衡所引起的激振力,以及发动机、传动轴等旋转部件质量不平衡引起的激振力。这些激振力的频率等于相应的转速。除此以外,齿轮啮合等机械因素也会引起激振力。

（2）旋翼无人机旋翼尾流作用于其他部件所引起的激振力。旋翼尾流中周期性成分作用于机体、尾面以及尾桨上引起激振力,其频率为桨叶片数乘以旋翼转速。

（3）旋翼无人机机体结构振动对其他部件的激振。机体结构及支持于其上的其他部件是一个完整的振动系统。但如其他部件连同其支持系统这样一个子系统的固有频率与激振力的频率相差较大,则可将其他部件的振动视作基础（机体结构）激振来处理,机体振动也就是其他部件的振源。

（4）发动机的激振力。航空涡轮发动机的激振力主要来自转子的质量不平衡。航空活塞式发动机则存在着由气缸点火爆发引起的激振力,其频率为发动机曲轴转速的 1/2 倍、1 倍、$1\frac{1}{2}$ 倍、2 倍、……。

10.2　旋翼无人机被动减振技术

为解决旋翼无人机振动问题,可以采用多种措施和各种不同的方法。其中通过旋翼无人机结构动力学设计来解决其振动问题付出的代价最小,是最理想的。但是在大多数情况下仅采取这种设计计算(如有限元方法等)的措施还不能完全满足其减振要求:一方面是由于理论分析计算的技术还不够成熟,还不能充分发挥其潜力;另一方面是因为目前旋翼无人机振源分析及结构动力学设计都还没有达到比较完美的程度,不尽如人意。

为了弥补结构动力学分析和理论计算结果欠佳的不足,促使附加的吸振及隔振装置在旋翼无人机,特别是无人直升机上获得了广泛应用。

10.2.1　动力吸振装置

1.常规动力吸振器

为了降低旋翼无人机的振动水平,人们在设计及生产过程中采取了各种方法,尽一切可能将其振动水平降到最小。常用的方法包括在旋翼无人机上安装各种各样的吸振装置(动力吸振器),如安装在桨叶根部和桨毂上的摆式吸振器、双线摆式吸振器及频率不变的吸振器、柔性安装盘,安装在机身上的常规动力吸振器、节点梁等。

从结构动力学原理的角度来看,常规动力吸振器实际上是一个质量-弹簧系统,将其安装在机体需要吸振的位置上就可达到吸振的目的。从力的平衡观点来看,常规动力吸振器振动时产生的惯性力与激振力相抵消,从而达到减振的目的。从动刚度的观点来看,常规动力吸振的实质是形成反共振点,使该点动刚度无限大(如不考虑阻尼),从而使得位移为零,吸振器 m_2 通过弹簧 k_2 与基体 m_1 相连,基体通过弹簧 k_1 与地基相连,如图 10-3 所示。该二自由度系统的运动微分方程为

$$\begin{bmatrix} m_1 & 0 \\ 0 & m_2 \end{bmatrix} \begin{bmatrix} \ddot{x}_1 \\ \ddot{x}_2 \end{bmatrix} + \begin{bmatrix} k_1 + k_2 & -k_2 \\ -k_2 & k_2 \end{bmatrix} \begin{bmatrix} x_1 \\ x_2 \end{bmatrix} = \begin{bmatrix} F_0 \sin(\omega t) \\ 0 \end{bmatrix} \tag{10-1}$$

设定该运动微分方程的稳定解为

$$x_i = X_i \sin(\omega t) \qquad i = 1,2$$

由此可以得到系统稳态振幅

$$X_1 = \frac{(k_2 - m_2 \omega^2) F_0}{(k_1 + k_2 - m_1 \omega^2)(k_2 - m_2 \omega^2) - k_2^2}$$

$$X_2 = \frac{k_2 F_0}{(k_1 + k_2 - m_1 \omega^2)(k_2 - m_2 \omega^2) - k_2^2}$$

如要使基体的振幅尽量小,那么按 $X_1 = 0$ 处理,可得

$$\omega = \sqrt{\frac{k_2}{m_2}} \tag{10-2}$$

因此,要使基体振动幅值最小,将常规动力吸振器的固有频率调至与基体的激振频率相同即可,此时吸振器的振幅为 $X_2 = -F_0/k_2$。为提高振动控制的带宽,可给吸振器提供适当阻尼,但这样做会降低减振效果。

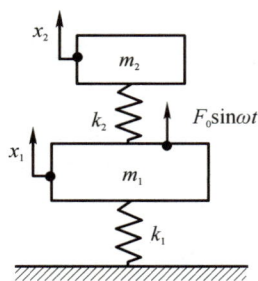

图 10-3　常规动力吸振器工作原理

2.离心摆式桨叶吸振器

旋翼动力吸振器的作用是吸收(抵消)旋翼的激振力,它一般使质量换的离心力起到弹簧的作用,被称为离心式动力吸振器。图 10-4 所示为安装在旋翼桨叶根部的摆式吸振器,其质量为 m,摆长为 r,摆的展向安装位置距离桨毂中心 R,桨毂及其支撑系统的质量和刚度分别为 m_s 和 k_s,旋翼转速为 Ω。离心摆式桨叶吸振器可用于降低旋翼的挥舞面内载荷,很早就在有人驾驶直升机上得到实际应用,其调谐频率可随旋翼转速的变化而变化。

考虑摆的挥舞角和桨毂垂向运动的二自由度系统,采用拉格朗日方法建立系统的动力学方程并求解。

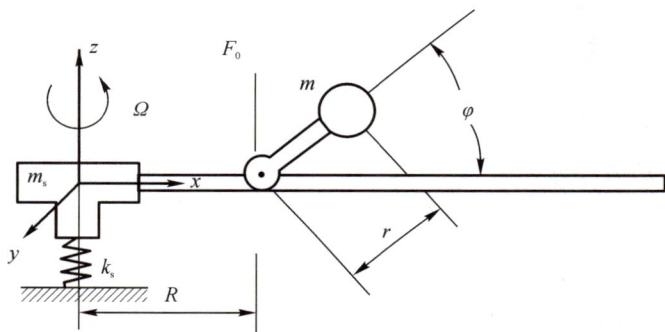

图 10-4　安装在旋翼桨叶根部的摆式吸振器

考虑摆式吸振器的摆振角和桨毂垂向运动的二自由度系统,采用拉格朗日方法建立系统的动力学方程。离心摆式桨叶吸振器在图 10-4 所示坐标系中的坐标为

$$x_a = (R + r\cos\varphi)\cos\varphi$$
$$y_a = (R + r\cos\varphi)\sin\varphi$$
$$z_a = z + r\sin\varphi$$

根据拉格朗日方程

$$\frac{\mathrm{d}}{\mathrm{d}t}\left(\frac{\partial L}{\partial \dot{q}_i}\right) - \frac{\partial L}{\partial q_i} = Q_i \quad i = 1, 2, \cdots, n \tag{10-3}$$

式中,q_i 为广义坐标,Q_i 为广义力,n 为广义自由度数,有

$$L = T - V \tag{10-4}$$

式中，T 为系统动能，它包括吸振器的动能和桨毂的动能，V 为支撑基座的弹性势能。有

$$T = \frac{1}{2} m (\dot{x}_a^2 + \dot{y}_a^2 + \dot{z}_a^2) + \frac{1}{2} m_s \dot{z}^2$$

$$= \frac{1}{2} m [(r \dot{\varphi} \sin\varphi)^2 + (R + r\cos\varphi)^2 \Omega^2 + (\dot{z} + r \dot{\varphi} \cos\varphi)^2] + \frac{1}{2} m_s \dot{z}^2 \tag{10-5}$$

系统势能 V 仅包括支撑弹簧的弹性势能，即

$$V = \frac{1}{2} k_s z^2 \tag{10-6}$$

考虑相应的导数，采用小角度假设，$\sin d \approx 0$，$\cos d \approx 1$，并略去二次项，可得系统动力学方程为

$$\begin{bmatrix} m r^2 & mr \\ mr & (m + m_s) \end{bmatrix} \begin{bmatrix} \ddot{\varphi} \\ \ddot{z} \end{bmatrix} + \begin{bmatrix} m \Omega^2 (r + R) & 0 \\ 0 & k_s \end{bmatrix} \begin{bmatrix} \varphi \\ z \end{bmatrix} = \begin{bmatrix} 0 \\ F_0 \sin(\omega t) \end{bmatrix} \tag{10-7}$$

式中，$F_0 \sin(\omega t)$ 为垂向激振载荷。假定方程的稳态解为

$$\left. \begin{array}{l} \varphi = \varphi_0 \sin(\omega t) \\ z = z_0 \sin(\omega t) \end{array} \right\} \tag{10-8}$$

由式（10-8）可以得到系统稳态运动振幅。如使基体振动 $z_0 = 0$，则有

$$\omega_a = \Omega \sqrt{1 + \frac{R}{r}} \tag{10-9}$$

离心摆的运动幅值为

$$\varphi_0 = \frac{F_0}{m(R + r) \Omega^2} \tag{10-10}$$

由式（10-9）和式（10-10）可知：旋翼转速变化对离心摆式吸振器的吸振效果没有影响，即离心摆式桨叶吸振器的调谐频率与旋翼转速成正比。因此可以通过调节摆式吸振器的摆长和摆的展向位置来调节摆的调谐频率，如需降低 3Ω 的垂向载荷，那么设计 $R = 8r$ 就可达到吸振效果。如果离心摆的摆长较长，那么其振动幅值会较小，但摆的位置距离桨毂中心较远，会带来较为严重的附加气动阻力；如果离心摆的摆长较短，摆的位置距离桨毂中心较近，其振动幅值会较大，会对摆的吸振效果带来负面影响。因此，需根据上述因素，综合考虑离心摆式桨叶吸振器的设计。

10.2.2　双线摆式和质量-弹簧吸振装置

1.双线摆式吸振器

旋翼无人机上另一种应用较多的动力吸振器是安装在旋翼桨毂上的双线摆式吸振器。安装在旋翼旋转平面内的双线摆式吸振器如图 10-5 所示，其作用是吸收旋翼纵横向的激振力。

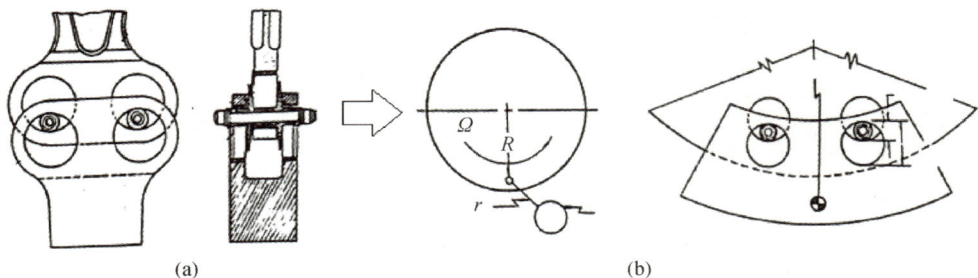

图 10-5　双线摆式吸振器

(a)双线摆吸振器结构示意图；　(b)双线摆吸振器工作原理示意图

从图 10-5 中可看出：离心质量块及支臂上各有两个内径为 D 的孔，其中穿以直径为 d 的销子，$d < D$，因此离心质量块可以来回摆动，回复力也是由离心力提供。当作用于桨毂的交变力或力矩的频率等于摆的固有频率 ω_n 时，与摆相连的桨毂的阻抗为无限大（即反共振点在桨毂处），因此作用于桨毂上的交变力或力矩不会往机体传。由于双线摆的有效摆长 $r = D_0 - D_p$ 可较小，因而可实现摆的固有频率 ω_n 比转速 Ω 大数倍，这对单摆式吸振器来说是无法实现的。

双线摆式吸振器的优点主要有以下几点：

(1)用于旋翼旋转平面的交变扰力与力矩的吸振。

(2)对振源吸振效果好。

(3)能随旋翼转速而调谐，故对不同旋翼转速都有效。

(4)对机体修改量少，易于设计。

其缺点是只对一种类型的激励[如 $(k-1)\Omega$ 或 $(k+1)\Omega$，k 为桨叶片数]有效，另外，其具有较多的相对运动环节，易磨损。

吸收旋翼桨毂平动 u 的当量摆如图 10-6 所示，图中 R 为当量摆支臂长度，r 为摆杆长度，u 为旋翼桨毂 y 向位移，F_y 为作用于桨毂的 y 向激振力，$F_y = F_{y0}\sin k\Omega t$。

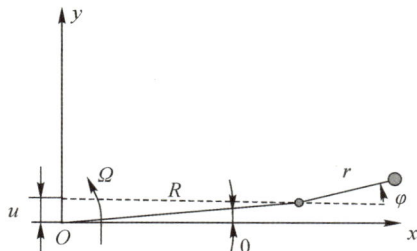

图 10-6　吸收旋翼桨毂平动 u 的当量摆

该当量摆的运动方程为

$$\left.\begin{aligned} &\ddot{\varphi} + \frac{\ddot{u}}{R} \cdot \left(1 + \frac{R}{r}\cos\varphi\right) + \frac{R}{r}\Omega^2\sin\varphi = 0 \\ &m\,\frac{\ddot{u}}{R}(R^2 + r^2 + 2Rr\cos\varphi) + m\ddot{\varphi}(R^2 + Rr\cos\varphi) \\ &\quad - mRr\sin\varphi\,\dot{\varphi}(2\Omega + \varphi) = -F_yR \end{aligned}\right\} \qquad (10-11)$$

式中

$$u = u_0\sin k\Omega t$$

$$\varphi = \varphi_0\sin k\Omega t$$

用李兹法可得式(10-11)的解为

$$\frac{u_0}{R} = \frac{\dfrac{2J_1}{k^2}\left(\dfrac{R}{r}\right) - \varphi_0}{1 + \dfrac{R}{r}(J_0 - J_2)} \qquad (10-12)$$

$$\varphi_0\left(\frac{R}{r} + J_0 + J_2\right) + \frac{u_0}{R}\left[\frac{R}{r} + \frac{r}{R} + 2(J_0 - J_2)\right] = -F_{y0}\Big/(mr\,k^2\,\Omega^2) \quad (10-13)$$

式中，J_0，J_1，J_2 为 m 阶($m = 0,1,2$)等一类贝塞尔函数的系数，与摆角幅 φ_0 有关。

最佳减振($u_0 = 0$)时，非线性摆的失调量 ε 与摆角幅 φ_0 的关系为

$$\varepsilon = \frac{\varphi_0}{2\,,J_1} - 1$$

式中，ε 还满足

$$(1 + \varepsilon)k^2 = R/r$$

其固有频率 ω_a 为

$$\omega_a = \Omega \cdot \sqrt{\frac{R}{(D-r)}} \qquad (10-14)$$

双线摆式吸振器一般都安置在旋翼相邻两片桨叶之间，几个支臂都固定在旋翼桨毂上。假如要用以吸收垂直激振力，吸振器就必须垂直安置。为了完全平衡桨毂激振力，须采用多摆组合系统，通常摆的个数就等于桨叶片数。

2.质量-弹簧吸振器

摆式吸振器不论是单线的还是双线的都属于离心式动力吸振器类，其主要优点是固有频率与旋翼转速成正比，因而在旋翼转速变化时仍能保持设定的阻抗最大的频率比。但其构造比较复杂，吸收振动时的往复摆动会引起磨损，因而使用寿命不高。此外，因为它在旋转系统中吸振，所以相应的激振频率也是在旋转坐标中的频率。旋翼水平激振力及力矩来自旋转坐标中($N+1$)Ω 及($N-1$)Ω 的激振力。假如这两个激振力都要吸收，就必须设置两组吸振器，这显然会增加旋翼系统的结构复杂程度。

图 10-7 所示为安装在旋翼桨毂上的另一种吸振器，称为质量-弹簧吸振器，它由质量块及弹簧组成，不是由离心力提供回复力，因而它的固有频率是不变的，与旋翼转速无关。这种质量-弹簧吸振器主要是吸收旋翼的水平激振力。对于激振力矩，假如引起的机体振动使旋翼桨毂中心有显著的水平位移，它也同样会有减振作用。由于没有活动关节，就不存在磨损问题，而且它的吸振频率是对应于不旋转坐标的，因而可以同时吸收($N+1$)Ω 及($N-1$)Ω 的激振力。因为它的固有频率不变，在旋翼转速变化时其吸振效果就会明显降

低,因此必须严格控制旋翼转速,这是其缺点。

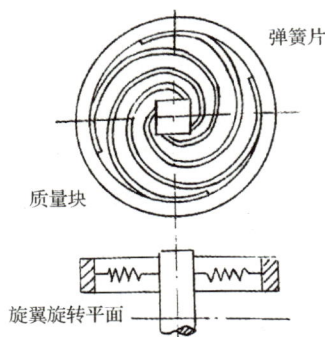

图 10 - 7　频率不变的质量-弹簧吸振器

除了安装在旋翼上以吸收(抵消)旋翼激振力外,动力吸振器也经常安装在机体上,以直接降低该部位的振动水平。除了附加的配重外也可以用某个设备(如蓄电瓶)作为质量块。质量块由金属板或其他弹性元件与机体结构相连接,形成了一个质量-弹簧系统质量块。

10.3　旋翼无人机隔振装置

为了降低振动水平,除了在旋翼无人机上安装动力吸振器以外,隔振装置在旋翼无人机上应用得也很广泛。所谓隔振实质上是在振动质量、装置或者有效载荷之间安装弹性元件或者隔振器,以保证在特定的振动载荷作用下,降低系统的动力学响应。

常用的隔振方法通常分为两类:第一类是隔力,即在振动载荷传递路径上配置适当的弹性元件,以减少激振力的传递;第二类是隔幅,即配置适当的弹性元件以减少振源传递到它上面振动系统的振动幅度。

10.3.1　常规隔振器和动力反共振隔振器

1.常规隔振器

旋翼无人机常规的隔振可在振动的传递路径上加装弹簧、橡胶、软木等弹性元件来降低振动的传递。将弹性元件安装在设备和刚性基础之间,以减小传递到基础的振动,如图10-8所示。

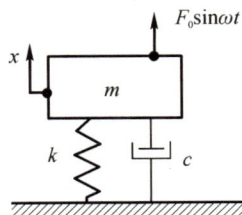

图 10 - 8　安装于基础上的设备与弹性元件

常规的隔振系统可看成单自由度系统,运动方程为

$$m\ddot{x} + c\dot{x} + kx = F_0 \sin(\omega t) \tag{10-15}$$

式中：m 为系统质量；k 为弹簧刚度；c 为系统阻尼；$F(t) = F_0 \sin(\omega t)$ 为外加激振力,其中 ω 为激振频率。

用 ω_n 表示系统固有频率,引入系统临界阻尼 $c_c = 2m\omega_n$ 后,系统动力学方程可写为

$$\ddot{x} + 2\zeta\omega_n\dot{x} + \omega_n^2 x = F_0 \sin(\omega t)/m \tag{10-16}$$

式中,系统固有频率 ω_n 和阻尼比 ζ 分别为

$$\omega_n = \sqrt{k/m} \tag{10-17}$$

$$\zeta = \frac{c}{c_c} = \frac{c}{2m\omega_n} \tag{10-18}$$

假定方程的稳态解为

$$x(t) = X\sin(\omega t - \varphi) \tag{10-19}$$

则有

$$X = \frac{F_0}{\sqrt{(k - m\omega^2)^2 + c^2\omega^2}} \tag{10-20}$$

$$\varphi = \arctan\frac{c\omega}{k - m\omega^2} \tag{10-21}$$

经弹簧和阻尼器传递到基体的力 F_T 为

$$F_T = kx + c\dot{x} = kX\sin(\omega t - \varphi) + c\omega X\cos(\omega t - \varphi) \tag{10-22}$$

该力的幅值为

$$F_T = \frac{F_0(k^2 + c^2\omega^2)^{1/2}}{[(k - m\omega^2)^2 + c^2\omega^2]^{1/2}} \tag{10-23}$$

隔振系数定义为力的传递率——传递的幅值与激振力幅值之比,即

$$T_r = \frac{F_T}{F_0} = \sqrt{\frac{k^2 + c^2\omega^2}{(k - m\omega^2)^2 + c^2\omega^2}} = \sqrt{\frac{1 + (2\zeta r)^2}{(1 - r^2)^2 + (2\zeta r)^2}} \tag{10-24}$$

式中,r 为激振频率与系统固有频率之比,称为频率比,即

$$r = \omega/\omega_n \tag{10-25}$$

力的传递率 T_r 随频率比 r 的变化曲线如图 10-9 所示。很明显,当激励频率大于固有频率的 $\sqrt{2}$ 倍时,传递到基础的振动力幅值会减小,传递到基础的力幅值可通过减小系统的固有频率来实现。当 $r \geqslant \sqrt{2}$ 时,减小阻尼会减小传递到基础的力幅值；当 $r < \sqrt{2}$ 时,减小阻尼会增大振动力幅值。为了避免共振时产生过大的振幅,一定程度的阻尼是必需的,因此需权衡利弊,选择合适的阻尼。

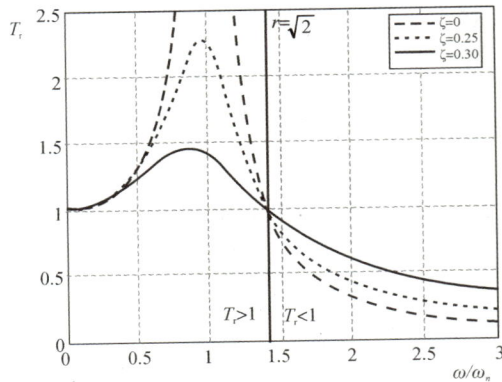

图 10 - 9　力的传递率随频率比变化曲线

2.动力反共振隔振器

一般的隔振系统只有当激振频率与被隔离系统固有频率之比趋于无穷大时,传递系数才会趋向于零(当然这是不可能做到的)。一种动力反共振隔振器(DAVI)从理论上说,无阻尼时可以做到传递系数为零。通常旋翼无人机上采用此类动力反共振隔振器进行隔振时,会在主减速器架四个连接点处各布置一个隔振器,如图 10 - 10 所示。

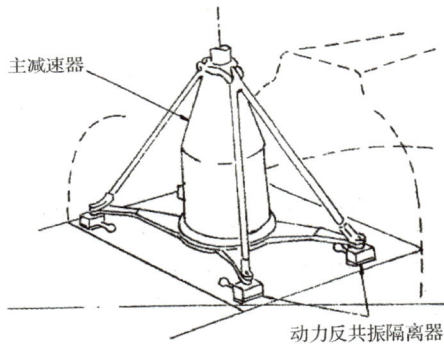

图 10 - 10　动力反共振隔振器安装示意图

动力反共振隔振器的工作原理:在常规隔振器上附加惯性元件,由弹簧传递给机体的力被质量块中间支点的作用力所抵消。系统工作原理如图 10 - 11 所示。

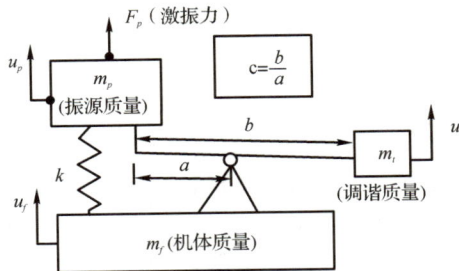

图 10 - 11　动力反共振隔振器系统结构示意图

激振力 F_p 作用在振源上,振源与机体两者之间通过动力反共振隔振器相连,中间弹性元件的支撑刚度为 k,调谐质量 m_t 通过类似杠杆装置安装于振源与机体之间,隔振器通过调谐质量产生的惯性力与振源产生的激振力相中和,以减小传递到机体上的激振力。

根据图 10 - 11 中的杠杆关系,存在位移协调条件

$$\frac{u_t - u_f}{u_p - u_f} = -\frac{b - a}{a}$$

$$u_t = c u_f - (c - 1) u_p$$

系统的动能为

$$T = \frac{1}{2} m_p \dot{u}_p^2 + \frac{1}{2} m_f \dot{u}_f^2 + \frac{1}{2} m_t \dot{u}_t^2$$

即

$$T = \frac{1}{2} [m_p + (c - 1)^2 m_t] \dot{u}_p^2 + \frac{1}{2} (m_f + c^2 m_t) \dot{u}_f^2 - m_t c (c - 1) \dot{u}_f \dot{u}_p$$

$$(10 - 26)$$

系统的弹性势能为

$$V = \frac{1}{2} k (u_p - u_f)^2 \tag{10-27}$$

根据拉格朗日方程(10 - 3),可得系统的动力学方程(矩阵形式)为

$$\begin{bmatrix} m_p + (c - 1)^2 m_t & m_t c (c - 1) \\ -m_t c (c - 1) & m_f + c^2 m_t \end{bmatrix} \begin{bmatrix} \ddot{u}_p \\ \ddot{u}_f \end{bmatrix} + \begin{bmatrix} k & -k \\ -k & k \end{bmatrix} \begin{bmatrix} u_p \\ u_f \end{bmatrix} = \begin{bmatrix} F_p \\ 0 \end{bmatrix} \tag{10-28}$$

如传递到机体的振动载荷为零,也就说 $u_f = 0, \ddot{u}_f = 0$,则根据机体动力学方程得出

$$m_t c (c - 1) \ddot{u}_p + k u_p = 0 \tag{10-29}$$

由此得到,动力反共振隔振器的调谐频率为

$$\omega_t = \sqrt{\frac{k}{m_t c (c - 1)}} \tag{10-30}$$

由式(10 - 30)可知,动力反共振隔振器的调谐频率与支撑刚度 k、调谐质量 m_t 以及几何放大倍数 c 相关,与机体质量 m_f 以及振源质量 m_p 无关。调节 c 的大小能更有效地改变调谐频率,这样有利于减小 m_t 和减小系统重量。

10.3.2　节点梁隔振器、聚焦式隔振系统和冲击隔离

1. 节点梁隔振器

如果一根弹性梁的两端系有重物,并作垂直振动,在弹性梁上将有一点位置(通常位于中心)不发生上下移动,这个点就是节点,如图 10 - 12 所示。

如果在中心位置上再系上一个重物,将会出现两个节点,分别位于两段梁的中心点上。利用这个原理可以将最大的固有振动源(如主减速器)安装在梁的中间位置上,在两边节点位置将梁连接到机体上,并且在梁的两端装上配重(见图 10 - 12)。这样,虽然主减速器、桨毂和桨叶仍会产生固有振动,但是由于安装点位于节点位置,机体就不会受固有振动的影响而发生振动。这种消除固有振动的方法就是节点梁方法。

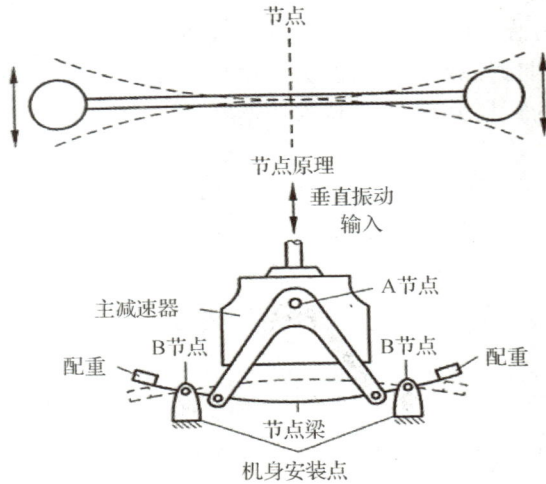

图 10-12　节点梁工作原理示意图

2.聚焦式隔振系统

旋翼无人机聚焦式隔振系统中起主要作用的是其中的弹性元件(弹簧)、旋翼及主减速器等被隔离的部分的质量与此弹簧构成了一个质量-弹簧子系统。由振动理论可知,只要此子系统振动的固有频率低于激振频率的 0.7 倍,振动的传递系数就小于 1,从而降低了机体的振动。

从工作原理上说,是聚焦式隔振系统质量的惯性力抵消了一部分激振力,如图 10-9 所示。从隔振的角度考虑,弹簧的刚度越低,效果也就越好。但是隔振系统还要承受很大的静载荷,特别是旋翼无人机在过载很大的机动飞行状态,主减速器与机体之间就会有很大的相对位移。传动系统等部件有一部分支持在主减速器及旋翼上,另一部分支持在机体上。主减速器与机体间的相对位移就可能影响这些系统的正常工作。这是设置隔振系统时必须注意的问题。

图 10-13 所示为旋翼无人机上实际应用较多的聚焦式隔振系统。主减速器由几根较刚硬的撑杆支持在机体上。这些撑杆的轴线会聚在一个焦点上。这个焦点也就是旋翼主减速器组件运动的"瞬心"。主减速器下部通过弹性元件与机体相连接,约束了其绕焦点的转动运动,同时也就对绕焦点的激振力矩起到了隔振作用。

聚焦式隔振系统的焦点一般取在旋翼主减速器组件的质心处,称为上聚焦。它对旋翼水平激振力及力矩都能起阻隔作用。焦点取在机体质心之下则称为下聚焦。这种系统垂直方向的刚度较大,对旋翼垂直方向的激振力不能起阻隔作用,但同时其传动系统较易实现对水平位移的补偿,不会影响其正常工作,因而得到了广泛的应用。

3.冲击隔离

旋翼无人机在着陆、受到强气流作用、大机动飞行发生冲撞碰击时,所受到的冲击载荷往往对飞行安全具有不利影响,甚至具有一定的破坏性。为了减少冲击载荷所产生的有害影响,需要采用相应的应对措施,其中冲击隔离就是为了减少冲击而采用的相应措施。

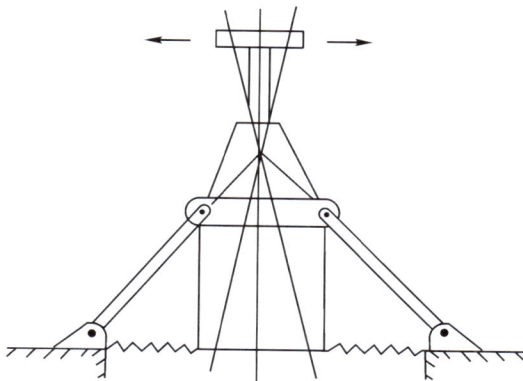

图 10 - 13　聚焦式隔振系统工作原理示意图

冲击隔离与常规的振动隔离既有相同之处,也有不同之处,两者基本原理相同,都是通过添加弹性或阻尼元件降低传递到机体的载荷。常规的振动隔离措施主要针对的是稳态过程,系统阻尼通常比较小,而冲击隔离主要针对的是瞬态过程,系统阻尼要求比较大。

冲量定理又叫动量定理,是动力学的普遍定理之一。其定义为:如果一个系统不受外力或所受外力的矢量和为零,那么这个系统的总动量保持不变,这个结论就叫做动量守恒定律。它是一个由实验观测总结的规律,也可用牛顿第二定律和运动学公式推导出来。

假定冲击载荷 $F(t)$ 的作用时间为 Δt,该作用力对应的冲量为

$$F = \int_0^{\Delta t} F(t) \mathrm{d}t \tag{10-31}$$

利用冲量定理,该冲量作用于质量为 m 的物体上后,物体速度为

$$v = \frac{\widetilde{F}}{m}$$

物体受到短暂的冲击后获得速度,因此,冲击载荷作用下的系统响应可采用给定初始速度对应的物体自由振动的解来描述。假定物体的初始位移为 $x_0 = 0$,初始速度为 $\dot{x}_0 = v$,那么单自由度黏性系统的自由振动的解为

$$x(t) = \frac{v \, \mathrm{e}^{-\zeta \omega_n t}}{\omega_\mathrm{d}} \sin \omega_\mathrm{d} t \tag{10-32}$$

式中

$$\omega_\mathrm{d} = \sqrt{1 - \zeta^2} \, \omega_n$$

$$\zeta = \frac{c}{2\sqrt{mk}}$$

$$\omega_n = \sqrt{\frac{k}{m}}$$

式中:m、c、k 分别为单自由度振动的质量、阻尼和刚度;ζ 为阻尼比;ω_n 和 ω_d 分别为无阻尼固有频率和有阻尼振动固有频率。

通过弹簧和阻尼传递到基础的力为

$$F_t(t) = kx(t) + c\dot{x}(t)$$

将式(10 - 32)代入上式后,有

$$F_t(t) = \left(\frac{v}{\omega_d}\right)\sqrt{(k - c\zeta)^2 + (c)^2}\ e^{-\zeta \omega_n t}\sin(\omega_d t + \varphi) \qquad (10-33)$$

式中

$$\varphi = \arctan\frac{c\,\omega_d}{k - c\zeta\,\omega_n}$$

由式（10-33）可计算出传递到基础力的最大值。

10.4　旋翼无人机主动减振技术

为抑制旋翼无人机的振动问题，以往人们普遍应用一些被动控制方法。但是旋翼无人机应用被动控制减振方法常常会遇到不少问题，如重量代价大、振动抑制效果差、安装尺寸不匹配等，这些问题制约了旋翼无人机振动水平的进一步降低。随着传感器、作动筒、计算机等相关技术的快速发展，目前振动主动控制技术已开始在旋翼无人机上得到应用和推广，受到人们的重视，从而进一步降低了旋翼无人机的振动水平。旋翼无人机主动控制减振技术是指在振动控制过程中，对传感器所采集到的振动信号进行计算分析，应用相应的控制策略，由控制作动筒对控制目标施加一定的影响，达到抑制或消除振动的效果。

10.4.1　主动减振系统的类型和高阶谐波控制

1. 主动减振系统的类型

主动式减振技术具有较复杂的控制系统与作动机构，目前它在旋翼无人机减振领域中实际应用的案例还比较少。从成熟与实际应用的角度来看，它与被动式减振技术之间还有一定的差距，但由于它具有许多被动式减振技术所不具备的优点，如减振的频带范围较宽、可适应不同的飞行状态、减振效果明显优于被动式减振技术等，因而具有很好的应用前景。

旋翼无人机振动主动控制方法的类型，按照振动载荷从旋翼到机体的传递路径，通常包括旋翼振动主动控制、主减振动主动隔振、机体结构振动主动控制等方法。最初研究人员开展了旋翼高阶谐波控制（Higher Harmonic Control，HHC）研究，其后来被独立桨叶控制（Individual Blade Control，IBC）所取代。目前结构响应振动主动控制（Active Control of Structural Response，ACSR）技术已在多旋翼无人机上获得了成功应用。

2. 旋翼高阶谐波控制

旋翼无人机的振动主要来源于作用在旋翼桨叶上的交变气动载荷，旋翼高阶谐波控制（HHC）方法是，给旋翼桨距控制输入高阶谐波，其减振原理是通过高阶谐波（每转 N、$N-1$ 与 $N+1$ 次，N 为一副旋翼的桨叶片数）桨距变化来减小旋翼的主要激振力、N 阶谐波桨毂力与力矩。即 HHC 所产生的力使得旋翼传递给机身的交变载荷尽量小，从而达到减小机体振动的目的。实现 HHC 有两种方式：一种是通过驱动自动倾斜器不动环；另一种则是分别控制各片桨叶的桨距、作动机构与旋翼一起旋转，直接驱动与其相连的桨叶的桨距。

旋翼高阶谐波控制方法的主要缺点在于其所操控的载荷频率依赖于桨叶片数，即其只能产生桨叶片数整数倍和整数倍加减一的频率。例如对于 4 片桨叶旋翼，输入频率可为 3、4、5 阶，缺少 2 阶输入，难以在旋翼性能提升和噪声控制等方面得到应用，并且旋翼桨叶片数越多,缺少的输入阶次频率越多。为了克服输入频率的制约,研究人员提出了单片桨叶控制技术。该技术依据的工作原理是:单片桨叶控制的输入位于旋转坐标系内,可以给单片桨叶提供不同阶次和不同幅值的桨距输入,单片桨叶控制可通过控制单独桨叶的桨距、整片桨叶的主动扭转,以及控制桨叶的后缘小翼等方式实现桨距的高阶量变化。

旋翼高阶谐波控制的具体过程如图 10－14 所示,旋翼产生交变力及力矩传递至桨毂,引起机体振动,接下来由安装在机体关键位置处的传感器检测机体振动,并由机载计算机实时处理实测数据,计算机根据分析结果,使用最优控制方法产生控制信号,控制信号传输至作动器,这些作动器给旋翼自动倾斜器的不动环施加每周 N 阶的高阶变距,桨叶就会获得频率为（N_b-1）Ω、$N_b\Omega$ 和（N_b+1）Ω 的高阶变距运动,从而产生相应的气动载荷,进而改变传递给机体的 $N_b\Omega$ 的振动,在旋翼旋转的整个周期过程中不断地进行振动测量、数据处理、作动器控制,并在整个周期过程中不断进行数据迭代。采用适当的控制律,上述过程可以收敛,以达到最小化机体振动的目的。很明显,成功实现旋翼高阶谐波控制的关键因素有足够高频响特性的液压作动器和成功的控制算法两点。

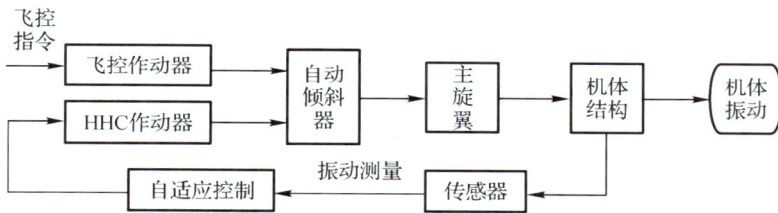

图 10－14　高阶谐波控制流程图

旋翼高阶谐波控制主要基于频域控制原理,在设计控制算法时,通常可采用自适应控制方法,使控制器能够适应机体动力学的变化和随飞行状态变化的旋翼特性。

高阶谐波控制也会有负面作用。对于方位角为 270°的后行桨叶,其桨距角可能会有所增加,若旋翼无人机飞行时接近飞行包线边界,则可能导致旋翼桨叶失速提前发生。给桨叶和操纵系统设计、适航性带来不利影响。为了阻止上述现象的发生,一种可能的方法是增加桨叶面积。

10.4.2　结构响应主动控制及其作动筒位置选择

1.结构响应振动主动控制

结构响应振动主动控制（ACSR）减振系统对旋翼无人机减振来说是一个全新的概念。其基本思想是在旋翼无人机机体主要模态的非节点位置用作动筒施加激振,从而减少旋翼无人机关键部位的振动水平。结构响应振动主动控制（ACSR）的基本原理是叠加原理,即机体的振动由旋翼激振力所引起的振动与 ACSR 系统产生的激振响应线性叠加而成。而ACSR 的功能就是使其和为最小。

ACSR 减振系统由三个主要部分组成:若干作动筒、控制装置与振动传感器（加速度计）。振动传感器测得的信号输入适调控制器,由控制器将指令输入作动筒,再通过激励机体上的若干作动筒,对结构施加交变力。作动筒产生的交变力与旋翼传给机体的振动载荷相叠加,进而降低机体振动水平。

一般说来，ACSR 减振技术可适用于任何结构的振动控制，它成功与否的一个重要因素是作动筒与传感器的安装位置和适当的控制方式。图 10 - 15 给出的是旋翼无人机结构响应振动主动控制原理图。作动筒力的大小和相位是由控制算法确定的，该算法使机体上目标位置处的振动水平达到最小值。实际经验表明，将作动筒布置在振源附近更有效，通常位于主减速器与机体连接点附近。

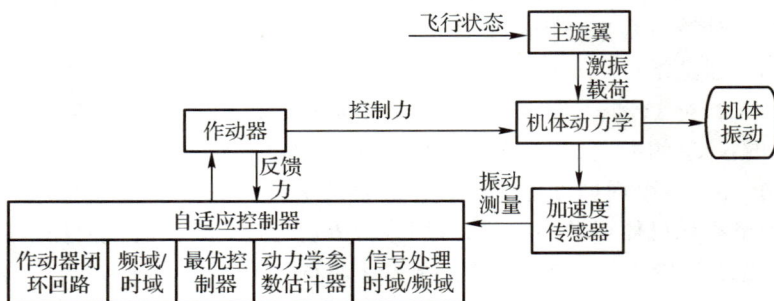

图 10 - 15   结构响应振动主动控制原理图

旋翼无人机结构响应振动主动控制的实现按性质可分为频域方法和时域方法。旋翼无人机振动控制问题是对已知频率周期激振进行振动控制，大多数采用频域方法进行处理。自适应控制器的主要功能是信号处理、参数估计和最优控制。

各参数之间基本方程的形式与高阶谐波控制保持一致，即

$$Y = TX + B \tag{10 - 34}$$

式中：Y 为加速度传感器测得的机体振动；X 为作动筒产生的主动力矢量；T 为主动力与机体振动之间的传递矩阵；B 为背景中不受控制的振动噪声。一般情况下，如果矩阵 T 是非奇异的，在 n 个控制力的作用下，机体上会有 n 个位置的响应降为零。然而，相比于试图使少数几个位置的振动为零，尝试将更多位置的振动减小到一个较低的、可接受的水平更为可取。

结构响应振动主动控制（ACSR）减振系统能够适应旋翼无人机飞行过程中振动环境的剧烈变化，如飞行速度、机动、旋翼转速、重心等。它与被动减振系统相比，具有以下优点（见图 10 - 16）：

(1)结构响应振动主动控制系统能克服被动控制最重要的限制之一——旋翼转速的变化。

(2)结构响应振动主动控制系统有自监测能力，当存在传感器或者作动筒失效时，可根据实际情况重新进行优化配置。

(3)结构响应振动主动控制系统通常比被动控制系统重量轻。

(4)结构响应振动主动控制系统可工作于多个频率，通过优化权重函数以最小化机体振动，被动控制系统尚不具备该功能。

(5)结构响应振动主动控制系统可根据振动控制需求优化机体特定位置处的振动。

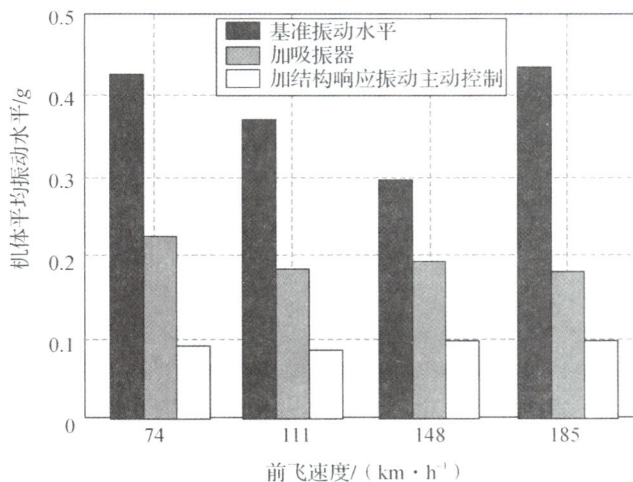

图 10-16　结构响应振动主动控制与桨毂吸振器振动控制效果对比

2.结构响应振动主动控制作动筒的位置选择

　　结构响应振动主动控制(ACSR)减振系统选择作动筒激振位置的方法,是以最小的输出力及位移达到最好的减振效果为准,但要做到这一点,必须选择好作动筒安装位置。作动筒有两种工作方式,第一种方式是双点作用式,作动筒安装在结构振动响应的主要模态有相对位移的结构两点之间。第二种方式是单点作用式,将作动筒的一端连接在机体结构上,另一端连接一个附加的振动质量块以产生所需的激振力。与双点作用式相比较,单点作用式的优点是较容易选择作动筒的安装位置,同时它还能在桨叶处通过频率($N\Omega$)改进刚体模态响应,这是双点作用式所不具备的。但单点作用式一般只适用于振动水平比较低的情况,因此大多数情况下还是采用双点作用式,如图 10-17 所示。

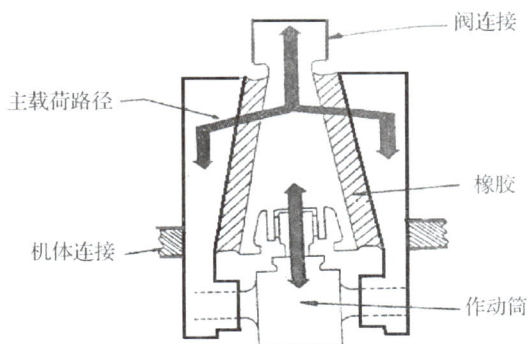

图 10-17　结构响应振动主动控制(ACSR)减振系统的作动筒

　　结构响应振动主动控制(ACSR)的基本思路是在作动筒所能提供的激振力范围内使测量点被测得的振动最小。分析与试验结果表明:为了提高旋翼无人机总体减振效果,作动筒最有效的安装位置应是接近振源的地方。

　　由于旋翼无人机振动是一个在已知频率下的周期型激励问题,而且频率域算法实现起来相对容易,因而旋翼无人机主动控制技术一般基于频率域内的控制解。振动控制问题可以表达成一个包括了振动测量值的加权和与作动筒指令值的加权之和的二次型性能指数的极小值问题。即传感器与作动筒的加权的相对大小,确定了整个可得到的减小量及作动筒力的极限值。根据结构响应振动主动控制(ACSR)系统的循环工作控制算法,在每一控制循环中作动筒的指令都保持上一循环确定的定常的幅值与相位,与此同时,又并行地计算着下一控制循环最优的作动筒指令。它可分为以下三个阶段。

(1)数字信号处理。其功能是利用离散傅里叶变换技术,准确测量振动信号中频率 $N\Omega$ 的成分。

(2)动力学参数估计。计算机运用先前作动筒输入的振动测量数据,连续不断地修正 $N\Omega$ 频率处机体动力学的特征估计值。虽然对大多数飞行状态来说,机体的动力学特征相对不变,但旋翼转速的脉动及飞机装载与重量分布的变化会导致机体动力学特性的改变,因此结构响应振动主动控制(ACSR)系统工作时动力学参数的估值时时刻刻都在进行。

(3)最优控制。将振动测量值与动力学特性估计值代入最优控制律,以确定下一控制循环的激振。

10.5　旋转部件平衡及旋翼锥体检查技术

旋翼无人机上有诸多做旋转运动的零部件,例如旋翼桨叶、传动轴、主轴等,统称为回转体。理想情况下,回转体在旋转与不旋转时,对轴承产生的压力是一样的,这样的回转体称为平衡的回转体。但实际上旋翼无人机上的各种回转体,由于材质不均匀或毛坯缺陷、加工及装配中产生的误差,甚至设计时就具有的非对称几何形状等多种因素,使得回转体在旋转时,其上每个微小质点产生的离心惯性力不能相互抵消,离心惯性力通过轴承作用到其基础上,引起振动,产生了噪声,加速了轴承磨损,缩短了机械寿命,严重时能造成破坏性事故。为此,必须对转子进行平衡,使其达到允许的平衡精度等级,或使因此产生的机械振动幅度降到允许的范围内。

10.5.1　旋转部件静平衡和动平衡

旋翼无人机平衡就是尽可能地将主桨旋转平面上的质量均等分布的过程,这里有静平衡与动平衡两种平衡过程。

1.旋转部件静平衡

要使旋翼无人机转子的平衡精度很高(即剩余的不平衡量很小),就要尽量排除影响不平衡精度的因素。旋翼无人机生产制造工厂在产品出厂前,为使其产品的旋转机构振动尽可能小,对各旋转部件(桨毂和桨叶)都要分别单独进行静平衡。在每片主桨叶片上装有重量不同的配重以实现桨叶在弦向和展向上的平衡,根据桨叶类型的不同,配重应该在特定的重量限制范围内。与此同时,旋翼桨毂和尾桨桨毂在安装到旋翼无人机机体上之前,也要求进行静平衡。

虽然经过静平衡后的旋翼系统并不代表在旋转工作中也会达到良好的动平衡,但是经过静平衡,将避免旋翼系统在旋转中出现较大的振动以及很严重的平衡失效,而只会出现微小的不平衡。如果在静平衡中做到尽可能地细致、准确,将会避免旋翼桨叶在工作中出现许多其他问题。无人机旋翼系统包括桨毂和桨叶,通常只要求安装一些小的部件进行静平衡,所有静平衡应在理想的条件下完成,以不受气流和振动的影响,通常在实验室内完成。

旋翼无人机旋翼桨毂静平衡过程中所使用的静平衡支架如图 10 - 18 所示。平衡支架上有一个球形轴承,被测试桨毂可以在球形轴承上摇摆。对桨毂进行精细的配平,直至桨毂在静止状态下完全达到水平稳定状态,这时水平仪上的指示器位于中心。配平是通过在指定位置添加或减少配重来完成的。

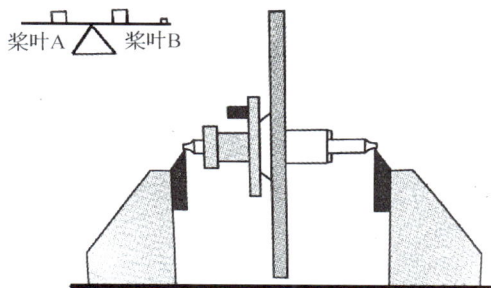

图 10 - 18　旋翼无人机桨叶静平衡过程中所使用的设备

2.旋转部件动平衡

旋翼无人机旋翼系统即使经过了静平衡,桨毂与桨叶组装在一起后仍然会出现一些平衡问题,继续对整个旋翼系统进行动平衡是非常必要的。当摆振阻尼器或者其他一些部件被安装到桨毂上后,也有可能由于不平衡而产生振动。在进行动平衡之前,旋翼桨叶一定要锥体良好或者预先进行锥体检查。使用先进的电子方法可以将锥体及配平检查在同一设备上完成。加速度传感器(加速度计)是一种常用的用来探测不平衡力矩的元件。

加速度计一般为压电式,其主要原理是当晶体材料被拉伸或者挤压时,会产生电流。将晶体安装在一个固定基座及一个可移动块之间,可移动块材料一般为钨金属。将加速度计安装到探测机体上,当机体发生振动时,加速度计作为一个整体也随之发生移动,可移动钨金属块就会不断做出相对于晶体的挤压和拉伸运动。由于晶体的这种运动,随着每个振动周期产生的电流就会产生一个交变电压。

加速度计产生的信号被过滤掉其他振动所引起的部分后,只留下所设定探测振动的信号,并且被记录下来,其结果显示在一个仪表上。该显示只能表明振动的大小,而不能显示出振动相对于旋翼的位置。如果想要通过加减配重来消除振动,还需要清楚不平衡力矩出现的位置。通常会用时钟角度(clock angle)来表达不平衡力矩的位置。为了确定振动相位,一般取与锥体检查类似的方法,即在主桨旋转及不旋转倾斜盘上分别安装传感器及磁采集器,每当感应片经过磁采集器就产生一个脉冲信号,以此就可以给出桨叶旋转位置的信息。这样就可以同时获得振动强度和振动相位的信息,然后就可以进行动平衡调整了。

动平衡调整主要是指在主桨载或者桨叶上增加或者减少配重,使不平衡力矩尽量靠近旋转中心,即旋翼轴中心线,从而减小振动。配重的形式多种多样,有些旋翼无人机将配重做成垫片装在安装螺栓上,在桨毂上形成平衡点,如图 10 - 19(a)所示。另一种方法是在桨叶安装轴套内形成中空腔,在腔内可以精确添加一些铅丸作为配重来调整桨叶平衡点,如图 10-19(b)所示。

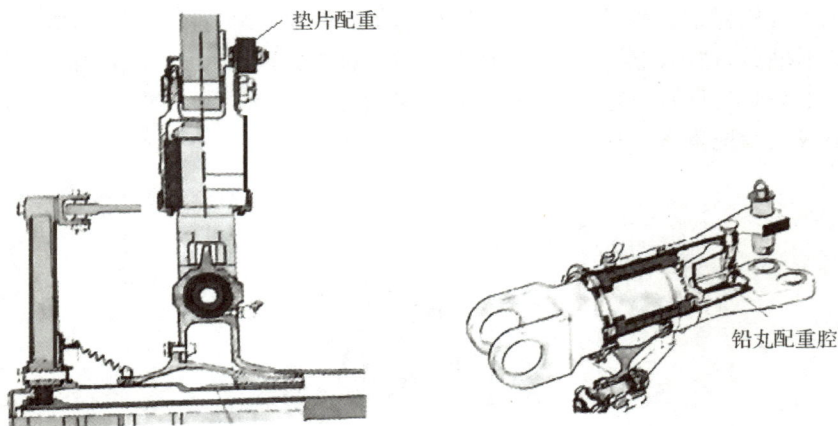

图 10-19 动平衡调整配重的形式
(a)垫片配重; (b)轴套空腔加铅丸

10.5.2 旋翼锥体检查

旋翼无人机的旋翼锥体是指旋翼桨叶旋转且挥舞时所形成的倒锥体。旋翼锥体顶点在旋转轴上,锥面是桨叶的旋转轨迹面,锥底是桨尖轨迹平面。旋翼锥体的倾斜方向基本上代表着旋翼气动合力的方向。如果旋翼桨叶中的一片和几片不同锥的话,则称为脱锥现象,会引起旋翼无人机振动。为了减小旋翼无人机振动,需要尽量使所有旋翼桨叶的翼尖轨迹在转动中处于同一平面上。但是在某些环境下,完全的翼尖轨迹重叠并不能带来零振动,反而微小的轨迹分离可以达到此目的。也就是各桨叶的翼尖轨迹存在着轻微不同的情况,会带来最平稳的飞行和最小的振动。平衡就是在旋翼桨叶的旋转平面上,尽可能地实现质量分布均等,使旋翼桨叶的重心尽可能靠近旋转中心(旋翼主轴中心)的过程。

1.旋翼锥体检查状态的类型

按照旋翼无人机维护的要求,锥体和动平衡检查工作通常需要在地面慢车、地面大车、无地效悬停、有地效悬停、低速前飞、中速前飞和高速前飞共七种飞行状态下进行;某些新型旋翼无人机的性能要求更高,需增加转弯、倒飞、侧飞和爬升四种状态的动平衡检查。从以上各种锥体和动平衡检查状态可看出,直升机锥体和动平衡检查的状态多,大体上可分为地面检查和空中检查两种。

(1)地面旋翼锥体检查。旋翼无人机的旋翼锥体受外界风的影响较大,当存在不确定的外界风力作用时,旋翼的锥体会出现较大的偏差变化。采用频闪仪测量旋翼锥体时,可通过长时间的观察识别出偏差的锥体;采用传感器数字化测量时,通常采用数字滤波和平均的方法可得到较好的效果。

地面锥体检查时,由于旋翼无人机的旋翼不带总矩,旋翼系统的运行与常规的机电设备类似,其动平衡信号比较平稳,测量相对简单,可采用相关分析方法进行分析,测量结果相对较好。

（2）空中旋翼锥体测量。在进行旋翼无人机的空中旋翼锥体测量时，主要难点是空中旋翼锥体状态受外界风吹的影响很大，锥体随机变化可能会很大。采用频闪仪测量旋翼锥体时，有时甚至突然出现靶标超出观察视野的情况；采用传感器数字化测量时，测量到的锥体可能会突然发生随机变化，导致旋翼锥体多次测量的重复性很差。在这种情况下，为了得到更好的测量结果，需要进行更复杂的数字信号处理过程。

空中动平衡测量是旋翼无人机动平衡测量的主要难点。旋翼无人机在空中飞行时不同于一般以地面为支撑运行的机械设备，其支撑点为旋转的旋翼，而旋转的旋翼是柔性的，并不特别稳定，其受操纵、外界风、旋翼本身性能等多种因素的影响，导致动平衡测量时存在多种复杂且不稳定的振动信号。通常会出现大量的非平稳低频信号，严重干扰运行在低频段的旋翼动平衡信号，而且这种干扰难以得到抑制。为了获得准确的动平衡值，就要求后端的测量分析功能非常完善，能从各种复杂的动平衡信号中提取出有用信号，以排除各种环境和干扰造成的影响。

2. 旋翼锥体检查方法和技术

1）旗标锥体检查方法

旗标锥体检查方法是最简单的检查方法之一，现已被一些更先进可靠的方法所取代，只在一些小型、结构简单的旋翼无人机上使用，而且只限制于在地面进行旋翼锥体检查。

旗标锥体检查方法使用一个支架，套有一个旋转的枢轴，在支架顶部有两个减振板，在减振板之间用橡皮筋垂直悬挂一面帆布旗，如图 10 - 20 所示。在每片桨叶翼尖上用彩色蜡笔依据桨叶的颜色涂上各自不同的颜色。在旋翼达到所要求的转速后，杆子慢慢接近并进入翼尖轨道，直到每片桨叶翼尖撞击旗标留下痕迹。取下旗杆就可以进行翼尖高度分析，并与维护手册中列明的限制进行比较。

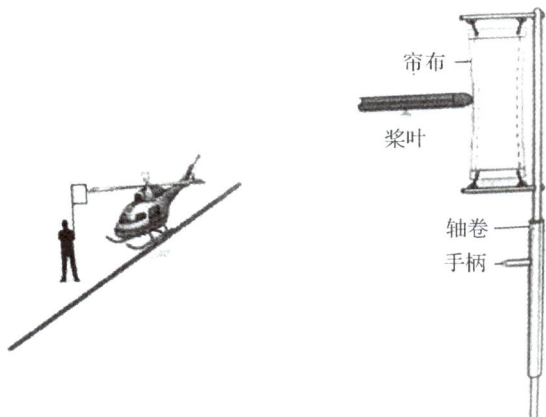

图 10 - 20　旗标锥体检查法示意图

采用旗标锥体检查法检查旋翼无人机的旋翼锥体时，在操作中需要特别注意避免旋翼桨叶翼尖击打到旗杆的金属部分，否则不仅可能造成桨叶损伤，而且还会伤及旋翼无人机和操作人员。一般情况下应将旋翼无人机迎风停放，旗杆应位于旋翼无人机向中心线稍前的桨叶一侧,旗杆才可以开始渐渐靠近翼尖轨道。

2)频闪锥体检查方法

频闪锥体检查方法是近些年才被使用的一种更加系统有效的旋翼无人机旋翼锥体检测方法,它可以在旋翼无人机悬停和飞行中进行旋翼锥体检查。该方法使用一个金属片作为靶标,在其一面涂反光材料,通常利用旋翼桨叶翼尖罩的安装螺钉将其固定在翼尖罩下部。在座舱内有一个控制盒和一个便携高能频闪灯,都由旋翼无人机的电源系统供电。

为了使频闪灯的闪光频率与旋翼桨叶旋转速率达到同步,一般情况下会在旋翼无人机固定倾斜盘上装一个磁频率探测器,在变距杆基座上装一个小的金属切割器。切割器随桨叶每转动一周就经过磁频率探测器一次,并使探测器产生一个脉冲信号,该信号就是频闪灯光的闪光频率。图 10-21 所示即为一个典型磁频率探测器与切割器的安装示意图。

当旋翼桨叶以适当的转速转动时,将频闪灯光对准旋翼桨叶翼尖位置,按下频闪灯按钮,高频闪亮的灯光即将翼尖靶标照亮,当它的闪光频率与旋翼转速同步时,就会使观察者看到靶标几乎静止的图像,这样就可观察到翼尖的高度差。在一定模式下,这种方法也可用来判断阻尼器(前挥后摆阻尼器)的工作差异,也就是观察靶标水平位置上的分离度。

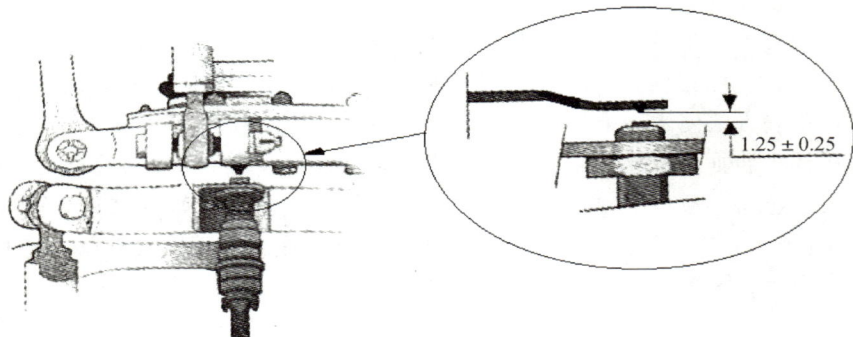

图 10-21　磁频率探测器与切割器的安装示意图

开始操作前,一定要注意在准备工作中将所有连接电源及磁频率探测器的外部导线固定好,不能妨碍飞行操控以及自动倾斜盘的运动,或者松脱向上飞入旋翼转动平面内。

3)电子锥体检查方法

旋翼电子锥体检查方法是一种比较先进的检查方法,其主要采用以分析程序为基础的微处理器,并且不需要在翼尖安装靶标。这种设备一般都具有锥体及平衡的记录功能,完全由微处理器完成所有数据采集和分析工作,对测量数据的采集和分析水平都能达到较好的效果。在旋翼电子锥体数据采集方面,采用光学的或者电波探测(雷达)的方法进行采集。具有更好的测量准确度。

电子锥体检查法最大的优点就是可以提供打印出的锥体及平衡数据,以便在旋翼锥体调整工作中使用。记录的数据可以被下载到一个地面设备上,该设备是具有适当软件程序的计算机设备。这样就可以对下载的数据进行分析及存储了,并且可将其作为该旋翼无人机或者部件的历史数据存档。

由于旋翼动平衡测量采集的振动信号大多是微弱信号,因此使用电子锥体检查方法进行旋翼无人机锥体和动平衡测量时,为尽量减少传感器对被测体的影响,同时由于受安装空间和安装位置的限制,通常振动传感器只能选择体积较小的速度型振动传感器,这就决定了传感器的输出灵敏度不会很高。比较微弱的信号采用通常的数据采集电路设计,往往难以保证采集的精度,甚至出现数据错误。因此,需要采用适应微小振动信号的高精度电路拓扑结构,通过对微小振动信号的传输过程、滤波电路、放大调理电路和模数转换电路等进行优化设计和分析计算,解决多旋翼无人机动平衡微弱信号的高精度采集难题。

在传感器信号的传输上,采用差分形式传输,电缆采用双绞屏蔽电缆,可大幅度减少外界电波干扰。在实际测量工作中,旋翼锥体检测到的波形受旋翼无人机运行性能、外界风力、稳定性等的影响,会包含随机脉冲干扰波,尤其是大幅值低频随机信号的干扰波,导致空中动平衡测量的信号非常复杂。如果直接采用常用的傅里叶变换及其引申的方法难以准确、快速地获取旋翼桨叶真实的动态不平衡值。因此,进行旋翼电子锥体检查结果分析时,必须采用微弱信号高精度数据分析技术,即时域的处理方法。该方法通过时域数字跟踪窄带滤波,根据采集到的旋翼动平衡信号进行复杂度识别,自动选取合适的判定阈值,可快速、准确地获旋翼无人机地面、空中各种状态的动平衡值。

思　考　题

1. 旋翼无人机振动有哪些类型? 抑制旋翼无人机振动有哪些措施?
2. 简述旋翼无人机振源的类型和特点。
3. 对比常规动力吸振器与离心摆式桨叶吸振器之间的差异。
4. 对比双线摆式吸振器和质量—弹簧吸振器之间的差异。
5. 简述常规隔振器的工作原理。
6. 写出动力反共振隔振器的调谐频率公式。
7. 主动减振系统的类型有哪些?
8. 什么是旋转部件静平衡和动平衡?
9. 旋翼锥体检查方法有哪几种? 简要说明每种检查方法的内容。

参 考 文 献

[1] 张晓谷.直升机动力学设计[M].北京:航空工业出版社,1995.

[2] 张呈林,郭才根.直升机总体设计[M].北京:国防工业出版社,2006.

[3] 孙之钊,萧秋庭,徐桂祺.直升机强度[M].北京:航空工业出版社,1990.

[4] 高正,陈仁良.直升机飞行动力学[M].北京:科学出版社,2015.

[5] 甘幼琛,谢世浩.随机振动的基本理论与应用[M].长沙:湖南科学技术出版社,1981.

[6] 张呈林,张晓谷,郭士龙,等.直升机部件设计[M].南京:南京航空航天大学,1985.

[7] 胡文绩,华芯,杨强,等.理论力学[M].武汉:华中科技大学出版社,2012.

[8] 顾海明,周勇军.机械振动理论与应用[M].南京:东南大学出版社,2007.

[9] 欧进萍,王光远.结构随机振动[M].北京:高等教育出版社,1998.

[10] 林家浩,张亚辉.随机振动的虚拟激励法[M].北京:科学出版社,2004.

[11] 方同.工程随机振动[M].北京:国防工业出版社,1995.

[12] 杨国安.机械振动基础[M].北京:中国石化出版社,2012.

[13] 季文美,方同,陈松淇.机械振动[M].北京:科学出版社,1985.

[14] 李晓雷,俞德孚,孙逢春.机械振动基础[M].北京:北京理工大学出版社,1996.

[15] 徐兆鑫.随机振动[M].北京:高等教育出版社,1990.

[16] 邹经湘,于开平.结构动力学[M].2版.哈尔滨:哈尔滨工业大学出版社,2009.

[17] 韩东.直升机结构动力学[M].北京:科学出版社,2020.

[18] 闻邦椿,刘风翘.振动机械的理论及应用[M].北京:机械工业出版社,1980.

[19] 杨国安.转子动平衡实用技术[M].北京:中国石化出版社,2012.

[20] 张子明,杜成斌,周新德.结构动力学[M].北京:清华大学出版社,2008.

[21] 张相庭,王志培,黄本才,等.结构振动力学[M].上海:同济大学出版社,2005.

[22] 曾庆元,周志辉,文颖.结构动力学讲义[M].北京:人民交通出版社,2015.

[23] 余旭东.飞行器结构动力学[M].西安:西北工业大学出版社,2012.

[24] 刘沛清.空气螺旋桨理论及其应用[M].北京:北京航空航天大学出版社,2006.

[25] 符长青,曹兵.多旋翼无人机技术基础[M].北京:清华大学出版社,2016.

[26] 杨卫平.飞机结构有限元建模指南[M].北京:航空工业出版社,2013.

[27] 陈康,刘建新.直升机结构与系统[M].北京:清华大学出版社,2016.